U0233172

# 文明审判

CIVILIZATION CRITICAL

能源、粮食、自然与人类未来

〔加〕达林·夸尔曼 著

陈起 译

浙江人民出版社

**图书在版编目（CIP）数据**

文明审判：能源、粮食、自然与人类未来 / (加)
达林·夸尔曼著；陈起译. — 杭州：浙江人民出版社，
2022.9

ISBN 978-7-213-10617-0

Ⅰ. ①文… Ⅱ. ①达… ②陈… Ⅲ. ①全球环
境—研究 Ⅳ. ①X21

中国版本图书馆CIP数据核字（2022）第085099号

浙江省版权局
著作权合同登记章
图字：11-2020-511 号

**文明审判：** 能源、粮食、自然与人类未来

WENMING SHENPAN: NENGYUAN LIANGSHI ZIRAN YU RENLEI WEILAI

[加] 达林·夸尔曼 著 陈 起 译

出版发行：浙江人民出版社（杭州市体育场路 347 号 邮编：310006）

市场部电话：（0571）85061682 85176516

策划编辑：王月梅

责任编辑：方 程 王月梅

营销编辑：陈雯怡 赵 娜 陈芊如

责任校对：姚建国

责任印务：刘彭年

封面设计：东合社·安 宁

电脑制版：北京之江文化传媒有限公司

印 刷：浙江海虹彩色印务有限公司

开 本：710 毫米 × 1000 毫米 1/16 印 张：18

字 数：255 千字 插 页：4

版 次：2022 年 9 月第 1 版 印 次：2022 年 9 月第 1 次印刷

书 号：ISBN 978-7-213-10617-0

定 价：88.00 元

如发现印装质量问题，影响阅读，请与市场部联系调换。

# 我们庞大的全球文明

我们要从过去的角度研究现在，以便更好地应对未来。

——约翰·梅纳德·凯恩斯《传记文集》

（*Essays in Biography*,1933）

本书的研究对象是，裹挟着全世界70亿人口突飞猛进的庞大的全球文明。人类文明由四个同等重要的部分组成：科技、生物、文化和孤注一掷般的运气。远古植物吸收了太阳光，埋在地下亿万年后变成石油和煤炭，然后被人类开采出来，成为燃料，推动文明的发展。在人类文明的发展过程中，为了生产粮食，我们从空气中摄取了大量氮气，使土壤中维系植物生命的氮元素含量增长到原来的三倍。现代文明的发展格外迅速——人口、原料消耗

（吨数）、能量消耗、居民收入，以及固体、液体和气体排放物，每隔一两辈人就会翻一番。在过去的1000年里，这些文明发展的指标几乎没什么变化，反映在图表上基本是一条水平的线；但19世纪之后，这条线突然向上弯曲，几乎是垂直上升。

写这本书，是为了帮人们理解这颗加速发展的、脆弱的、奇迹般的星球——它的构造；它怎样发展；人类怎样改造它；以及它当如何，才能在未来的风雨中生存下去。我们必须意识到，现代石油工业化文明是独特的，它并不是从古代文明演变来的更科学、更强大的文明。不，它的结构、发展过程、发展轨迹和发展速度，都能说明它是一个崭新的文明。我们的文明抛弃了曾经支撑它发展的自然系统的格局和运作模式，与前工业文明是分裂的。本书试图研究现代文明的独特性，并以好奇的眼光去思考现代文明——人类目前最复杂、最宏伟的杰作。

书中探讨了自然系统和生态学——森林、平原、河流、海洋和大气层，它们供养了人类文明，文明在它们中间生发和成长；书中探究了生物圈的基本运转规则，特别是它的循环与更替；书中还探索了大自然的多样性、复杂性、稳定性和绚丽多彩，是如何形成的。人类社会和人类经济形态的出现与发展，与自然系统的生成和发展有着深刻的差别。在这些差别中，我们能够窥探到石油工业化文明社会劳动生产率如此之高的根源，也能从中看到人类面临的日益严重的威胁。

本书通过仔细分析文明的格局、组织、核心联系、基本流程、理论，系统地探讨了文明的整体形态和结构。我们还试图提出一个能够将自然系统运作和文明系统运作都囊括其中的新理论。同时，本书还具有实用价值。书中有很多具体的例子，可以为我们的日常生活提供指导。比如，我们的后代如何为房屋供暖或为手机充电；我们要如何保护河流；我们如何建设更加幸福安定的、低消费低消耗的家庭和社区。

管理是一个关键问题——无论是管理集体还是个人。我们需要找到新的管理方法，来应对日益强大的经济体和向着未来迅猛发展的社会。如果把文明比作一台机器，那探究物质和能量的运输过程，我们就可以理解现代文明这台机器的发动机、燃料、齿轮、电路和传送装置。我们会更深入地理解支撑着人类生产生活和社会运转的系统，它包含原料、产品生产和废弃物排放。这些都是政治学和经济学——它们过度关注人类行为和金融贸易——很少提到的。为了理解、指导和保护我们的家园和社会，我们必须了解能量和物质的运动和结构布局；必须了解几十亿吨食物、钢铁和木材的生产消费过程；也必须了解可以改变物质的能量，它来自何处。我们必须了解社会生产的过程，以及排入自然系统的几十亿吨废弃物。从很大程度上说，以能源驱动的物质运转系统本身就是我们的文明——它为我们带来了食物、梦寐以求的产品、居住和工作的房屋，以及我们的交通和通信系统。

了解人类文明的本质——如何发动、如何供给、如何将原料变成产品——能够帮我们为未来做出更好的选择。这些选择包括能源、聚落形态、水资源、粮食生产、交通体系、经济政策、职业规划和个人幸福感等众多方面——它们为我们提供了发展方向和多种可能，同时也限制着我们。领导一个国家甚至领导全世界，是复杂而艰难的，尤其是我们这样一个世界，有上兆美元的大体量国际贸易系统，还有表演性政治的干扰，这让管理工作变得更加困难。我们只有通过观察真实的硬性数据，如工厂产值、船舶运量以及石油和煤炭消费量，才能明确自己的观点，并且透彻了解这个社会。

希望本书能为我们探知整个人类文明——它的引擎、它的脉络和线路、它的燃料与废弃物、它的奇迹与财富、它的设计缺陷与结构破绽，以及它的出发点与目的地——做出贡献，也希望本书能够在我们迈向未来的时候提供些许帮助。我们的文明是奇妙的，有时候是可怕的，但是它终究是让人惊讶的。研究和保护我们的文明，是人类最重要的任务。

# 目 录
CONTENTS

# 第一章

# 循环、线性与网络：文明和生态系统的形态与运作

## 第1节　线性系统与循环系统

　　人类社会和自然系统的运转各有规则，物质资料的生产和消费也有固定的模式。现代人类社会的形态和运转模式与我们能够观察到的自然系统以及前工业社会，有着天壤之别。不管在人类历史中还是在自然历史中，在现代社会运作模式下产生的高消费生活方式，都是前所未有的。我们的文明是独特的、强大的、奢华的，但它的模式威胁着它的未来。

　　大自然的主要运转方式是循环，万物皆在运动之中，它们构成了各种各样的循环。对大部分人来说，水循环是最熟悉的例子。水从云层降落到地面，渗入土壤，进入植物、河流、海洋，通过蒸发成为水蒸气返回大气层，然后变成雨雪，再次降落。来自太阳的能量驱动着水循环——地球上的水依靠太阳的能量运动。自然界充满了运动和循环。滋养植物的氮和磷在植物与土壤之间循环；种子变成植物，植物成熟后又产生种子；角马和野牛以草为食，它们死后，身体腐烂，会分解成腐殖质，变成养料被青草吸收。人类和动物吸进氧气，排出二氧化碳；植物吸进二氧化碳，排出氧气；新的氧气又被动物吸入，构成一个循环。大自然必然是循环的，因为它需要依靠有限的

碳和磷之类的重要元素，来维持上亿年的生命。假如大自然不能循环或再利用，那它终将耗尽，生态系统会崩溃，植物会减少，森林会变成沙漠。

自然系统是循环的，因为循环具有可持续性——人类的生存和发展皆维系于此。物竞天择，自然用竞争的方式考验各类生物，看它们能不能高效地、迅速地处理生命元素，将自己变成循环的一部分。最重要的是，我们需要认识到，自然的形态和运转过程是无数可再生的闭环。

长期以来，人类社会与自然系统密切地交流、融合，所以直到150年前，它的运转也是循环的。比如，狩猎采集这种经济形态就紧密地嵌在自然循环当中。青草进入羚羊和驯鹿的身体，人们捕食羚羊和驯鹿，最终，肉食变成人类的排泄物回到土壤中，成为养分再次被青草吸收。而人类的尸骸，最后也归于土地。"凡有血气的，尽都如草。"①

不管在一万年前还是一百年前，在传统农业社会，人类都属于自然循环的同一个环节。我们从地里获取能量（食物），然后在劳动中消耗能量，以这种方式将其归还土地。锄头年复一年地刨地，生产食物，人们吃饱之后去做农活，这个过程消耗了食物，但同时也生产了新的食物。

工业革命之前，五千年的农耕社会都建立在自然系统上，其运作也是模仿自然。古罗马文明、古代中国、印度毗奢耶那伽罗帝国、阿拔斯王朝诸国，还有许多其他前工业社会，都曾试图改造它们周围的环境。这些农耕社会的基础运作，反映了周围自然环境里物资的循环和流动。这些文明必需的粮食、能源和各类物资——包括大麦、玉米、水稻、肉、鱼、木材、布料、黏土、石料和铁矿——普遍被限制在本地，它们只参与当地的循环。这些物资都是天然的，相对而言不会对环境造成危害。过不了多久，大部分物资就会消失在土地里，或者回归生物圈的循环。

前工业文明的粮食生产系统也是循环的，并且很大程度上是局限在当地的。上文提到的古代文明时不时野心勃勃地、错误地加快营养和水的循环，

---

① 《旧约·以赛亚书》第40章（新标点和合本）。——译者注

其结果反而破坏了周围的生态。人们过度开发农田，使土壤盐碱化；砍光山林，造成土壤流失。一部分文明最终因环境恶化而崩溃。而幸存下来的成员仍然依赖自然系统的循环——地球最基本的、必然的模式。

## 文明与"E文明"

文明这个词经常充满争议。它被帝国主义思想污染，带着负面的感情包袱。但除了"文明"，没有更好的词可以概括本书的内容。

有些历史学家和人类学家用一些要素特征来定义文明，如城市、社会分工、阶级划分、集权统治、纪念性建筑、贸易、税收与文字等。也有人说文明是一个连续体，包含复杂的、不断变化的社会关系和社会群体，所以不容易定义。我这里所说的"文明"，指大部分人都认同的复杂的、以都邑为中心的社会，比如古希腊、玛雅文明、密西西比文明还有现代的日本。文明有两个主要的目标。一是寻找制造大量能量盈余（食物）的方法——埃及通过尼罗河泛滥发展农业；罗马通过对外征服来获取资源；英国通过煤炭开发和帝国主义扩张发展壮大；美国通过石油和其他燃料成为强国。二是利用这些剩余能量来创造多层次的复杂文明社会，包括文化和地理成果，以及发达的艺术、建筑、科技、统治和贸易。

大量能量盈余带来的复杂化社会和灿烂文化组成了本书所讲的"文明"的核心定义。根据这个定义，几乎所有人都是文明的一员。但世界的发展是不均衡的，美国和新加坡的人均能源消耗是塞内加尔和尼日尔的十倍。此外，文明的运作方式为我们提供了更好的解释——它由活跃变为封闭，能够自我促进，有时会出现一些意外的创新；它屡屡遭到破坏，时常被排斥；并且，从雨林和沙漠里的古城废墟来看，文明是非常脆弱的。

因此，我创造了一个新的名词"E文明"，来描述现代的全球超能量工业化消费文明。E文明的"E"可以理解为能源集中（energy-intensive）、电气化（electrified）、电子化（electronic）、指数级（exponential）、消耗的（extractive）或者极端的（extreme）。我有时也用别名称呼它，比如"石油工业化文明"（petro-industrial civilization）或"我们的文明"。这些称呼都不重要，重要的是我们有术语能够描述第一次世界大战之后以化石燃料为动力的、全球互联的超能量级大工业社会。E文明和高棉人的农耕社会、过渡期（1910年之前）的美国、煤炭文明时期的英国等，都有很大不同。

---

现在，情况出现了变化，人类文明变得越来越线性化。我们的工业化消费E文明已经打破了地球上的大量循环，将它们变成线性系统。我们往一个入口大规模地输入物质资料和化石能源，又从一个出口提取大批的粮食、汽车、房屋和消费品（同时也会排放大量废弃物）。不管在自然系统中还是E文明之前的人类社会中，我们对线性系统文明的依赖都是史无前例的。一方面，线性化正是我们工业化文明的伟大创新——它造就了现代世界，给予我们庞大的能量和丰富的生活用品；另一方面，线性化又是我们极大的缺陷——它是所有日益恶化的自然问题和能源问题的根源，随时可能摧毁人类文明。

除了线性化，E文明的格局和运转与传统人类社会也有很多本质上的区别。

时间——人类系统扩张了时间。自然系统和早期人类社会局限在属于自己的时间与空间当中，而E文明可以从上百万年前获取燃料，也可以产生毁灭性的废弃物，从而影响未来上百万年的环境。当下，我们为了获取资源，殖民了过去与未来。

空间——我们有覆盖全球的零件供应链，生产已经全球化。在经济贸易版图中，从边缘到中心地区，以及中心与中心之间物资的流动速度越来越快。产品在遥远的地方制造出来，然后高度集中到一处，再进行分配。比如，从北冰洋海底抽出的石油或许被运到每平方千米有4.7万人的孟加拉国达卡。

速度——E文明的发展速度是前所未有的。它改造自然的过程（流水线生产、采矿、城市建设和砍伐森林）以及文明本身的发展都是快节奏的。现代人一生中能够看到卫生间变成家庭式SPA；在66年中，我们见证了莱特兄弟首次成功试飞靠自身动力推动的飞机，以及人类首次登陆月球。据称，沙特阿拉伯一位王子曾说："我的父亲骑骆驼，我开汽车，我的儿子开喷气飞机……"E文明的快节奏是空前的，而且它的发展速度越来越快。

网络——我们在扩展通信和贸易网络的同时，也在改变和破坏生态系统中的食物链网络。我们发明了万维网，联结偏远乡村的人民；我们也破坏了热带雨林，又用耕作方式单一的耕地取代了热带雨林和平原。亚马逊公司在扩张，亚马孙雨林却在缩小。

行政体系——我们改造了物质资料和能量的循环系统，创造了线性化E文明，这也在无意之间扰乱了民主社会至关重要的组织行政架构。

本书将系统地研究人类文明的模式、发展轨迹、变革和内在联系，我们需要创立关于E文明运作模式的新理论，并且探讨如何改造文明，使它在未来能够实现可持续发展。对于理解这一切，理论是非常重要的。没有基础理论，我们的认识就是一堆看似毫无关联的观点和趣闻（例如，远方战争的死亡人数、石油价格莫名其妙的变化，或者某种生物的灭绝报告），它会扰乱我们的视野，阻碍人类科技和文明的发展。为了让研究能够纵向深入展开，我们需要构建一套相互关联的理论。但光靠理论也是不够的，所以本书会用日常生活和历史中的具体案例来证明新的理论。人类文明的核心运作模式到底经历了多么大的改变？首先，我们来观察生活中最直接、最基本的运作——人类怎样获取食物。

## 第2节 传统农业的循环运作

食物供养了人类，并为人类提供能量。我们细胞生长的能量来自上周吃的肉酱千层面，或者去年吃的鱼。早餐的鸡蛋为我们提供了一天的工作动力，食物塑造了我们的身体，是我们身体的燃料。

食物对人类生活是如此重要，所以食物的生产、加工和分配都是人类文明的核心内容。从1.1万年前到今天，不管处于何种社会形态，世界上80%—90%的人都在从事食物生产。[1]在人类历史的大部分时间，做人就意味着做农民。在人类使用化石燃料之前，社会就是肌肉和无数次挥动锄头铸就的。食物是社会的燃料，那个时代，最主要的能量来源不是碳氢化合物，而是碳水化合物。奴隶、农民、石匠和铁匠，他们支撑着社会的运作，是社会发展的引擎。农业生产能够捕获能量——将太阳光的热量凝聚在一粒粒小米或玉米里。[2]土地是原始的太阳能收集器，谷物是原始的可携带能源。我们只有了解粮食怎样生产、怎样分配，才能了解文明。本书的重要主题——从循环到线性的转变——也体现在粮食生产中。

首先，我们来比较以下两种粮食生产系统。

传统农业——基于人类劳作和畜力的循环，是一个包含土壤肥力、劳动力和种子的闭环。

---

[1] Fernand Braudel, The Structures of Everyday Life: The Limits of the Possible, vol. 1 of *Civilization and Capitalism 15th–18th Century*, trans. Sian Reynolds (New York: Harper & Row, 1979), p.49.

[2] 这里的热量是指千卡路里（kcal）。本书不会用更小的克热量（gram-calorie）作为单位。

工业化农业——由化石燃料驱动，其运作过程是线性的。[1]

直到20世纪，传统农业仍是世界的主流。虽然使用传统耕作方法的地区在逐渐减少，但如今从事传统农业的农民还是很多的。传统耕作法是一种古老的技术，我们需要认识到，世界上有很多地区还在依靠传统农业，并且在不久的未来，它也许能够帮助人类摆脱对化石燃料工业化农业模式的依赖。[2]

现代人大约出现在20万年前。距今大约1.1万年的时候，一些地区的古人类开始驯化小麦、大麦、扁豆、豌豆和鹰嘴豆等植物，以及绵羊、山羊、狗、猪和牛（相对较晚）等动物。农业的起源一直有争议，主要有三个原因：一是农业社会和之前社会的分界线很模糊；二是关于农业的起源地和起源时间众说纷纭；三是具备有限培植能力的狩猎采集社会与具备完整生产体系的农业社会之间有很长的间隔——在某些地区长达数千年。为什么农业发展得如此缓慢？有些科学家认为，驯化植物本来就是一个漫长的过程，比如早期农民花了几千年的时间，仔细地筛选野生玉蜀黍的种子，才培育出了大棒子玉米。[3]另外，还有些民族抵制农业。即使在今天，亚马孙地区的部分少数群体仍然靠狩猎采集获取食物。除了这些特殊情况，我们还可以清楚地观察到一项长期存在的重要规律：现代人出现这20万年来，95%的时间里，世界上没有农业。在最后这有农业的5%的人类历史当中，多数人都极其依赖农业，我们建立

---

[1]　这里的"工业化"不是贬义词。它概括了食物生产系统的几个特点：1. 化石燃料依赖性；2. 用机器替代人力劳动；3. 大规模的专业化生产；4. 追求最大产量和利润；5. 作为工业社会的一部分，严重依赖机械和技术。另外，值得一提的是，在比较工业社会和传统农业社会时，我并不希望美化传统农业。以西班牙的土壤退化和希腊的石质山坡为例，传统农业也会破坏环境。请参考David Montgomery, *Dirt: The Erosion of Civilizations*; Edward Hyams, *Soil and Civilization*; Donald Worster, *Dust Bowl*。

[2]　ETC Group, *Who Will Feed Us? The Industrial Food Chain vs. the Peasant Food Web*, 3rd ed. (Ottawa, ETC Group, 2017).

[3]　Sean B. Carroll, "Tracking the Ancestry of Corn Back 9000 Years," *New York Times*, May 25, 2010. 也参见Jared Diamond, *Guns, Germs and Steel: The Fates of Human Societies* (New York: W. W. Norton, 1997), p.137。

了种植园和牧场，为自己提供农产品。今天，这种对农业的依赖遍及全球。

世界各地的农业，大都是独立起源和发展的。1.1万年前，农业出现在中东的新月沃地。那是一个接近倒U形的地带，包括现代的以色列、约旦、黎巴嫩、叙利亚、土耳其、伊拉克、伊朗和埃及等国家。在新月沃地，人类驯化了小麦、大麦、山羊和绵羊。9000年前，在世界另一侧的美索亚美利加也出现了农业，这个地区的范围从现代墨西哥中部延伸到哥斯达黎加。美索亚美利加的农民培育了玉米、豆子、棉花（在旧世界和新世界分别被驯化）、辣椒和火鸡。与此同时，农业也出现在中国和南亚地区。这些地区的农业为人类提供了水稻和其他农作物。最后，大约在5000年前，农业出现在南美洲和非洲。准确的日期不重要，重要的是距今约1.1万年至5000年这段时间，世界上许多狩猎、采集、捕鱼型社会的人群，独立驯化了很多动植物。几千年后，依托这些驯化的动植物，我们建立了具有完整生产体系的农业社会，为后来的农业文明打下了基础。

在人类历史上，农业的出现具有划时代的意义，对文明的发展有至关重要的作用。历史学家、人类学家罗纳德·赖特告诉我们：

> 农业是人类最伟大的发明……人类历史可以分为两个阶段——农业出现以前和农业出现以后……农业的出现给人类带来了全新的生产生活方式，而且直到今天，农业依然支撑着世界经济。我们生活中最离不开的，就是旧石器时代晚期出现的农业种植技术。[1]

农业改变了一切，包括社会形态、经济、聚落和动植物的分布。农业这种聚焦能量为人类所用的特性，为所有大型复杂文明奠定了基础。大多数文明活动，比如稳定的食物供应、固定的居住地、密集的人口、精细的劳动分

---

[1] Ronald Wright, *A Short History of Progress* (Toronto: House of Anansi Press, 2004), p.45.

工，以及先进的科学技术等，都是在农业的基础上发展起来的。

农业出现以后，所有农业社会都致力于同样的运作过程——培育种子、侍弄作物（凝聚营养）、分配粮食（能量）。但是农业的模式并不单一，相反是多种多样的，比如稻田与玉米地、牧羊与养鸭、梯田与平原农田，各有特色。农业不仅包括食物生产，还包括一系列储藏加工技术——制陶、贸易、运输、烹饪与食物加工（如磨谷子和烤面包）。农业影响了社会模式，比如形成乡村聚落，聚落居民解决集体纠纷，以及修建灌溉渠之类大规模的工程。[①]本书将从宏观角度观察粮食生产模式，整体分析人类是如何将植物、动物、水、土壤和太阳光转化成食物、家庭、社会和文明的。

传统农业系统中，人们利用自然循环来制造食物。这包括土壤肥力的循环、能量在动植物和人类劳动之间的交换，以及种子和牲畜的培育等。这一切的能量都来自太阳。

我们先来看土壤肥力的循环。肥力循环是地上和地下生物网复杂的深度交换。肥力代表了一系列土壤指标——盐度、酸度、土壤颗粒大小、分子交换能力等。氮和磷是传统农业肥力循环中两种主要的有机养分，它们在土壤和农作物中反复循环。不过肥力的循环大都限制在当时当地，比如大麦可以吸收周边山坡上牛羊粪便和腐烂的野草里的营养；一棵老树死了，倒在地上，腐烂后变成养分，养育了新发的小树。

植物就是这样，它们要从土壤中吸收氮和磷。但它们死去后，又会被微生物分解，变成腐殖质归于土地。营养成分同样也在人类和动物之间循环。营养物质从土壤进入植物，再进入人体——不仅包括直接食用植物，还包括间接地食用动物的肉和奶。然后，营养物质以人类排泄物和人的尸体的形式，回到大自然。在地球上出现生命的上亿年里，以及人类出现的百万年间，氮、

---

① Jean-Claude Debeir, Jean-Paul Deléage, Daniel Hémery, *In the Servitude of Power: Energy and Civilization Through the Ages*, trans. John Barzman (London: Zed Books, 1991), pp.18–19.

磷等生命所需的营养元素，一直在土壤、植物、人和动物之间循环。[①]

传统农业很复杂，它包含了无数种技术。人类为了让庄稼和牲畜长得更好，不断在寻找增产的办法。轮作是一项重要的技术，特别是关系到土壤中氮元素转化的豌豆、大豆等豆科植物的轮作。豆科植物的根瘤菌能"固定"大气里游离的氮气，将其变成氮素养料。传统农业中，人们通过与氮循环相关的一系列高度发达的技术以及植物自身的能力，来改造土壤。因此，传统农业注定是自然界营养循环的一员——它可以加速或扩展这个循环，但它不能取代自然。

人体的代谢也像植物中的营养一样，与土壤形成循环关系。土地生产食物，为人提供能量。人体内的能量经过耕地、种植、收割，喂养牲口等劳动，最后又进入食物里，重新开始循环。[②] 农田中长出了耕畜吃的草料和谷粒；马帮助人耕种燕麦；人用燕麦喂马，让它再次去耕地，生产燕麦。所有的前工业文明都是粮食驱动的——大部分人类文明都忙碌于获取食物。食物给了人类建造金字塔、大教堂，挖灌溉渠，制造船只，运输货物，以及发动战争的能量。

传统农业不但加速了营养循环，同时也改造了联结人、动物和土地的劳动——能量循环。以种庄稼为例，耕种、收割用的能量不完全出自土地，其中一部分能量——例如牲畜吃的草——来自附近的草原。人类不会吃草，但我们

---

① 这个说法是正确的，不过营养的循环其实更复杂——包括大气层与岩石圈、微生物，还有雷电等各种自然现象之间的反应。比如，磷不但在土壤和植物之间经历短暂的生物圈循环，还要经历漫长的地质循环。短期与中期时间范围内，地球上的营养物质高效率地在各个生态系统中循环。

② 这里需要澄清圆环（loop）和循环（cycle）的区别。尤金和霍华德·T. 奥德姆，以及其他一些学者明确指出，物质可以循环，而能量却在流失。参考 Eugene Odum, *Fundamentals of Ecology*, 3rd ed. (Philadelphia: W. B. Saunders, 1971), p.48。根据热力学定理，能量只能被使用一次，而且严格来说，它不像氮或碳元素那样，在自然界循环。我们需要牢记这些区别，然后继续探讨人类与粮食之间的能量循环。比如，太阳光射进我的花园，为我种的植物提供能量，最终转化为植物、微生物和人的热量。我的劳动修整了花园，让它生产果实；花园同时也给了我能量。我们可以传递能量，但不能生产能量。

可以利用草原，将它变成食物能量。营养专家、生态学家玛西亚·皮门特尔和她的丈夫、农业科学家大卫·皮门特尔在《食物、能量与社会》（*Food, Energy, and Society*）中写道："犍牛在麦地里劳动，将稻草能量转换为小麦能量。"[1] 传统农民生活在与大地交换食物和能量的循环当中，他们借用农田和草原的能量，改造能量循环流程，供应其他社会群体。说白了，农业就是人类改造食物能量循环的工作。

植物的种子也在传统农业系统中循环。农民（特别是女人）集体劳动，精挑细选品质最好的种子，准备来年播种。人们用同样的方法培养可食用的动物、牛奶和耕畜。农田与牧场不仅生产食物，还提供了下一代的动植物。

农业知识——人们在耕作中发现的与植物、动物、田地、气候、历法等相关的规律——的传播也局限于本地。传统农业知识一代代传下去，新的农民也会不断地完善和更新这些知识。农业知识是个反馈环——农民按照自己的想法改造自然，然后根据实践的结果，再来改进农业理论知识。

传统农业社会中，农具一般都是自制的，包括锄头、镰刀、犁、绳子、刀具、锤子和马具等。这些工具都是使用本地材料，比如周边树林的木材、岩层的石头、屠宰场剩下的皮革和骨头、铸造厂的铜与铁，还有本地植物的纤维。对于那些不能自己制作的工具，农民一般用粮食与村子里的工匠交换。总而言之，这个过程也可以形成闭环——用食物换取生产食物的农具。

传统农业系统生产链的各种要素——劳力、土壤肥力、种子、工具、耕畜、食用家畜和农业知识——都产自土地，也应用于土地。农业的每一个环节几乎都从土地中产生，或者围绕农业性质的村庄产生。传统农业包含了一系列自我供应的循环，很少有外部输入或不可回归自然之物。

---

[1] David and Marcia Pimentel, *Food, Energy, and Society*, 3rd ed. (Boca Raton, FL: CRC Press, 2008), p.106.

## 第3节　现代粮食生产：从循环系统到线性系统

传统农业体现了自然界的循环和运动，工业化农业则不然。农产品企业、农民、政治家、学者成功地打破了传统农业的闭环。他们将原本闭合的循环系统切割、拉直、扩展，使其成为线性系统，然后向新的线性系统里输入大量能源、化肥、农药、人工培育的种子、钢铁农具等，以此来生产大量食物。当今，全球每年使用数亿吨化学肥料，其结果是人类比以前多生产数十亿吨谷粒和菜籽。

因为人类文明是建立在农业基础上的，所以我们需要了解农业的线性化。实际上，我们全球化文明的每个系统都在线性化，包括工业生产、污水处理、基础教育甚至个人的世界观。线性化是E文明拥有庞大动力和生产率的关键。

关于农业的线性化，我们可以根据传统食物循环系统被线性工业系统打乱和替代的时间线，先谈能源，再谈土壤肥力。

### 拖拉机用量增加

在政府、企业和农民将农业生产线性化的过程中，首先遭到破坏的是人与耕畜的劳力循环。农业劳动不再需要土地产出的食物能量——油田提供了新的能量。

19世纪50年代，北美和英国就出现了烧煤的蒸汽牵引机车（后来简略为拖拉机）。20年后，这些农业机械已经有相当大的销售额。它们是庞大的、颜色鲜艳的熟铁机械，可以发出"突突突"的声音，工作时轰隆作响。

现在，它们是博物馆和乡间集市上受欢迎的展览品。不过，拖拉机虽然在技术上有突破，但它并没有掀起农业改革。当时，大多数农场买不起可以用来破土的蒸汽发动机或者收割用的脱粒机。农民仍然用马拉车。在美国，一直到第一次世界大战结束的1918年，拖拉机的生产和销售才开始激增（参考图1-1）。具有小型、廉价、省燃料这样的优点，再加上战后工业生产能力的提升，于是拖拉机的产量和销售额大幅度增长。这个时期的拖拉机有福特公司的福特森（1917年在英国销售，1918年在美国销售）、约翰迪尔的D系列（1923年），还有麦考密克·迪林的Farmall（1924年）。加拿大、阿根廷和澳大利亚也在同一时期使用拖拉机，苏联比这些国家要晚十年。[1]第二次世界大战结束之后，拖拉机才在英国和欧洲大陆普及。图1-1显示了第一次世界大战后拖拉机在美国的快速普及，也显示了骡马数量的缩减。地理学家、历史学家大卫·格里格制作的大不列颠的骡马数量变化图表，也反映了相似的趋势。[2]

---

[1]　加拿大数据参考Byron Lew, "The Diffusion of Tractors on the Canadian Prairies: The Threshold Model and the Problem of Uncertainty,"*Explorations in Economic History*, vol.37,no.2 (April 2000): 201。也参见Byron Lew and Bruce Cater, "Farm Mechanization on an Otherwise 'Featureless' Plain: Tractors on the Northern Great Plains and Immigration Policy of the 1920s," *Cliometrica*,vol.12,no.2 (May 2018)。阿根廷和澳大利亚的数据参考Naum Jasny, "Tractor Versus Horse as a Source of Farm Power," *The American Economic Review*, vol.25,no.4 (Dec. 1935): 723; Marcel Mazoyer and Laurence Roudart, *A History of World Agriculture: From the Neolithic Age to the Current Crisis*, trans. James H. Membrez, New York: Monthly Review Press, 2006: 381。苏联的数据参考Dana G. Dalrymple, "The American Tractor Comes to Soviet Agriculture: The Transfer of a Technology," *Technology and Culture*, vol.5,no.2, Spring 1964: 201; Naum Jasny, "Tractor Versus Horse as a Source of Farm Power," *The American Economic Review*, vol.25,no.4 (Dec. 1935): 723。

[2]　David Grigg, *The Dynamics of Agricultural Change*, London, Hutchinson，1982, p.133.

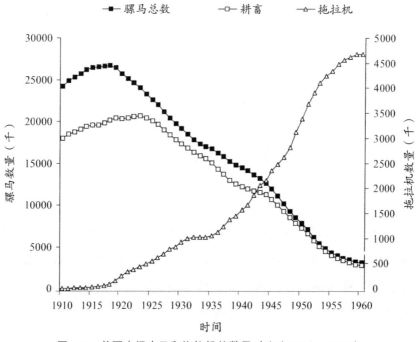

图1-1　美国农场中马和拖拉机的数量对比（1910—1960）

引自：Alan L. Olmstead and Paul W. Rhode, "Reshaping the Landscape: The Impact and Diffusion of the Tractor in American Agriculture, 1910–1960." 详细资料来源见附录2。

以上折线图的趋势显而易见，但它其实低估了拖拉机推广的速度，一辆拖拉机可以代替数匹马。早期拖拉机有10—30马力的功率。而在1940年，尽管当时美国农场上马的数量是拖拉机的十倍，但拖拉机的总功率已经是马的两倍了。①拖拉机不但能拉更多的货物，连续工作的时间也更长。它们不需要储存食物过冬，而且劳动寿命比马长。1913年，一位拖拉机倡导者写道：

---

① Alan L. Olmstead and Paul W. Rhode, "Reshaping the Landscape: The Impact and Diffusion of the Tractor in American Agriculture, 1910–1960", *Journal of Economic History*, vol.61,no.3 (Sep. 2001): 674. 也参见W. M. Hurst and L. M. Church, *Power and Machinery in Agriculture*, USDA Misc pub. 157, Washington D.C.: USDA, 1933: 12, 21。

"一台拖拉机有25匹马的力量、100匹马的寿命，而价钱只有10匹马。"[1]

拖拉机改变了农业与人类社会——它不仅改变了食物生产的方法，也减少了生产食物的人数，因此其他行业的从业人员就增加了。有了拖拉机和燃料，一个农民可以干之前很多农民干的活。1910—1970年间，美国家畜和蔬菜的生产率增加了2倍，牛奶产量增加了5倍，农作物产量增加了6倍，棉花产量则增加了10倍。[2]农业生产率的增长，使得现代社会只有2%的人在生产食物，其他98%的人从事其他行业的工作。有了拖拉机（还有拖网渔船、伐木归堆机、卡车和锄耕机），我们才会有办公大楼，以及在大楼里工作的会计师、市场经理、证券分析师和谈判团队。

拖拉机的推广带来了很多变化。最根本的是，生产食物使用的能源从粮食变成了石油。耕地、播种和收割使用的能量不再来自脚下的土地，而是来自遥远的地下油库。以石油为燃料的钢铁机械本身也是大量的能量、科技和资本的化身。20世纪中期之后，农业越来越依赖碳氢化合物燃料。劳动力与牵引力的闭环被劈开，成为一条线，在时空中越来越广泛分散。从油井（遥远的过去）、拖拉机、农田，到大气层（未来）的各个环节组成一条线，替换了原来的闭环。循环变为线性，不但体现在食物生产中，也体现在E文明几乎所有的系统中，这是它的典型特征。人类把自然界和前工业文明的循环打破了，改造成以石油为动力的高生产率线性工业和工业化农业。

还有一点需要补充，农场不但不再提供能量让耕畜干活，也不再提供农民吃的食物。作家、文化评论家和农民温德尔·贝瑞称这个进展——农民发现自给自足是不可能的，也很不划算——为"人类历史中最奇怪之事"[3]。当

---

[1] Herbert Casson, Rollin Hutchinson, and Lynn Ellis, *Horse, Truck and Tractor: The Coming of Cheaper Power for City and Farm*, Chicago: F. G. Browne, 1913, p.3.

[2] US Bureau of the Census, *Historical Statistics of the United States, Colonial Times to 1970, Bicentennial Edition,* Part 2, Washington D.C.: US Dept. of Commerce, 1975: series W 67–81, p.953.

[3] Wendell Berry, "Renewing Husbandry," *Orion*, vol.24,no. 5 (Sept–Oct. 2005) : 43.

系统的一部分线性化，其他部分的循环也会受到影响。一个循环的破裂会引起更多循环破裂，这是E文明里经常发生的事。

## 合成肥料的发展

拖拉机打破了食物生产中劳动力与牵引力的闭环。从那以后，源自化石燃料的合成肥料大量涌入，肥力循环被打碎重组，从循环逐渐变成线性。

施肥也是一种古老的技术。上千年来，农民用粪便、堆肥、海藻、木炭等来提高土壤肥力。农民购买鸟粪、硝酸钾、骨粉还有其他有机物质作为肥料，也不是新鲜事。大规模使用合成肥料，是最近100年来的新变化。我们越来越依赖开采的、经过工业加工的肥料——将化石燃料转变为植物养分，又变成食物进入人体，是20世纪的新发明。

全球化学肥料生产一直在暴涨——1945年至2017年间，肥料的生产扩大了15倍。肥料中最主要的植物养分为氮、磷和钾，它们也是最主要的三种合成肥料。图1-2显示，第二次世界大战后，这三种元素的产量增加了14倍。

生物系学生熟记的口诀"时那普斯"（CHNOPS）包含了生物体内最常见的六种元素——碳、氢、氮、氧、磷和硫，它们是生命之要素。这些元素的供应、循环和转化都是生物圈的重要运作。翻开任何一本讲生态学的书，我们都会读到氮、碳、磷、硫、氢和氧（水）的循环。植物可以轻易从水（$H_2O$）和二氧化碳（$CO_2$）中获取氢、氧与碳这三种元素。可是蛋白质的重要成分，也是动植物的必要成分——氮，却不容易获得。尽管大气层的大部分气体是氮气（体积上大约占78%），但绝大部分氮处于氮气（$N_2$）这种三键分子状态，不能被植物吸收。可以被植物吸收的氮（包括硝酸盐和氨水）仅占氮气总量的千分之一。农民最常用的三种营养元素——氮、磷、钾当中，氮往往是关系植物生长的最主要因素，所以它也是用量最大的肥料（见

图1-2）。[①]氮肥是工业化农业的关键原料。

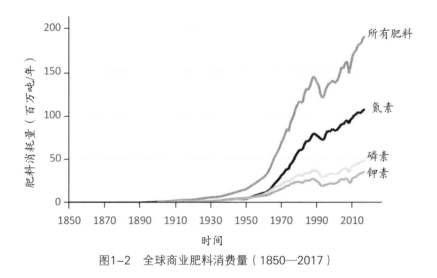

图1-2 全球商业肥料消费量（1850—2017）

引自：Vaclav Smil; Clark Gellings and Kelly Parmenter; US Geological Survey；以及联合国粮农组织和国际肥料工业协会的在线数据库。详细资料来源见附录2。

德国化学家弗里茨·哈伯（Fritz Haber）在1909年发现了合成氮肥的方法。1913年，在德国巴斯夫公司工作的化学家卡尔·博施（Carl Bosch）将哈伯的方法商业化。两人分别在1918年和1931年获得诺贝尔奖。哈伯和博施在合成氮肥上的贡献，改变了人类历史。瓦茨拉夫·斯米尔是当今世界研究人类与自然界之间物质运动、营养循环和能量转换的顶级专家。斯米尔相信，如果人类没有把化石燃料变成氮肥，又用它制造大量粮食，那么现在地球上

---

① Vaclav Smil, "Global Populations and the Nitrogen Cycle," *Scientific American* 277, no. 1 (July 1997): 78.

的76亿人中，将有一半是不存在的。[1]斯米尔把哈伯和博施的合成氮肥称为"现代文明中超越发展极限的解药"[2]。

合成氮肥是一种化石燃料产品，主要来自天然气。天然气的费用最高可以占氮肥生产成本的90%。[3]哈伯和博施的方法是，用天然气（其中大部分为甲烷$CH_4$）提炼出氢（H），制造出氨气（$NH_3$），然后再生产氮肥。单质氮元素（N）由氮气（$N_2$）共价键断裂产生。天然气燃烧时，可以提供制作氨气需要的热能、蒸汽和压力。我们可以设想这样的场景，现代氮肥工厂的一头插了一根大型天然气管道，另一头则插了一根产出氨气（氮肥）的管道。制造一吨合成氮肥，大约需要用两吨汽油的能量。[4]磷肥和钾肥也同样耗能，需要用大量化石燃料和电力去开采、提炼、运输和应用。

线性的工业化农业将化石燃料的热能转化为食物卡路里——将埋藏在地下的碳氢化合物变成人们盘子里的碳水化合物和蛋白质。如果把最近一万年的情况绘制成图表，我们会发现人口增长与能源、肥料的消费水平几乎是平行的——上万年来，这些指标一直非常平缓，但是在最近的二三百年，它们几乎呈直线上升的趋势。人口增长与能量消耗同步不是巧合。制造氮肥，是我们用地球能源供养迅速增长的大量人口的一种方法，其他方法我们在下面

---

[1] Smil, "Global Populations, " 81. Smil写道："地球上没有足够的可回收氮素供应60亿人……当今有大概两亿人身体里制造蛋白质的氮素来源于……用哈伯和博施法生产的工厂。"Smil推断，现在地球的总人口中，有48%的人体内的氮素来源于靠哈伯和博施法运作的工厂。

[2] Vaclav Smil, *Enriching the Earth: Fritz Haber, Carl Bosch, and the Transformation of World Food Production* (Cambridge, MA: MIT Press, 2001), p.228.

[3] Agrium Inc., *2005 Annual Report*.

[4] Clark Gellings and Kelly Parmenter, "Energy Efficiency in Fertilizer Production and Use," in *Efficient Use and Conservation of Energy*, ed. Clark W. Gellings, and Kornelis Blok, in Encyclopedia of Life Support Systems (EOLSS), developed under the auspices of UNESCO (Oxford, UK : EOLSS Publishers, 2004), p.9. Gellings和Parmenter研究发现，生产、包装、运输和应用氮素需要78230kJ/kg的能量密度，而汽油的能量密度是44000kJ/kg。

几章讨论。化石燃料不但改造了人类文明，也改造了人类本身。现在，我们每天都在享用几亿年前的阳光提供的丰盛佳肴。

现代人大量使用肥料。田地、草原、树林和湿地等陆地生态系统中的氮素已经增长到了原来的三倍。[1]氮素的增加主要源于农用氮肥，但也有少部分来自化石燃料的燃烧、大豆等氮素同化植物产量的上升，以及水田农业的发展。同时，部分地区氮素的增长比其他地方更明显。生物地球化学家詹姆斯·加洛韦说："现代人使用（包括转化）的氮素中，亚洲、欧洲和北美洲的消耗量占了总数的90%。"[2] 2008年，加洛韦在《科学》上发表的文章中写道，某些大洲的年度氮素增长率超出自然界平均速度10倍，并且到2050年，其增长速度还会翻倍，甚至会达到自然增长率的100倍。[3]我们用力踩下天然气的油门，创造了能量充足的超级食物生产系统——原料输入率和产出率都翻了三番。

使用哈伯和博施的方法生产氮肥，需要强大的压力，这让我们联想到那股把合成肥料输入全球肥力系统的巨大动力。地球上现在有70多亿人，亦反映出肥力系统另一头可以产出大量食物。

---

[1] David Fowler et al., "Effects of Global Change during the 21st Century on the Nitrogen Cycle," *Atmospheric Chemistry and Physics* 15, no. 24 (2015): 13850, 13858. 也参考David Fowler et al., "The Global Nitrogen Cycle in the Twenty-First Century," *Philosophical Transactions of the Royal Society* 368, no. 1621 (2013): 2; James Galloway et al., "Nitrogen Cycles: Past, Present, and Future," *Biogeochemistry* 70, no. 2 (2004): 159; James Galloway et al., "Transformations of the nitrogen Cycle: Recent Trends, Questions, and Political Solutions," *Science* 320 (May 16, 2008): 889.

[2] Galloway et al., "Nitrogen Cycles," p.188.

[3] Galloway et al., "Transformations of the Nitrogen Cycle," pp.889–890. 想更透彻地了解加洛韦论点，请参见UNESCO and SCOPE, *Human Alteration of the Nitrogen Cycle: Threats, Benefits and Opportunities*, policy brief no. 4 (Paris: UNESCO-SCOPE, 2007), p.4。关于2050年食物系统中氮素用量翻倍一说，参见James N. Galloway et al., "Nitrogen: The Historical Progression from Ignorance to Knowledge, with a View to Future Solutions," *Soil Research* 55, no. 6 (Aug. 7, 2017)。

## 知识、种子、水和食物系统的其他方面

人类的知识和肥力、牵引力一样，从循环变成了线性。知识——从制造、销售、消费到淘汰——已被产品化。化学家、遗传学家、技术员和工程师发现了越来越多的关于生产食物的知识。知识经过营销部和公众关系部的包装，以化学配方、复合肥料、动植物基因（种子与精子）还有农业器械等形式，卖给农民。农民对自家农田里学来的知识的依赖越来越少，他们从遥远的实验室或工程公司购买配方、药剂和技术。

与此同时，农家自给自足的种子循环也被商品化种子取代了。专利、育种家权利法规、合同书和杂交品种等打乱了几千年来农民交易、保管、再利用种子的传统习俗。一部分种子仍然可以播种，长大后再留种；但大部分种子因专利和知识产权问题，无法在农民之间循环。现在的线性种子供应系统，一头连着企业育种实验室、营销部，另一头连着消费种子的农民。尽管小麦、大麦、玉米、水稻、豆子、扁豆、土豆等农作物是农民通过几千年的经验精心培育出来的，但现代的优质种子几乎都被企业把控了。

农业用水也在逐渐线性化。自然界的水循环是非常基本、非常原始的循环。现在，在许多农业生产区域，化石含水层的水很大程度上已经取代了自然界水循环。人类抽出了几万年前积存的地下水，抽取的速度比大自然储水的速度高出好几倍。[1]美国中部的奥加拉拉含水层经常被当作水位下降的典型例子。其实，在印度、孟加拉国、伊朗、埃及、墨西哥、澳大利亚等很多国

---

① Jean Margat, Stephen Foster, and Abdallah Droubi, "Concept and Importance of Non-renewable Resource, " *Non-renewable Groundwater Resources: A Guidebook on Socially-Sustainable Management for Water-Policy Makers,* ed. Stephen Foster and Daniel P.Loucks (Paris: UNESCO, 2006), pp.3–24; Leonard F. Konikow and Eloise Kendy, "Groundwater Depletion: A Global Problem," *Hydrogeology Journal* 13, no. 1 (2005): 317; Mark Giordano, "Global Groundwater? Issues and Solutions, " *Annual Review of Environment and Resources* 34 (Nov. 2009): 154, 158, 159.

家，人们也在"挖掘"化石水。

人类以化石燃料为动力，来抽取化石水。很多含水层产生于1.4万年前的末次冰期。根据我们现在抽水的速度，估计本世纪内，许多含水层会被抽干。以奥加拉拉含水层为例，到21世纪末，它的含水量将只剩原来的13%。[①]农业和其他线性系统消耗资源的速度快得惊人，而相比之下，人类的保护措施是非常粗糙的。

有些食物的生产过程已经完全线性化。西红柿等蔬菜生长于水培温室大棚——它们不用土壤，所以不涉及土壤肥力循环。几乎所有的植物养分，都是从温室的一头灌进，然后从另一头，以水果蔬菜的形式被收走。现代养鸡场和养猪场，也以相同方法运作。卡车从远方运来用电脑分配好的玉米饲料，又从养殖场拉走鸡、猪和粪便。现在，连我们吃的鱼和海鲜，也是线性系统的产物——我们吃的鱼有一多半是养殖鱼，它们像鸡和猪那样，是养殖出来的。捕捞野生鱼并不是可持续的办法，过度捕捞会造成鱼类种群灭绝。[②]

人类几乎改变了农业和食物系统中所有的成分。生态学家福尔克·冈瑟这样描述传统农业与工业化农业的区别：

> 前工业时期的农业是一项本地活动。大部分工具在本地生产，农作物吸收的太阳能也在本地获取……但现代农业的主要能源不再是太阳。从总投入来看，现代农业主要使用多种化石燃料。如果我们考虑肥料、杀菌剂、饲料、塑料包装袋，还有兽用药等其他材料，就会发现，现代农业体系类似于一个可以吞吐的系统……工业化农业是个将化石燃

---

① David Steward et al., "Tapping Unsustainable Groundwater Stores for Agricultural Production in the High Plains Aquifer of Kansas, Projections to 2110," *Proceedings of the National Academy of Sciences* 110, no. 37 (2013).

② Boris Worm et al., "Impacts of Biodiversity Loss on Ocean Ecosystem Services," *Science* 314 (2006) .

料转换成食物能量的魔术匣子。[①]

冈瑟概括了工业化农业的重点——使用化石燃料、非本地、非循环、依赖吞吐量，呈线性。从历史时空看，现代农业的形态（以及E文明中所有其他系统）与自然系统和前工业文明的形态都发生了冲突。

## 线性系统与产出

人类将大量物资投入新的线性农业系统，然后产出大量食物——还有温室气体，以及其他危害空气和土壤的化学废料——同时也给地球带来了严重的损耗和负担。化石燃料和其他合成原料转化成食物的效率非常低。有很大一部分原料经过线性系统的处理，变成了我们并不期待的产品。这是注定的——人类刻意切断了能源投入与产出的循环（包括动物粪便、二氧化碳、甲烷和剩余养分），于是造成了不可避免的后果。我们失去了将产出转化为有益投入的循环运作——废弃物和副产品转化成土壤、肥力、食物和新生命——出现了有害的产品，并使得它们外流。如果不希望看到有毒副产品堆积、资源枯竭，我们就必须让产出和投入重新对接，创造循环的、可持续发展的系统。

工业化农业破坏了大量的循环，为人类带来了很多不理想的后果。例如，养猪场数千头猪的粪便使本地土壤营养过剩，附近的水源也受到污染，变成绿汤。如果养分不能回归饲料原产地，那么当地土壤的肥力就会下降。然而，人类已将动物和饲料完全分隔开来。针对这一点，温德尔·贝瑞评论道："我们把一个解决方案变成了两个问题。" 线性系统的一头存在土壤肥力问题，而另一头是营养过剩带来的消耗和污染。[②]

---

① Folke Günther, "Making Western Agriculture More Sustainable," *FEASTA* Review no. 1, ed. Richard Douthwaite and John Jopling (Cambridge, UK: Green Books, 2001).

② Wendell Berry, *The Unsettling of America: Culture & Agriculture* (San Francisco: Sierra Club Books, 1977), p.62.

从前，碳也在植物（吸收二氧化碳）与动物（呼出二氧化碳）之间循环。现在，大量化石燃料燃烧产生的二氧化碳加速了原本有条不紊的碳循环。生物圈的自然回收功能跟不上二氧化碳的排放速度，所以污染物无处可走，只能堆积在大气层中，导致全球变暖。我们打破了自然界的碳循环和人类社会的能源循环，将化石碳燃料喂进线性系统。这样一来，我们也无可避免地成了废碳的输出端。

从宏观角度看，农业产生的废弃物仅仅是人类大量化学物品和能量输入下游的副产品。在线性系统里，我们每年大约投入两亿吨肥料，它们流入河流，使海洋失去平衡，变成死区。肥料还产生了是二氧化碳制暖功能298倍的一氧化二氮（$N_2O$）。人类每年要制造一亿吨合成氮肥，其中有一半氮气流失在大气层、河流、湖泊和海洋。[1]向线性食物系统里投入10亿吨石油，所产生的二氧化碳足以使全球气候发生变化。投入三四百万吨杀虫剂，我们就会在食物链上端的动物中看到生物的放大作用，如食物链断裂，生物灭绝，出现癌症和其他疾病。

我并不是单纯地批评现代农业。我在生我养我的农场上写这本书，周围都是自家的土地。在我还是农民的时候，我用过上百吨的肥料和杀虫剂。工业化农业有利有弊。批评农民做跨国农业企业、农科大学，还有政府鼓励他们做的"最佳经营方针"，并不是明智的做法。尽管如此，我们仍须意识到，如果向线性食物系统里投入大量化学物质和能量，会不可避免地生产大量有害物质。线性系统没有其他选择。圆圈没有结尾，而线性系统有两个端口。我们从线性的粮食生产系统一端输入石油工业资料，另一端除了产出粮食，也会有大量的副产品。

---

① Vaclav Smil, "Nitrogen and Food Production: Proteins for Human Diets,"*Ambio* 31, no. 2 (Mar. 2002): 129; Vaclav Smil, *Cycles of Life* (New York: Scientific American Library, 1997), p.127.

## 绿色革命

我们可以通过了解绿色革命及其利益和影响，来加深对食物系统和社会工业化、线性化的理解。"绿色革命"开始于20世纪60年代，主要内容是培育和推广高产粮食品种，增加化肥施用量，加强灌溉和管理，使用农药和农业机械，以提高单位面积产量，增加粮食总产量。

绿色革命是一个有争议的话题。人们对它的定义和它如何实现收益，有不同的理解。绿色革命经常被认为是包括矮秆与半矮秆小麦和水稻在内的一系列植物育种的突破。这些神奇的种子是所谓的"高产品种"。有一种观点大力赞扬了慈善组织和发展机构，说它们资助了农业研究和创新，使我们能够种植更高产的作物，可以养活更多的人。[1]另一种观点则将绿色革命的成功解释为培养植物，让它们更有效地利用肥料和农药。

以上两种说法都有道理。绿色革命创造了高度施肥、用化学药剂除草，以及培育更高产的水稻和小麦品种的农业模式。作家、历史学家雷伊·坦纳希尔在《历史上的食物》（*Food in History*）一书中这样解释绿色革命：

> 热带国家谷物增产的重大障碍之一，是大量施肥后庄稼先是长得极高，然后被自己的重量压倒……20世纪40年代，人们在墨西哥进行了多达4万种杂交植物品种的实验，结果显示，如果在合适的土壤深度播种短茎谷物，并充分灌溉，大量施肥，这样谷物会非常饱满，而且产量很高。[2]

绿色革命旨在用肥料、化学药物、充分灌溉和其他投入来增加产量，而植物本身并不高产。绿色革命之父诺曼·布劳格（Norman Borlaug）也同意这

---

① H. K. Jain, *The Green Revolution: History, Impact, and Future* (Houston, TX: Studium Press, 2010).

② Raey Tannahill, *Food in History* (New York: Three Rivers Press, 1988), p.336.

种说法。1970年，布劳格在接受诺贝尔和平奖时说："如果高产矮秆小麦、水稻是绿色革命的催化剂，那么化肥就是推动它前进的燃料。"[1]布劳格意识到，第二次世界大战后的农业在很大程度上是通过改造工厂、农场和食品系统的流程，将化石燃料中的能量转化为肥料，再转化为食物能量的。2000年，布劳格在获得诺贝尔奖30周年的纪念典礼上说："最近40年间……亚洲的发展中国家……肥料消费量增长了30倍。"[2]能量分析专家、系统生态学家霍华德·奥德姆在1967年写道：

> 事实上，集约型农业生产的土豆、牛肉和其他作物的能量，在很大程度上来源于化石燃料，而不是太阳。普通民众在学校不会学到这些。很多人认为，农业取得巨大进步是因为人类研制出了转基因品种，其实这些新品种的成功取决于输入了大量的辅助能量。[3]

虽然很多人认为绿色革命是植物育种方案，但它也可以理解为石油工业的线性投入系统取代自然循环过程的一部分。布劳格和绿色革命的成员很清楚，为了投入化石燃料，将食物生产成功地线性化，人类需要改变粮食的基因和内部组织。就像农场的一系列变化——用拖拉机替代马，用燃料替代工人——植物本身也需要改变。食物生产的线性化，意味着从植物基因到生物分子，农业的所有因素都需要改造。

系统的彻底重组是E文明线性化的关键。从一条大河的流向、底层人民的价值观和态度、草原的物种组成，到工人的作息时间、建筑材料甚至教育体

---

① Norman Borlaug, "The Green Revolution Revisited and the Road Ahead," (Nobel Lecture, Dec. 11, 1970).

② Norman Borlaug, "The Green Revolution Revisited and the Road Ahead," (Anniversary Nobel Lecture, Oslo, Norway, Sept. 8, 2000).

③ Howard T. Odum, "Biological Circuits and the Marine Systems of Texas," *Pollution and Marine Ecology*, ed. Theodore A. Olson and Fredrick J. Burgess (New York: Wiley, 1967), p.143.

制，这一切都必须改变。线性化不是一种可选功能，不是我们可以随便接受或放弃的——它是自然、人与自然的关系、文化与治理、文明结构和物质运动，以及人的境况等全方位的转变。

## 能量投入如何提升食物产出

我们通过田野、牧场、谷仓和温室，将石油、煤炭和天然气转变为玉米、胡萝卜和鸡肉。以下是我们使用化石燃料来扩大食品供应的一些方式：

1. 通过施肥来大幅度提高粮食产量。

2. 农业机械化后，可以腾出一部分畜牧用地，来生产粮食。比如拖拉机普及之后，以前养牛养马的土地，就可以种庄稼来供养人类。根据经济史学家艾伦·奥姆斯特德和保罗·罗德的计算，"1880—1920年，美国农场的耕畜消费了大约22%的庄稼收成"，而"在城市和煤矿里的牲畜又消费了另外的5%"。[1]瓦茨拉夫·斯米尔也得出类似的结论。[2]包括中国在内的其他国家，消耗比例相对较小，但应该不低于10%。人类将劳力的能源从农田转移到了油田，从而释放了大约1.5亿公顷土地（3.7亿英亩），这些土地都可以用于粮食生产——相当于美国全部可耕地面积，或加拿大耕地面积的四倍。[3]

3. 燃烧化石燃料的火车、轮船和卡车，使得运输不再依靠人力和畜力，相应地也可以减少为人和动物提供食物和饲料的农田。从事体力劳动需要大量的能量。据人类学家推算，古代玛雅人将食物搬到100千米（62英里）以外的地方，往返一次需要八天，来回路程200千米，每名搬运工会消耗携带的40

---

[1] Olmstead and Rhode, "Reshaping the Landscape," pp.664–665.

[2] Vaclav Smil, *Energy in Nature and Society: General Energetics of Complex Systems* (Cambridge, MA: MIT Press, 2008), p.159.

[3] 根据全球14亿公顷可用耕地计算。

千克（88磅）食物的三分之一。[①]

4. 使用燃烧化石燃料的农用机械，可以及时完成播种和收获，也提高了粮食的产量和质量，避免因恶劣天气造成损失。

5. 石化纤维解放了土地。尼龙、聚酯、氨纶等石油衍生品取代了天然纤维面料——皮革、棉、羊毛、羊绒、亚麻等——让更多土地用于粮食生产。

6. 能源集中型灌溉提高了粮食产量。

7. 化学药剂增加了粮食产量。

8. 化石燃料取代了木柴，这样人们可以将原来生产木柴的森林砍掉，用作耕地。

为了充分探究化石燃料工业食品系统怎样影响粮食供应，我们不但需要指出以上优点，也需要指出以下缺点：

1. 城市蔓延侵占耕地，郊区、公路和机场建设会让一部分农田消失。

2. 水力发电和灌溉渠会淹没一部分土地。

3. 开采化石燃料会造成水土流失。

4. 合成不同的食物，转化率低。例如，制作一个单位的肉蛋白需要八个单位的谷物蛋白。[②]

5. 食品加工过程会造成营养流失，并让产品低营养化，如零卡碳酸饮料、白面包、高糖麦片和其他低营养食品。

---

[①]　T. Patrick Culbert, "The Collapse of Classic Maya Civilization," in *The Collapse of Ancient States and Civilizations*, ed. Norman Yoffee and George L. Cowgill (Tucson: University of Arizona Press, 1988), p.93.

[②]　Smil, "Nitrogen and Food Production," p.130; Vaclav Smil, *Feeding the World* (Cambridge, MA: MIT Press, 2000), pp.145–158; Earl Cook, *Man, Energy, Society* (San Francisco: W. H. Freeman, 1976), pp.154, 319–326.

6. 食物浪费严重——在某些国家高达40%。[①]

7. 将食物转化为乙醇等燃料，效率很低。

8. 农业用地被用于种植草皮，或者饲养赛马。

9. 引起气候变化。

上百万吨肥料、化石燃料、化学药剂、机械设备和技术输入全球粮食生产系统，产出了巨大的效益，这大大超过了上述缺点。气候变化可能是唯一的例外，但我们只有在未来才能感觉到它的影响。在狭义上讲，化石燃料线性食物系统带来了毋庸置疑的产量激增。现在，我们尚不明确这个系统的寿命——地球上的化石燃料还能用多久，生态系统还能吸收多少人类产生的废弃物。

1726年，散文家、讽刺作家乔纳森·斯威夫特写道："如果有人能让原来长一穗玉米、一片草叶的土地长出两穗玉米、两片草叶，那么他对人类的贡献将比所有政治家都要大。"[②] 但是自斯威夫特的时代以后，农业已经不再追求凭空创造财富了（将一穗玉米变两穗），而开始将化石燃料财富转化为食物财富——这个过程带来了大规模的系统性紊乱。现在，我们不再纯粹地将一穗玉米变成两穗——我们将一穗玉米、一杯柴油、一磅肥料、一剂农药，还有先进的拖拉机、喷雾机和收割机加在一起，从而获得两穗玉米，以及一套意外的后果。斯威夫特也许会说，这得不偿失。

---

① Martin Gooch, Abdel Felfel, and Nicole Marenick, *Food Waste in Canada: Opportunities to Increase the Competitiveness of Canada's Agri-food Sector, While Simultaneously Improving the Environment* (George Morris Centre and Value Chain Management Centre, 2010), p.2; Jenny Gustavsson et al., *Global Food Losses and Food Waste: Extent, Causes and Prevention* (Rome: UNFAO, 2011), p.6.

② Jonathan Swift, *Gulliver's Travels and Other Writings* (New York: Bantam Books, 1986, first published 1726), part 2, chap.7, p.137.

## 第4节　简化网络

我们的食物系统充分体现了从循环到线性的转变。对提高产量而言，另外一个变化与线性化同样重要，即网络的简化和扁平化。人类用简单的、流线型的线性运作，取代了循环系统中结构复杂、分散的多节点网络。我们不仅向农业系统中投入更多物资，大幅度提高产量，同时也除掉了竞争对手、生态系统侧链和"吃白食的家伙"，以便最大限度地生产粮食供应人类。我们不愿意分享农作物，所以用杀虫剂杀死虫子。但是虫子减少了，相应的爬行动物、两栖动物、鸟类和哺乳动物也会减少。

生物教科书中有很多食物链图片——无数种植物、昆虫和其他生物之间的捕食关系线密密麻麻，向各个方向延伸。图1-3就是一例食物网示意图。尽管图表看起来很复杂，但实际上它已经简化了物种之间的多样性关系。例如，底部标有"浮游生物、腐屑、藻类"的节点可以放大，它其实包含了数百种微生物。这个图中大约有100种生物，但是一张完整的食物网图片应该包括数千种生物。各种相互依赖的生物创造了生态系统，并使其保持稳定。养分在它们之间循环，能量在其中传递，土壤和水也参与其中，这一切都推动了生物进化，为我们带来了美丽多样的自然世界。另外，每个网络又与附近的网络联结，整个自然界是无穷的。世界上所有食物链网络都可以连接在一起，最终形成一个包含数百万个物种的整体。哪怕是最精细的食物链网络图片，在真正的自然系统面前，也简单得如同一幅漫画。

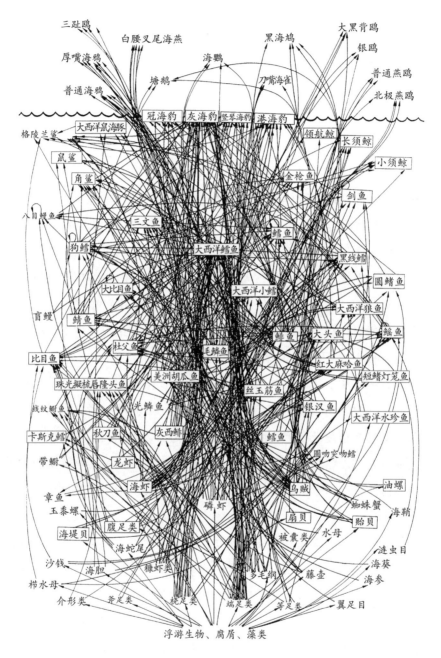

图1-3　加拿大东部大西洋西北海域局部食物链网络

注：方块里的生物资源是人类已经开发利用的。

引自：David M. Lavigne, "Marine Mammals and Fisheries: The Role of Science in the Culling Debate." 详细资料来源见附录2。

然而，人类不甘心只做复杂食物链网络中的一名消费者。于是我们扩展了农业。我们修整、简化各种网络，利用它们的生物生产力，最大限度地提高农作物产量。比如人们在玉米地、麦地和稻田里除去"有害的"杂草、动物、昆虫和真菌，以保证作物增产；我们砍掉丰富多彩的热带雨林，将它们变成棕榈或香蕉种植园；我们还消灭狼、熊和大型猫科动物，这样就可以不用和它们分享牛羊。现代农业系统不仅仅是自然循环系统的线性化版本，还是它的精简版本。

生物学先锋尤金·奥德姆举了下面这个简化的食物链网络的例子，来解释人类如何最大限度地生产符合我们需求的食物：

> 一个用于娱乐钓鱼的池塘……是个非常简单的食物链。因为修建这个鱼塘的目的，就是最大限度地提供特定种类和特定大小的鱼。管理员会尽可能多地培养最终产品，于是他们会限制池塘里鱼的种类，减少食物链的数量。[1]

美国华盛顿州、挪威、智利和加拿大不列颠哥伦比亚省的三文鱼养殖场，以及落基山脉和阿根廷草原的养牛场，也采用了类似的策略。农民和养殖者从食物链网络中删除不需要的节点，最大限度地生产目标物种，同时使目标物种的自然捕食者数量降到最低。图1-4摘自奥德姆的开拓性著作《生态学基础》（Fundamentals of Ecology），这是一个精简版的水产养殖食物链网络，或者说农业食物链网络。我们可以和图1-3做一个对比。

我们的农田、牧场、饲养场、谷仓、温室和池塘都是简化的食物链网络——它们要么是剔除了一些物种的自然生态系统，比如北美洲剔除了野牛、狼、树木和杂草的放牛场；要么是单一品种农作物的人造系统，比如机

---

[1] Eugene P. Odum, *Fundamentals of Ecology*, 3rd ed. (Philadelphia: W. B. Saunders, 1971), p.70.

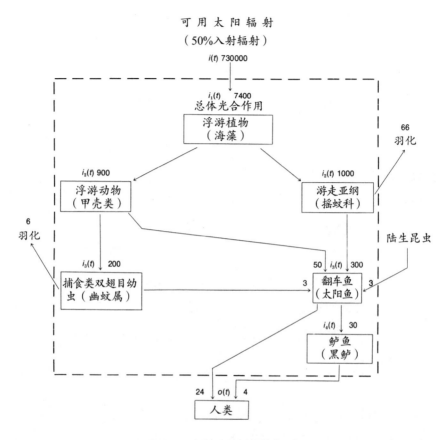

图1-4  经人类简化的食物网

引自：Eugene P. Odum, *Fundamentals of Ecology*. 详细资料来源见附录2。

械播种的玉米、胡萝卜和土豆，还有水培番茄和沿海养虾场。工业化农业中，种植玉米、水稻、黄豆和其他农作物，人们要用电锯、推土机、挖掘机和杀虫剂破坏平原、草原、热带雨林等生态系统中多种多样的食物链网络。接下来，为了抗拒生态演替，大自然会不懈地建立多样、多节点的食物链网络，而工业化农业又要花费更多的能源，继续发展不稳定的简化工程。人类必须铲除复杂的、纵横交错的自然网络，来建立并维护修整过的、简化的农业系统。

对于消灭或排斥其他物种、简化网络、增加产量，人类有多种多样的方法。

化学方法：喷洒除草剂、杀虫剂来去除杂草和害虫。现在，全球每年平均使用三四百万吨杀虫剂（按肥料有效成分计算），估计到2050年，杀虫剂使用量会增加一倍。[①]

物理方法：将动物圈养在畜栏和笼舍里，或将植物种在温室中。

机械技术法：用锄头锄掉杂草；用推土机清除森林；用拖拉机翻耕草原。

直接灭杀法：射杀或捕捉吃家畜的动物。

火烧法：用火烧掉土地上原来的植物，开辟新耕地。

基因改造法：研发抗虫（例如孟山都公司的BT棉花）和适应泛用性除草剂的植物（例如Roundup Ready牌玉米）。

人类制造的"完美的"农田食物链网络，只能容纳一种生产物种（农作物）和一种消费物种（人类）。除了部分土壤生物和传粉者，其他所有从生态系统中获取能量和营养（并与其保持循环关系）的动植物都被排除在外——其中很多物种因使用农药和地上生态系统的根本性简化，变成了牺牲品。最终，网络减少到两个节点——作物节点和人类节点——现在它已经不是网络了，而是一条线。

我上面说的这些，既不是农业的边缘观点，也不是新的观点。詹姆士·赫顿是18世纪的医师、化学家和农业学家，还被很多人认为是现代地质学的奠基人。1794年，赫顿对农业做了这样的定义："人就像上帝那样……

---

① "FAOSTAT, Pesticides Use," 见联合国粮农组织在线数据库。 David Tilman et al., "Forecasting Agriculturally Driven Global Environmental Change," *Science* 292 (Apr. 13, 2001): 282.

掌控动植物的生死，让某种植物生长，同时也让其他植物死亡。"[1] 古生物学家、进化论理论家尼尔斯·艾崔奇也曾写道："35亿年的生命史当中，农业对生态的改变最为深刻。"[2] 赫顿和艾崔奇的言论，看似夸张，实际上仍然低估了事实。人类和家畜称霸地球，其数量占所有陆生脊椎动物的97%。[3] 包括哺乳动物和鸟类在内的野生陆生动物，只占总数的3%。人和人驯养的动物的体重，与所有野生陆生哺乳动物和鸟类的体重之比是32∶1。换句话说，如果我们把所有人、牛、绵羊、猪、马、狗、骆驼、鸡和火鸡的重量加在一起，这个数字是所有野生陆生哺乳动物——大象、老鼠、袋鼠、狮子、浣熊、蝙蝠、熊、鹿、狼、驼鹿、山雀、苍鹭、鹰，等等——总体重的32倍。再举个例子，地球上鸡的总重量是其他所有鸟类总重量的两倍以上。[4]

关于赫顿的描述——人类像神灵一样，决定哪些动物生存，哪些死亡——19世纪北美野牛屠杀就是一个典型的例子。欧洲人到达美洲之前，这里的大草原上奔跑着2500万—4000万头野牛；到了1889年，只剩下大约800

---

① James Hutton, *An Investigation of the Principles of Knowledge, and of the Progress of Reason, from Sense to Science and Philosophy*, 3 vols. (Edinburgh: Printed for A Strahan and T. Cadell, 1794) vol. 2, p.483.

② Niles Eldredge, "The Sixth Extinction," American Institute of Biological Sciences, ActionBioScience.org, June 2001(http://www.actionbioscience.org/evolution/eldredge2.html).

③ Yinon M. Bar-On, Rob Phillips, and Ron Milo, "The Biomass Distribution on Earth," *Proceedings of the National Academy of Sciences* 115, no. 25 (June 19, 2018). 也参见Vaclav Smil, *Harvesting the Biosphere: What We Have Taken from Nature* (Cambridge, MA: MIT Press, 2013), pp.226–229; Vaclav Smil, *The Earth's Biosphere: Evolution, Dynamics, and Change* (Cambridge, MA: MIT Press, 2003), pp.186, 284。

④ Yinon M. Bar-On, Rob Phillips, and Ron Milo, "The Biomass Distribution on Earth," p.3.

头。[①]99.99%的野牛都被杀死了。当然，那是很久以前的事，但是最近也有类似事件发生。2000—2016年，为了保护牲畜免遭掠食者侵害，美国农业部的附属机构消灭了200多万只哺乳动物和1500万只鸟，其中包括数千头狼和熊，数万只狐狸和近100万头郊狼。[②]人类果然"让某种物种生存，让其他物种灭亡"。

图1-5体现了人类擅自决定动物生死带来的极大影响。该图显示了人、家畜和野生动物的体重变化——包括所有陆生哺乳动物和鸟类的体重。图分三个时间段，用百万吨碳为单位（人类和其他动物体内的碳成分大约占25%）。第一个时间段是5万年前，是第四纪巨型动物群还未灭绝，智人向外扩散到欧亚大陆、澳大利亚和美洲的时期。这一时期，地球上大约一半的大型动物（体重超过44千克）灭绝了。中间的柱形图是大约1.1万年前的情况，此时农业尚未出现。最右边显示了今天的状况。在前两个时期，地球以野生动物为主流，那时人类的数量和重量微不足道，以至于我们看不见代表人类的黑条。

---

① Natalie Halbert et al., "Where the Buffalo Roam: The Role of History and Genetics in the Conservation of Bison on US Federal Lands," *Park Science* 24, no. 2 (2007): 23; Francis Kelliher and Harry Clark, "Methane Emissions from Bison — An Historic Herd Estimate for the North American Great Plains," *Agricultural and Forest Meteorology* 150, no. 3 (Mar. 15, 2010): 473–477; C. Harcourt, V. M. Basilov, and V. G. Mordkovitch, "Hunting on the Prairies of North and South America," in *Prairies Ecosystems* (Farmington Hills, MI: The Gale Group, 2000), pp.178–179.

② Christopher Ketchum, "The Rogue Agency," *Harper's Magazine* 332, no. 1990 (Mar. 2016): 39; Tom Knudson, "Wildlife Services Deadly Force Opens Pandora's Box of Environmental Problems," *The Sacramento* Bee, Apr. 30, 2012.

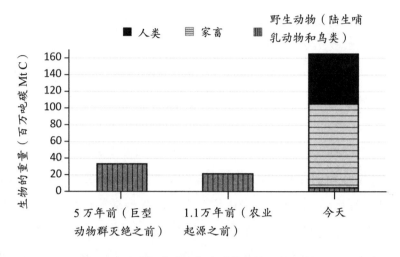

图1-5 人类、家畜和野生动物的体量对比图

引自：Yinon Bar-On, Rob Phillips, and Ron Milo; Anthony Barnosky; Vaclav Smil；以及作者本人估算。详细资料来源见附录2。

图1-5强调了三个问题。一是野生动物与鸟类的数量以及它们的体重总量，尤其在过去1.1万年间，已经大幅度减少；二是人类和牲畜的数量激增，已经达到一个极不自然的状态； 三是野生动物数量下降趋势明显，令人担忧，因为它暗示着物种灭绝正在加快。上图清晰地显示了1.1万年以来，人类通过驯化动物和简化的农产品网络，改造野生动物和复杂的生态系统的事实。

农业并不是唯一用精简的人类生态系统代替生物多样性系统的产业。城市乡镇的各种设施，比如草坪、城市公园、运动场、高尔夫球场、机场等，都破坏了各色各样的生态网络。人类迅速且大规模地简化并替换了很多原生生态系统。从6500万年前到现在，是自地球诞生以来物种灭绝最快的时期，现代物种灭绝的速度，比工业革命之前数百万年要快数百倍，我们丝毫不用感到惊讶。①自然界是循环的，但它并不是一个个的单环。自然循环与食物链网络交织，形成错综复杂的循环。例如，氮循环连结磷、碳和水循环，在植物、动物、昆虫、真菌和细菌等无数条生命溪流中流淌。人类修剪了食物链网络，并去除了"非必要"元素，只为能够最大限度地享受系统的收益。所以，农业的线性化最少涉及了三种变化：

1. 打破循环系统，并将其像管道一样拉直，以便推入燃料、化肥和其他物资，增加食物产量。

2. 堵住系统的漏洞，防止昆虫、野兽和鸟类偷食。

3. 扩大农田面积，增加管道的容量和吞吐量，以满足人口和收入增长带来的消费需求。

对我的农民朋友和邻居们来说，这一节看似一纸诉状。但是随着分析范围的扩大，我们将看到，E文明中几乎所有负责投入、生产、提取和消费的系统都以相同的方式运作。虽然我们的分析从食物生产开始，但它远远超越了食物系统。

---

① Millennium Ecosystem Assessment, *Ecosystems and Human Well-being: Synthesis* (Washington D.C. : Island Press, 2005), pp.5, 36, 38. 也参见 Millennium Ecosystem Assessment, *Ecosystems and Human Well-Being: Volume 1, Current State and Trends*, ed. Rashid Hassan, Robert Scholes, Neville Ash (Washington D.C. : Island Press, 2005), p.105; Anthony D. Barnosky et al., "Has the Earth's Sixth Mass Extinction Already Arrived?" *Nature* 471 (2011)。

## 第5节　现代社会的线性肥力系统

我们不仅把从化石燃料中提取的肥力推入食物系统，也会将它们排出。线性系统的运转并没有终止在餐盘或者我们的身体里，恰恰相反，由肥料转变而来的营养物质进入我们的身体，最后还会被排出。北美洲有4亿—5亿个马桶，每年大约冲走1800万吨粪便。[1]厕所、下水道和污水处理厂扩展了石油食品系统的线性化运转，让它连通大海。这个不完美的能量—肥料—食物输送系统，将重要的植物营养和能量一股脑儿地从土地吸走，耗费数百万美元处理，最终将其排入自然营养汇集处：池塘底部、河流三角洲或大洋底部。[2]

我们吃的食物，在一两天后，有一小部分会变成器官、骨骼、肌肉和大

---

[1] Dick Parker and S. K. Gallagher, "Distribution of Human Waste Samples in Relation to Sizing Waste Processing in Space," 2nd Conference on Lunar Bases and Space Activities, NASA conferences publication 3166 (1992), pp.563–568. 估计每人每天排出95.5克粪便。95.5克 × 365天 × 5.28亿人口 ≈ 18404760吨。

[2] 进入海洋的大部分磷（高达90%）都埋在沉积物中，一部分氮（数目不确定）最终也沉积在海底，但似乎大部分氮都被海底生物分解（脱氮）了，并以氮气的形式返回大气层。Nicholas Gruber and James N. Galloway, "An Earth-System Perspective of the Global Nitrogen Cycle," *Nature* 451 (Jan. 17, 2008): 294; Nancy N. Rabalais, "Nitrogen in Aquatic Ecosystems," *Ambio* 31, no. 2 (Mar. 2002): 106; Fred Mackenzie, Leah May Vera, Abraham Lerman, "Century-Scale Nitrogen and Phosphorus Controls of the Carbon Cycle," *Chemical Geology* 190 (2002): 22; F. Stuart Chapin III, Pamela Matson, and Harold Mooney, *Principles of Terrestrial Ecosystem Ecology*, 1st ed. (New York: Springer-Verlag, 2002), p.347; James Galloway et al., "Nitrogen Fixation: Anthropogenic Enhancement-Environmental Response," *Global Biogeochemical Cycles* 9, no. 2 (June 1995): 249; S. W. Nixon et al., "The Fate of Nitrogen and Phosphorus at the Land-Sea Margin of the North Atlantic Ocean," *Biogeochemistry* 35, no. 1 (Oct. 1996).

脑细胞，更大的一部分则变成我们工作和生活所需的代谢能量。代谢能量会以废热的形式散发出去，就像我们慢跑后额头或背部的热感，或是睡醒后温暖的被窝。但绝大部分食物会转化为尿和粪便。线性食物系统像个输送机，带着这些人体的排泄物，向着大海前进，将消耗了大量能源的养分输入海洋沉积层和大气层。这一刻，我们彻底失去了来之不易的肥力。几乎所有的磷最终都流失于河流、水库或海洋——它们离开了生物循环，直到数百万年后，地质运动让沧海变桑田，这些养分才会重新进入循环系统。一部分氮也会沉积在河流和海洋中，而其余将以氮气（$N_2$）形式释放到空气中，此后很长一段时间，它都不再参与生物间的循环，无法再被植物利用。

尽管现代废水处理系统让我们的城市变得更加洁净，也延长了居民的寿命，但我们的下水道管道仍然是粗糙的——与2000年前相比，在很多方面都没有改变。下水道从城市中带走了污水，也带走了水中的养分。随着城市人口的增加，城市下水道不断扩展，这个问题也变得更加严重。这是个古老的问题。早在19世纪50年代，德国化学家、土壤科学家尤斯图斯·冯·李比希就在《关于现代农业的备要》（*Letters on Modern Agriculture*）中写道：

> 罗马城的下水道只用几个世纪就吞没了罗马农民创造的繁荣；而当人们耕种的土地不能再养活国民时，下水道又接连吞没了西西里岛和撒丁岛的财富，以及非洲海岸肥沃的土地。[1]

同一年，《医学时报》（*Medical Times and Gazette*）在评论李比希的书时，这样批评英国："你引以为豪的下水道……正在排走土地的财富……你像吸血鬼一样，吸收土地的肥力和精华。"[2]1899年，英国协会主席威廉·克

----

[1] Justus von Liebig, *Letters on Modern Agriculture*, ed. John Blythe (New York: John Wiley, 1859), p.185.

[2] "Liebig on Agriculture and Sewage," *Medical Times and Gazette* 18 (Apr. 30, 1859): 447.

鲁克斯爵士在年会发言中说：

> 我说的另一个宝贵的固体氮源，锁在城市污水和排水系统中……在英国，我们每年将价值不低于1600万英镑的固体氮排进水管和下水道，让它进入海洋……这个浪费氮的系统规模巨大，而且越来越多地将我们从土地里获取的东西输入海洋，土壤中有限的氮储备就会越来越少，濒临绝境。[1]

下水道可以快速将营养物质从城市运送到大海。在"上游"，它从土地中吸收营养，并运送到城市。李比希在他的书中提到"从土地到城镇的巨大养分流失"，并感叹"大城镇像无底洞一样，逐渐吞噬世界大国的肥力"。[2]受李比希的影响，1867年，经济学家、哲学家和革命社会主义者卡尔·马克思在《资本论》中写道：

> 资本主义生产使它将人口汇集到各大中心城市……破坏了人和土地之间的物质交换。也就是说，人们以吃饭穿衣的形式消费掉从土地中获得的能量，这部分能量最终却不能回归土地，于是破坏了土地能够长久保持肥力的自然条件。[3]

马克思感叹交换受到干扰，循环遭到破坏。在马克思眼中，土壤循

---

[1] Sir William Crookes, "Address by Sir William Crookes, President," *Report of the Sixty-Eighth Meeting of the British Association for the Advancement of Science, Held at Bristol in September 1899* (London: John Murray, 1899), pp.14–15.

[2] Von Liebig, *Letters on Modern Agriculture*, pp.176, 184–185.

[3] Karl Marx, *Capital: A Critical Analysis of Capitalist Production*, vol. 1, ed. Frederick Engels, trans. Samuel Moore and Edward Aveling (New York and London: Appleton and Swan Sonnenschein, 1889), p.513.

环受到破坏，使得"社会代谢互相依赖的运作出现了裂痕"——代谢断裂了。[1]"裂痕"的概念代表了人们对破坏循环带来的负面影响的早期认识。后来，约翰·贝拉米·福斯特等人对这种现象有了更细致也更准确的描述，他们将其称为"代谢裂痕"或"生态学裂痕"，指人类与自然系统互惠交流的中断。[2]

预计到2050年，人类输入大海的氮和磷的数量会增加一到两倍。[3]污水处理厂可以从废水中提取氮和磷，但这只是一部分，有些城市的污水基本上没有做任何处理。总体来看，北美污水中的氮和磷，只有一半能被处理厂回收。[4]但是，回收排入大海的污水中的氮和磷，并不能解决全部问题。因下水道系统设计不合理，在许多地方，家庭废水都和工业废水混在一处。污水中含有大量重金属、工业化学品和其他有毒物质，这意味着在加拿大和美国有将近一半的污水污泥——它们含有大量营养——必须被焚化或掩埋。[5]因此，我们不但要计算数百万吨通过污水处理厂流进海里的氮和磷，还必须加上经

[1] Karl Marx, *Capital: A Critique of Political Economy*, vol. 3, trans. Ernest Mandel (London: Penguin, in association with New Left Review, 1981), p.949.

[2] John Bellamy Foster, "Marx's Theory of Metabolic Rift: Classical Foundations for Environmental Sociology," *American Journal of Sociology* 105, no. 2 (1999): 366–405; John Bellamy Foster, Richard York, and Brett Clark, *The Ecological Rift: Capitalism's War on the Earth* (New York: Monthly Review Press, 2010).

[3] G. Van Drecht et al., "Global Nitrogen and Phosphate in Urban Wastewater for the Period 1970 to 2050," *Global Biogeochemical Cycles* 23, no. 4 (Dec. 2009): 1, 10.

[4] Van Drecht et al., "Global Nitrogen," p.13. 2000年，排入海洋的污水中，处理厂大约除掉了46%的氮和54%的磷。

[5] North East Biosolids and Residuals Association (NEBRA), *A National Biosolids Regulation, Quality, End Use and Disposal Standard* (Tamworth, NH: NEBRA, 2007), pp.1, 13; US Environmental Protection Agency, *Biosolids Generation, Use, and Disposal in the United States* (Washington D.C.: USEPA, 1999), pp.3, 27; Kate Billingsley and Valar Anoop (Canadian Food Inspection Agency), "A Review of the Current Candian Legislative Framework for Wastewater Biosolids," a presentation to the Residuals and Biosolids Conference, Niagara Falls, Ont., Sept. 15, 2009; Dr. Elaine MacDonald et al., *The Great Lakes Sewage Report Card* (Sierra Legal, 2006), p.27.

过处理后，被焚烧或掩埋的营养物质。城市中消耗的食物中的氮和磷很少回归土地，为未来的植物提供养料——全球范围内，这个比例仅达到4%。[①]田地养分枯竭，于是每年必须用源自化石燃料的合成肥料补充肥力。但在河流和海洋中，情况却相反——水域生态系统营养过剩，要么长满了藻类，要么生态系统崩溃，变成毫无生气的死区。

人类生产的大部分食物，其中的营养都是从农场转移到餐桌，再到厕所，最后到海洋。一部分养分绕开了食物链，通过地表或地下径流，最终进入海里。人类每年使用一亿吨合成氮，其中有一半甚至三分之二根本没有进入农作物，而是穿过土壤，流失于河流、湖泊和海洋。[②]使用化肥，以及其他人类活动，导致奔流入海的氮几乎翻了两番。[③]结果就是，沿海地区出现了数百个死区，人类制造的污水和农业产生的氮和磷酸盐，造成了有害藻华。藻华在分解时，会消耗水中氧气，于是造成低氧区，那里很少有鱼或其他海洋动物。2008年，生态学家罗伯特·迪亚兹和罗格·罗森伯格在《科学》杂志上发表的文章写道："（溶解氧含量的）下降，比工业氮肥的增长落后大约十年……20世纪60—70年代，爆发式增长……60年代以来，死区的数量大约每十年增加一倍。"[④]现在，全球有超过500个死区，其面积达到数十万平方千米。到2050年，死区的数量和面积预计会增加一倍到两倍。[⑤]死区是我们的

---

① A. L. Morée et al., "Exploring Global Nitrogen and Phosphorus Flows in Urban Wastes During the Twentieth Century," *Global Biogeochemical Cycles* 27 (2013): 842.

② Vaclav Smil, "Nitrogen and Food Production: Proteins for Human Diets," *Ambio* 31, no. 2 (Mar. 2002): 129; Vaclav Smil, *Cycles of Life* (New York: Scientific American Library, 1997), p.127.

③ William H. Schlesinger, "On the Fate of Anthropogenic Nitrogen," *Proceedings of the National Academy of Sciences* 106 (Jan. 6, 2009): 206.

④ Robert J. Diaz and Rutger Rosenberg, "Spreading Dead Zones and Consequences for Marine Environments," *Science* 321 (Aug. 15, 2008): 926.

⑤ David Tilman et al., "Forecasting Agriculturally Driven Global Environmental Change," *Science* 292 (Apr. 13, 2001): 281.

能量—肥料—食物—污水输送系统的接收端，这是一条由化石燃料衍生出的工业化肥力积累线，毒性达到危险水平。线性系统像个输送带，它的输入端出现了人为的空虚，中段产品供应充沛，输出端则是不断增加的副产品，其最终结果就是生态系统的破坏。

讽刺的是，世界上最长的实物输送带是100千米（62英里），连通着西撒哈拉沙漠的磷矿（这个地区的领土主权有争议，地下埋藏着地球上四分之三的磷资源）和运输肥料原料的海港。它只是无数条构成能量—肥力—食物—污水处理系统的线性输送带中典型的一例。贯穿城市的河流是这条线性输送系统的最后环节。

如前所述，人类使用肥料的规模令人震惊。大规模施肥，既是物资流转系统线性化的结果，也是它线性化的原因。原本的营养循环被打破了，肥力不断地从线性系统的输出端排放到海洋和大气层，因此在输入端，我们就需要用合成肥料来补充流失的肥力。由此可见，线性化系统不仅有推动力，还具有吸引力。我们之所以有大规模的合成肥料需求，是因为将大量肥力送到了海洋和大气层。在线性系统中，输出端规模扩大，就会增大输入端的需求，反之亦然。我们必须从输入端推入百万吨级的化肥，才可以从系统输出端得到大量食物和能量。

另外还有一点，我们的食品和肥料系统不但可以横跨大洲来运输营养和能量，也可以跨越时间。我们用千万年来积累的资源来增加食物产量，比如天然气、磷和钾，目前它们正在迅速消耗。这些资源被抛到遥远的未来——变成海洋沉积物或进入大气中，在那里停留千百万年。我们的能量—肥力—食物—污水系统一端连通远古时代，一端连通遥远的未来。E文明大规模增加生产和消费的一个方式是线性化，另一个方式是剥削过去和未来。

# 第6节　工厂流水线

前几节提到输送带、线性运作和工业生产。我们也许会联想到工厂的流水线，这是E文明中典型的线性系统。流水线只是一个例子，下水管道和铁路也是线性系统的具体案例。工厂流水线是全球大规模输送系统的一部分，这个庞大的系统纵横交错，连接矿山、工厂、商店、家庭和垃圾填埋场。流水线和E文明不仅在形式上相互呼应，在时间上也处于平行发展的状态。流水线迅速发展和全面实现可以追溯到20世纪初——1913年，亨利·福特在底特律近郊的高地公园建了工厂。工厂流水线的发展与E文明发展同步不足为奇，因为没有前者，就没有后者。

历史学家大卫·奈在2013年出版的《美国的流水线》（*America's Assembly Line*）一书中，列举了流水线的六个特征，或者说六个子技术：

1. 精细的劳动分工；

2. 标准化零件（不同机器之间可以互换的、精加工的零件，不需要单独制造）；

3. 单功能机床（消除了机器设置、转换和零件尺寸变化带来的额外劳动）；

4. 根据工作顺序对机器进行分组，而不是根据类型；

5. 产品（或零件）从一个节点自动到下一个节点——流水线本身；

6. 工厂电气化，特别在安装电动机后，可以轻松改变机器位置，优化流水线生产。[①]

最后一个特征经常被忽略。大卫·奈认为在电动机器发明之前，流水线是不可能存在的。以水力和蒸汽为动力的工厂引发了英国的工业革命，相对来说，它们对环境的影响并不大。是电力改变了工厂的布局，并让流水线全面发展，创造出今天的大型电气化流水线工厂。正如大卫所说："电力驱动并扩展了建筑的可能性。"[②]线性化工厂需要特定的场地，流水线有它特定的设备，而且还需要特定的能量来源。不仅是工厂，从更宏观的视角看，事实也是这样。线性化是人类文明和经济形态的综合性重组。

1913年，福特工厂第一次集齐了大卫定义的六个要素。但若是把这六个要素拆开来看，每一项的出现都可以追溯到一个世纪以前。例如，18—19世纪，在钟表、缝纫机、自行车和枪支制造行业，就出现了标准化的精细零件。再举个例子，19世纪后期开始，罐头生产线就永不休止地把食物放入金属罐里，然后用传送带运走。肉牛和肉猪的屠宰场，即所谓"拆卸流水线"出现得更早，大概在19世纪50年代。上面这些例子，也许是亨利·福特最直接的灵感来源。但是，福特的汽车生产线颠覆了肉类加工厂的生产流程。

工厂流水线是一种全新的生产方式，人们将大量能源和材料输入线性系统，就可以批量生产消费品。若说线性系统帮助人类创建了现代世界，那流水线就是最有力的证明。与之前的循环系统相比，线性系统在速度和数量上的改变是空前的，流水线正是这种新特性的极佳体现。工厂流水线和其他大规模专业化技术消除了生产上的瓶颈，与20世纪之前相比，人类将自然世界的物资转变为人工制品的速度提升了多个数量级。1909年，移动装配线尚未出现，福特公司的工人需要用12.5个工时为T型车做最终组装；到了1914年4

---

① David Nye, "What Was the Assembly Line?" TEMP Tidsskrift for Historie 1, no. 1 (2010): 66; David Nye, *America's Assembly Line* (Cambridge, MA: MIT Press, 2013), pp.20–27.

② Nye, "What Was the Assembly Line?" p.63.

月，组装员工只需要用1.5个工时——比以前快八倍。[1]大卫说："福特加快了时间。"[2]流水线像E文明一样，改变了人类文明系统的时空状态。

今天，我们已经有了高度发达的工业生产系统。晶体管是电视、计算机、手机等现代电子技术产品的基本组成部分。20世纪60年代的晶体管收音机可能只有八个晶体管元件，而现在每部智能手机都有超过十亿个晶体管。它们密集地镶嵌在微处理器和内存芯片上。1955年前后，全球每年生产数百万个晶体管。今天，晶体管年产量超过5亿兆（10亿为1兆）。2017年，全球每秒生产17兆个晶体管。[3]

接下来，我们讨论线性工业生产系统输出端不可忽视的产物——废弃物。

---

① Byron Olsen and Joseph Cabadas, *The American Auto Factory* (St. Paul, MN: Motor Books International, 2002), p.46. 也参见 David Nye, *America's Assembly Line* (Cambridge, MA: MIT Press, 2013), p.28。

② Nye, "What Was the Assembly Line?" p.74; Nye, *America's Assembly Line*, pp.4, 6.

③ VLSI Research, 私人访谈, Apr. 11, 2018 (www.vlsiresearch.com). 也参见"What Is Moore's Law and Why Is it So Great?" Semiconductor Industry Association (blog), Apr. 16, 2015, ( http://blog.semiconductors.org/blog/topic/moores-law).

## 第7节　排放：线性文明和废弃物

在生态学中，对自然系统最关键的核心概念的定义是：能量消耗，但是材料循环。[1]我们能在生物学或生态学教科书中找到类似的描述，比如《生态学和田野生物学》（*Ecology and Field Biology*）写道：

太阳能驱动自然系统，使得各项投入物能在系统中循环。物质从一个子系统流出，然后进入另一个子系统。在这个过程中，能量被消耗，作为呼吸热散发出去，而环境中的化学元素被回收利用……世界的运转依靠能量的消耗和物质的循环。[2]

能量消耗，但是材料循环。能量来自太阳，只能使用一次，随后便以废热的形式散发到宇宙中。能量运行的轨迹是单程的——从太阳到地球，然后到星际空间，从浓缩的、有用的状态，稀释到无法使用的状态。能量不能回收。我们无法把一块木柴烧两遍。

相比之下，自然界的物质如碳、氮、磷、氢、氧和其他元素等，通过复杂的运作，可以在自然系统中重复使用。科学家称我们的星球为"封闭系统"——它可以接受来自太阳的能量，但在物质运动上是封闭的、有限的、

[1] Eugene P. Odum, *Fundamentals of Ecology*, 3rd ed. (Philadelphia: W. B. Saunders, 1971), p.48. 也参见 Howard T. Odum and Elisabeth C. Odum, *Energy Basis for Man and Nature* (New York: McGraw-Hill, 1976), p.44。奥德姆夫妇写道："能量流驱动材料循环。"

[2] Robert Smith and Thomas Smith, *Ecology and Field Biology*, 6th ed. (San Francisco: Benjamin Cummins/Addison Wesley Longman, 2001), pp.480, 505.

停滞不前的。例如，地球上的碳、磷、铁和钠的储量不会随着时间的推移增加（除了很少量来自星际尘埃和陨石的增加）。因为几乎没有新的物质进入地球，所以大自然的关键元素和化合物必须反复循环。落在树叶上的太阳能是单向运动的，它8分钟前从太阳射出来。但是构成叶子的碳、氢、氧和其他元素，已经在地球上存在了数十亿年——它们在有机物（动物、植物和细菌）和无机物（土壤、水和空气）之间经历了上万次循环。产业代谢分析的创造者罗伯特·艾尔斯曾说："目前存在的生物圈是一个几乎完美的材料回收系统。"[1]

## 前工业社会的回收系统

E文明前的人类文明像生物圈一样，循环利用了许多重要材料——包括铁、木材、羊毛、纸和皮革，很少有原料被丢弃。历史学家苏珊·斯特拉瑟研究过人们重复利用和回收材料的方式。以下片段摘自她的《浪费与欲望》（*Waste and Want*）：

> 20世纪之前，街道和人的身体都是臭臭的，但几乎不存在垃圾……妇女将残渣剩饭煮成汤，或将它们喂给家禽家畜；鸡几乎什么都吃，还为人类提供鸡蛋。耐用的物品可以送人，也可以传给下一代，或者储存起来，供以后使用。对成年人无用的物品，也可以成为孩子们的玩具。破损的物品，修补之后仍然可以使用。若是损坏严重，无法修复，则可以拆除，回收有用的零件。没有任何使用价值的东西会被烧掉，燃烧垃圾取暖和煮饭是常事，特别是在穷人家……人们可以从骨头中提取油脂和明胶，或将骨头制成刀柄，或磨成肥料，或当作燃料。穷

---

[1] Robert U. Ayres, "Industrial Metabolism," *Technology and Environment,* ed. Jesse H. Ausubel and Hedy E. Sladovich (Washington D.C.): National Academy Press, 1989), pp.23, 41.

人家的孩子……在码头上捡帆布或金属碎片，在铁道上捡煤炭，在街道和小巷中捡瓶子和食物残渣。<sup>①</sup>

　　斯特拉瑟列举了材料和产品的多种再利用和储存方式——用碎布制作拼布床单或钩编地毯；破损的盘子和餐具修补之后再使用；更换磨损家具的部件；延长鞋子、铲子、橱柜、房屋等所有物品的使用寿命；等等。一个世纪前，蒙哥马利·沃德和西尔斯等北美大型百货店的商品目录里，没有任何专门收集垃圾的家用品——垃圾桶或垃圾篮。<sup>②</sup>当然，所有人类聚落都会产生废弃物，苏美尔人的陶器碎片和狩猎采集者的骨头堆都可以证明这一点。但是，20世纪之前社会的物质循环和E文明社会的物质循环有着巨大的差别。服装就是一个例子。对前工业社会的人来说，制造布料和衣服成本巨大。在化纤纺织品和工业纺纱出现之前，缝纫线和布料里的纤维都是天然材料，来自植物（例如棉花）或动物（例如羊毛）。纤维原料要经历收集、清洗、梳理、纺纱、编织和缝纫等过程，每个步骤都包含大量的体力劳动。手工摘棉，是众人皆知的艰苦工作。手工纺纱也占用了工业化前的大部分工作时间。因为时间和金钱成本较高，所以人们特别注意再利用布料，以延长服装寿命。斯特拉瑟写道：

　　许多19世纪中叶的手册……建议人们把磨薄的床单从中间撕开，将外部边缘缝在一起，从而延长它的寿命……如果面料的反面足够吸引人，整件衣服可以拆开，并翻新改造……富裕的女人把衣服送到巴黎女装设计师那里重新设计……拆开的面料最常见的用途是为儿童做衣

---

① Susan Strasser, *Waste and Want: A Social History of Trash* (New York: Metropolitan Books / Henry Holt, 1999), jacket flap, pp.12, 13.

② Susan Strasser, "Waste and Want: The Other Side of Consumption," German Historical Institute, *Annual Lecture Series* no. 5, Washington D.C., 1992.

服……大裤子很容易改造成小裤子。①

人们不仅把衣服拆开，重新加工，布料纤维也可以派上新用场。棉布分解后可以用来造纸，把羊毛布切碎、绞烂，可以纺成新布。"劣质货"（shoddy）一词最初就是指羊毛线和回收纤维制成的布。后来，也许因为有奸诈的布料制造商使用了过多的回收材料，shoddy一词才有了"劣等货"的意思——重复使用的短纤维太多，原始长纤维含量不足。尽管劣质货的过度回收、制造和使用会带来负面影响，但回收纤维制造的布仍然是前工业社会和工业化早期纺织业和服装业的重要组成部分。在世界各地，有很多家庭和"拾破布者"在收集和整理羊毛布料。1879年关于全球劣质货贸易的记录是这样描述布料回收：

> 人们把羊毛碎布放入直径三英尺长、表面布满钢齿的圆筒里撕碎。钢齿大概长一英寸，间隔是半英寸。圆筒每分钟大约旋转五百次。喂进去的破布被快速旋转的牙齿撕得粉碎。②

1860年的一份报告说，回收纤维和初剪羊毛混合后，可以生产"适应任何需求的布料，几乎所有人都有能力购买"③。羊毛回收在英格兰是个大产业，在欧美其他地区也很发达。1853年的一份资料有声有色地做了描述：

> 在约克郡丘陵地区，有两个美丽的小镇——迪斯伯里（Dewsbury）和巴特利卡（Batley Carr），坐落在哈德斯菲尔德和利兹之间。游客从

① Strasser, *Waste and Want*, pp.13, 25, 43–46.

② Albert S. Bolles, *Industrial History of the United States, from the Earliest Settlements to the Present Time* (Norwich, CT: Henry Bill, 1879), p.398.

③ Samuel Jubb, *The History of the Shoddy-Trade: Its Rise, Progress, and Present Position* (London: Houlston and Wright, 1860), p.4.

火车上下来后，马上就注意到巨大的石头仓库……相较于那么小的车站，那些建筑显得异常神秘。但是走进仓库，人们就会发现一堆堆的、数以百计的大包，里面装着英国和欧洲各国丢弃的衣服。事实上，整个世界的破烂衣服都会被送到这里，其中一些曾经穿在欧洲皇室、贵族或者农民身上。在这里，英国贵族穿的宽大布裙、仆人的制服和法国共和党员的精纺上衣混杂在一起；美国人的汗衫、短裤和所有其他精纺或羊毛织品，也没有什么区别。[①]

在19世纪中期的英格兰，物料回收每年可以为人们提供数千吨羊毛，以及大量肥料和其他产品。像早期工业社会其他的再利用系统一样，人们对羊毛的回收非常彻底。塞缪尔·贾布在1860年的劣质货贸易史中写道：

> 破布被丢弃后，它的接缝和碎片可以制作肥料……也可以做成被子的填充物……劣质货粉末（Shoddy dust）——那是抹布和劣质货在加工过程中掉落的尘埃——也能够用于耕作……劣质货中的每一部分都有价值，不会产生堆积如山的废弃物，破坏环境。[②]

前工业社会中，几乎所有物资都可以回收并投入生产，连火炉和炉灰都不例外。在伦敦，就有商人竞标收购灰烬和相关垃圾。英国改革家、新闻工作者亨利·梅休（Henry Mayhew）在19世纪中期撰写了《伦敦劳动与伦敦穷人》（*London Labour and the London Poor*）一书。书中花数十页篇幅记录了收灰男女的工作过程，他们怎样聚集、筛分、整理并回收伦敦每年大约80万吨的灰烬和碎屑。灰烬的所有部分都可以被利用：任何可食用的东西都会被废品收购站的猪和鸡吃掉；鸡和猪又会变成废品场工人的食物；细尘埃可以

---

① Thomas P. Kettell, ed., "Shoddy," United States Economist, Dry Goods Reporter, and Bank, Railroad, and Commercial Chronicle, 4, no. 8, (Dec. 10, 1853), p.129.

② Jubb, *The History of the Shoddy-Trade*, pp.22, 23–24.

和黏土混合制成砖，或卖给农民作为肥料；较粗的材料也可以卖给制砖商；未燃烧的煤炭卖给穷人；棉布回收后用于造纸；骨头变成肥料，或送给肥皂工厂煮出脂肪和骨髓，剩余的用来制造明胶、牙刷柄、棋子和纽扣类的物件。每种金属都有自己的再利用流程。分拣工作虽很费力，但每个产品都有回收流程和附属流程。例如，死猫就是一种可回收物。按猫皮颜色分类，每种颜色的猫皮都是独特的材料。1850年的一份记录说，商人会根据猫的品质出价，"白猫6便士，有色猫4便士，黑猫1便士"[①]。 2009年，资源效率专家、土木工程师科斯塔斯·贝利斯和他的合作者在一份关于19世纪伦敦回收业的研究中写道："19世纪初期的废品场是高效的、劳动密集的物料分拣系统，这里几乎所有产品都可再销售。"[②]

亨利·梅休在1861年回忆伦敦的收灰工和清道工时写道："自然界中一切都在循环——不断变化，但总是回到起点。我们的身体在不断地分解和重组……动物靠吃蔬菜生活，但动物的排泄物也是蔬菜的食物。"[③] 梅休说得对——自然界中一切都在循环。

如果我们认为维多利亚时代的城市在环境方面是友好的，那就错了。伦敦的烟尘、污染严重的泰晤士河以及周围被破坏的森林，都可以驳斥这个观点。直到19世纪末，许多地方的人类社群依然在模仿我们赖以生存的自然系统。而且正如前文所述，自然界的原理以及它的运作方式是人类系统的模范，人类在模仿自然。分拣废品、拾破布的活儿往往都是穷人在做。但在那个社会，低薪和恶劣的工作条件并不局限于回收工作。前工业时期和工业时

① Richard Horne, "Dust: Or Ugliness Redeemed," *Household Words: A Weekly Journal* 1, no. 1 (1850): 380.

② Costas Velis, David Wilson, and Christopher Cheeseman, "19th Century London Dust-Yards: A Case Study in Closed-Loop Resource Efficiency," *Waste Management* 29, no. 4 (Apr. 2009): 1286.

③ Henry Mayhew, *London Labour and the London Poor; Cyclopaedia of the Condition and Earns of Those that Will Work, Those that Cannot Work, and Those that Will Not Work* (London: Griffin, Bohn, 1861) vol. 2, p.160.

代早期，穷人要做各种脏乱差以及危险又困难的工作，比如排空粪池、采煤、挖沟、采棉花、锄地、捉老鼠等。根据梅休的记录，当时收灰人的收入比农场工人或缝纫女工高很多。[①]但是除了工资和工作条件之外，现代回收系统、循环经济，以及工厂、采石场、牙科诊所或通信系统，与十八九世纪时完全不一样。没有人愿意忍受剥削，也没有人愿意生活在贫病加交、没有公民权利的境况中。同样地，我们也不能制造一个存在剥削、破坏和伤病的世界，不能破坏生物圈、自然资源和子孙后代的生活环境。建立一个尊重自然、人与自然和谐相处的循环经济，是人类今后几年的一大挑战。

## E文明无法循环

E文明中，废弃物不会再进入线性系统——它们只能停留在垃圾场。正如海洋死区是能量—肥料—食物—污水输送机的终点，垃圾填埋场也是能量—材料—产品—垃圾输送系统的终点。我们从商场把商品带回家，用坏之后做少量维修，或在物品破损之前将零件更换，但最终，它们会被装进垃圾袋，运往垃圾填埋场或焚烧炉。在过去一个半世纪里，人类一直在向各种系统输入空前巨量的化石能源，材料提取、加工，以及产品生产和分销之类的运作，也达到了前所未有的速度，而且愈演愈烈。大量廉价产品涌入商店和家庭，复杂的材料回收和产品维修逐渐变得不划算，而且也慢慢过时了，最终退出人们的生活。于是，人类产生的垃圾加速积累，物料和产品的运转模式发生了巨大变化。苏珊·斯特拉瑟提出过与本书类似的观点：

> 用一个生态学上的比喻，在20世纪，家庭和城市已经变成开放系统，不再是封闭系统。就像从前人们用餐桌上的剩饭喂鸡，将父亲的破裤子改造成孩子的裤子那样，城市也曾经依靠捡垃圾的人和清洁工来处

---

① Mayhew, *London Labour and the London Poor*, p.174.

理生活废品。从这个意义上说，以前的城市类似于可持续的、循环的生态系统。系统中，某一部分的垃圾变成另一部分的资源，一种生物的尸体和排泄物可以滋养周围的生物。然而，工业化打破了循环。工业系统的运作是单向的：从环境中提取材料和能量，并通过劳动力和机器设备将其转化为工业品……出售，使用之后再废弃，最终以污染物的形式返回生态系统……当然，这个生态学比喻太理想了——19世纪的工业化早期，出现了臭名远扬的空气和水污染问题。尽管它不完美，但这个过程曾经是循环的。废弃物为其他工业生产过程提供了原料，对经济增长有重要作用。一直到19世纪末，美国的废品处理才与生产系统分离，人与废品的关系发生了根本性转变。垃圾通过另外一种全新的方式，成为经济的重要成分——新产品市场的增长，一定程度上取决于旧产品不断被废弃。[1]

针对从"产品—再利用—产品"式循环系统到"产品—废品"式线性系统的转变，斯特拉瑟提出了许多建设性的观点。她有一句话说得很犀利——废品曾经是生产的原料，但是现在废品与生产完全脱离。我们的废品不能再制造新的产品；相反，旧的东西成为废品，催生了人们新的消费需求。下水道系统和肥力的流失，使人们产生了肥料的需求；我们扔掉垃圾，然后去购买新的产品。旧产品清仓甩卖——通常源于时尚、懒惰、虚荣、厌倦和社会不安全感等因素，很多东西过早被淘汰——为新的产品创造了需求。我们必须重新考虑"消费者"和"消费"两个词的内涵——我们很少消费购买的商品，也不一直保留它们，直到用尽。很多可以继续穿的衬衫被送往垃圾填埋场，毛巾和床单也面临同样的命运。我们的电器经常在无法修复之前就被丢弃。现在，很少有人去修鞋店，更少的人会完全消费餐盘或不锈钢餐具。电视娱乐节目督促我们断舍离，"净化"塞满衣物的壁橱，或者"整理"购物

---

[1] Strasser, *Waste and Want*, pp.14–15.

过剩的房间。大量垃圾由此产生，几周后，我们必然再去商场购物。

美国整理师克里斯汀·弗雷德里克在她1929年的著作《出售消费者夫人》（*Selling Mrs. Consumer*）中，赞扬了尽早处理物品这一做法。她将其描述为"进步式淘汰"，认为人们"愿意将很大一部分收入（包括紧急备用金）用来为新商品、服务或生活方式付费，并且在物品的使用寿命结束之前，将其废弃或放在一边，以便为更新、更好的物品让路"。弗雷德里克写道，美国人可以通过"购买吸引人的商品和服务来获得更高的生活满意度"。她还说，美国人"因此更深切地感受到了社会发展的速度和便利，让生活更加充实"。弗雷德里克笔下的"消费者夫人"会"毫不犹豫地扔掉仍然有用的东西——甚至是新商品——为最新最好的产品腾出空间。这体现了进步式淘汰"[①]。弗雷德里克描述的这些行为，都属于E文明线性化消费。大量材料投入和工业产出意味着我们的家庭必须具备吞吐能力。我们必须持续将商品送出家门，扔进垃圾箱，否则新产品就无法进入家庭，线性系统就会停止运转。在目前的形势下，垃圾车和流水线对大规模生产几乎同样重要。

线性系统的功率——技术性"功率"——可以通过庞大的资源能源消耗量来考核，即考察它每单位时间完成的功或每单位时间内的能量和产品转换额。E文明之所以能够超越之前的文明，是因为它具有前所未有的变化能力，以及前所未有的物料吞吐量和生产能力。线性系统之所以迅速改变家庭、社会、环境和生物圈，是因为它能够快速获取和转化材料，并且快速地将废弃物抛弃在土地、空气和海洋中。线性系统的快速变化见证了它的力量——建造高高耸立的办公大楼，推平山头，砍伐森林，建造大型工厂，以及短时间内制造十亿部手机，或者捕捞万亿条鱼。[②]不幸的是，人类社会拥有的巨大力

---

[①] Christine Frederick, *Selling Mrs. Consumer* (New York: The Business Bourse, 1929), pp.246, 251.

[②] 估计每年全球捕鱼量达0.97万亿—2.74万亿单位。请参见Allison Mood and Phil Brooke, *Estimating the Number of Fish Caught in Global Fishing Each Year* (2010), 1. ( http://fishcount.org.uk/published/std/fishcountstudy.pdf)

量，它空前的生产能力和替换、处理废品的能力，带来的是挖空的矿山和满得快要溢出来的垃圾场—— 一边资源枯竭，另一边垃圾成山。

目前，全球垃圾量正在迅速增长。欧盟、日本、加拿大、美国等富裕国家和地区的公民平均每人每年产生超过半吨（1000磅以上）的固体垃圾。[①]如果加上工业、商业、建筑和拆迁产生的废品，那么我们的人均垃圾制造量会增加三倍——每人每年超过两吨，每个家庭好几吨。[②]预计到2050年，这个数字仍会大幅度增加。[③]除了陆地填埋，我们还向大气层和海洋中投放了大量垃圾——2050年，海洋中塑料的重量有可能超过鱼的重量。[④]

物理学家、经济学家罗伯特·艾尔斯一直在研究工业社会的物料流动，他写道："许多物料在本质上是消耗性的……也就是说，物料每使用一次，都会产生降级、分散以及损坏。"[⑤]艾尔斯指出，世界上94%的物料"相当快地通过经济体系……在大多数情况下，从原料到废渣只需几个月到几年时间"。具体例子包括汽车轮胎、纸张、鞋子和衣服、清洁用品、化妆品、打印机墨盒、食品包装、剃须刀、农药和许多电子产品。富裕国家的公民每人每年会产生12—16千克（26—35磅）的电子垃圾。[⑥]全球每年总计产生近4500

① 34个经济合作与发展组织 (OECD)国家的平均值。Organization for Economic Cooperation and Development, *OECD Factbook 2010* (Paris: OECD: 2010), p.173.

② "Talking Rubbish," *The Economist*, Feb. 26, 2009.

③ Daniel Hoornweg, Perinaz Bhada-Tata, and Chris Kennedy, "Waste Production Must Peak this Century," *Nature* 502, no. 7473 (Oct. 2013): 616.

④ World Economic Forum, Ellen MacArthur Foundation, and McKinsey and Company, *The New Plastics Economy: Rethinking the Future of Plastics* (Geneva: World Economic Forum, 2016), p.17.

⑤ Robert U. Ayres, "Industrial Metabolism," in *Technology and Environment*, ed. Jesse H. Ausubel and Hedy E. Sladovich (Washington D.C.: National Academy Press, 1989), p.26.

⑥ C. P. Baldé et al., *The Global E-waste Monitor 2017* (Bonn/Geneva/Vienna: United Nations University, International Telecommunication Union, and International Solid Waste Association, 2017), p.6.

万吨电子垃圾，其中包括10亿多部被淘汰的手机①，只有不到10%的手机会进入回收流程②。总体来说，只有一小部分电子垃圾会被回收。而这些回收物有很大一部分会用非常原始的技术进行处理，然后出口到贫困地区。上网搜索一下某些地区，比如加纳的阿格博格布洛谢，我们会看到噩梦般的图像，突出显示E文明只能回收利用极少的资源。看到这些在贫穷和伤病中挣扎的电子垃圾拾荒者，我们也许会想起亨利·梅休书中维多利亚时代伦敦的废品分拣员。尽管21世纪的我们有先进的生产技术，但是许多地区的回收技术却没有达到19世纪的标准。

回收，说白了就是收集废品并将它们重新投入生产流程。按重量计算，全世界的废品约有17%被回收（堆肥占另外8%）。③虽然堆肥和回收的数量增长很快，但预计到2050年，人类产生的垃圾将增加一倍，超过了垃圾填埋和焚烧的处理能力。我们经常谈论回收，但实际上我们在做相反的事。蓝色回收箱和纸板收购是一个良好的尝试，我们迫切需要做更多这样的事。同时，我们必须了解回收的真正意义——扭转过去一个半世纪以来用线性系统代替循环系统的态势——抵抗现代社会文明形态的巨大转变。石油工业化消费者文明是在打破和推翻自然循环系统的基础上建立的，我们的文明是伟大的，但它不支持回收。

回收必须成为人类生产系统的核心部分。如果我们有大规模的生产系统，那就必须有同等规模的回收处理系统。生产和回收均衡，才能让自然环境保持平衡，维持营养物质和其他成分的循环。梅休提醒我们："自然界一

---

① 作者个人估计，全球每年大概卖出15亿部手机。

② 这是美国的数据。2006—2010年，美国移动设备的平均回收率为8.6%。请参见 US Environmental Protection Agency, Office of Resource Conservation and Recovery, *Electronic Waste Management in the United States Through 2009* (Washington D.C.: World Bank, 2012), p.22。

③ Daniel Hoornweg and Perinaz Bhada-Tata, *What a Waste: A Global Review of Solid Waste Management* (Washington D.C.: World Bank, 2012), p.22.

直在循环，旧物死去，新物出生，二者一直是均衡的。"①而我们现在的全球化经济，理论上为了分解一美元、一个工时或一升石油，可以投入20美元、20个工时或20升石油。苹果公司的高管和股东吃牛排，但是在贫困地区，为他们组装产品的工人却在挨饿。

人类的生产和消费系统之所以破坏自然界的循环系统，是因为我们的线性系统并未脱离自然，我们要从自然界获取原料，并排入废弃物。正如上文提到的，线性生产系统可以延伸到过去，将地球数亿年来慢慢积攒的能量和资源带到今天。使用百万年前的资源和能源，会让我们有一个误解——误以为地球是一个非封闭的系统，允许人类线性文明无限成长。

除此之外，我们还要注意到，这个非封闭的线性文明系统正在越来越快地从封闭的自然循环系统中吸取能量和资源。与地球承载力相比，人类文明的体量越来越大，其提取量和排放量也越来越大。我们种更多的农田，生产更多的产品，捕捞更多的海洋生物，产生更多的二氧化碳，而且以更快的速度开采矿产资源。我们可以假装看不见这些事实，但是对自然系统和自然规律的忽视并不能改变现实——在封闭的系统中，物资必然是流动的。地球是一个封闭的系统。

最关键的一点，回收不是环保主义者提倡的特殊生活方式，不是委派给孩子们用于赚取零花钱的无关紧要的工作，它是自然界中不可忽视的规律，与地球物理学、生物学都有紧密关系。如果无视这个规律，我们的文明就会变成"终极文明"——物料流向某个终点，比如垃圾场、海洋或者其他废弃物集中的场所。更重要也更可悲的是，它代表了终结——资源终会枯竭，文明失去补给，就无法延续，最终崩溃。线性系统有终点，所以线性文明是终极的。

---

① Mayhew, *London Labour and the London Poor*, p.183.

## 第8节 海量物资输入

近些年，垃圾数量增长了许多倍。垃圾从哪里来呢？这个问题与线性系统有关。我们可以设想，线性系统终端的输出量增加，那么始端的输入量必然也增加。我们看到垃圾数量变多了，因为我们往线性系统里输入了更多的材料和资源。经济合作与发展组织（OECD）在2008年的一份报告中提到，"前所未有的资源和物质消耗"[1]。

### 巨大的材料消耗量

全球资源开采量在2005年为590亿吨，2010年为700亿吨，2017年将近900亿吨。[2]我们创建了覆盖全球的运输网络，每秒钟要从环境中摄取2900吨

[1] Organization for Economic Cooperation and Development, *OECD Environmental Outlook to 2030* (Paris: OECD, 2008), p.239.

[2] Fridolin Krausmann et al., "Growth in Global Materials Use, GDP, and Population during the 20th Century," *Ecological Economics* 68, no. 10 (2009): 2699; Julia Stenberger et al., "Global Patterns of Materials Use: A Socioeconomic and Geophysical Analysis," *Ecological Economics* 69, no. 5 (2010): 1148; Stefan Giljum et al., Sustainable Europe Research Institute (SERI), "Resource Efficiency for Sustainable Growth: Global Trends and European Policy Scenarios," background paper, delivered Sept. 10, 2009, in Manila, Philippines, pp.8-9; UN Environmental Programme and H. Schandl et al., *Global Material Flows and Resource Productivity: An Assessment Study of the UNEP International Resource Panel* (Paris: UNEP, 2016); United Nations Environment Programme, International Resource Panel, and Stefan Bringezu et al., *Assessing Global Resource Use: A Systems Approach to Resource Efficiency and Pollution Reduction* (Nairobi: UNEP, 2017), p.8.

资源，并输送到工厂、城市、商店、家庭、垃圾填埋场、水体和大气中。这些通过开采矿山、地下提取、砍伐森林和农业种植取得的原材料是我们社会和经济的根本。这些材料不包含水，也不包含未使用的表土层，但它包含尾矿，尽管尾矿仅占总数的百分之几。加拿大和美国的家庭平均年消费量约为100吨可用材料，欧盟国家和其他高消费国家的使用量略少于美国。

2017年，全球范围内，家庭、企业和各类经济体共消耗了约900亿吨木材（包括纸浆用木材）、谷物、盐、石油、煤炭、铁、铜、铀、金、石膏、水泥、硅砂、肥料、钻石、砾石和其他材料。有专家指出，按照现在的进度，人类使用自然资源的数量，将每30年翻一番。①人类每年提取、改造、运输和消耗数百亿吨材料和高速消费的能力，让我们创造了E文明。在很大程度上，E文明代表了以上的提取、转化、产品的结构。

全球资源消耗量将在30年内翻一番，这个预测令人震惊。当前，我们的线性工业化文明已经向生物圈施加了巨大的压力，难道在未来，这种压力还会加倍？有些人确实这样认为。因为这是当前的发展形势下不可避免的结果——国家在追求经济增长（2%—3%的年均经济增长率），企业在追求市场利润。如果世界国内生产总值（GWP，全球国家GDP之总和）保持2.5%的稳定增长率，那么28年后，GWP将会翻一番。最近几十年，全球经济的年均增长率超过2.5%；在过去的半个世纪里（1968—2017年），年均增长率达到3.25%。GWP不断增长，资源消耗量也在不断增长（稍微慢些）。

未来30年资源消耗量将要翻倍，这听起来难以置信，但这只是根据过去100年的趋势得出的结论，资源消耗量一直在增加，而且增长速度丝毫没有放缓。这种前进动力就是所谓的经济增长、进步、发展或者生活水平的提高——用更多木材建更大的房屋，用更多钢铁制造更多的汽车，以及用更多的混凝土

---

① Christian Lutz and Stefan Giljum, "Global Resource Use in a Business-as-Usual World: Updated Results from the GINFORS Model," *Sustainable Growth and Resource Productivity: Economic and Global Policy Issues*, ed. Raimund Bleischwitz, Paul Welfens, and Zhongxiang Zhang (Sheffield, UK: Greenleaf Publishing, 2009), p.39.

和沥青来扩建城市。若是人类文明按照现在的趋势发展下去，则未来前景令人恐惧。下面是一些主流分析师的预测（所有数据均经通过膨胀率调整）：

> 我们预计，2014—2050年，世界经济总值将以每年3%以上的平均速度增长，到2037年翻一番（与2015年相比），到2050年将再翻一番。
>
> ——普华永道（PwC）[1]
>
> 2030年，全球中产阶级人口将是2009年的2.6倍。
>
> ——经济合作与发展组织（OECD）[2]
>
> 2034年，全球经济总量将达到200万亿美元，几乎是2009年（53万亿美元）的四倍。
>
> ——经济合作与发展组织（OECD）[3]

令人难以置信的预测，是在长期趋势基础上的逻辑推理。它给数亿人提供汽车、冰箱、有多个浴室的住房，以及可以去热带度假旅行的生活条件。经济继续发展，还会有10亿—20亿人享受到同样的生活，这种趋势已经在美国、欧洲、加拿大、澳大利亚和其他工业化国家持续了一个半世纪。如果这个趋势继续下去，21世纪的资源消耗量会达到原来的8倍——本世纪末可能达到每年4800亿吨。如果说E文明的一个特征是创建线性系统，那线性系统物资流通量呈指数级增长就是它的另一个特征。

在此，我引用一段2011年美国总统的经济报告。在"增长的重要性"这一章节中，奥巴马总统和经济顾问委员会向美国国会做了以下汇报：

> 快速、持续的经济增长是美国的一个特征……经通货膨胀调整后，

---

[1] John Hawksworth and Danny Chan, *The World in 2050: Will the Shift in Global Economic Power Continue?* (London: PricewaterhouseCoopers, 2015).

[2] 2009年中产阶级人口为18亿，2030年达到49亿。Homi Kharas, *The Emerging Middle Class in Developing Countries*, working paper no. 285 (Paris: OECD, 2010), pp.27, 28.

[3] Kharas, *The Emerging Middle Class*, p.22.

2007年人均收入水平是1971年的两倍……今天美国的人均收入是1820年的25倍……如果美国继续保持自1870年以来的平均增长速度，那么美国人民可以期待，2046年人均实际收入翻一番，2100年人均实际收入高出5.5倍。[①]

奥巴马和他顾问们的目标是，2100年，美国教师、消防员和会计师的收入比2011年高出5.5倍，达到每年30万美元（以2017年的美元价值计算）。如果21世纪继续保持20世纪的"普通"增长率，人们的生活水平将会得到巨大提高。但是要达到这样的经济增长速度，资源消耗量也会迅速增长。

## 经济和社会的非物质化

在政策智库里或经济会议上，有很多关于"非物质化"以及"脱碳"的讨论。它的理论是这样的：之前，创造1美元的国内生产总值需要X单位的能源或资源；但是现在在一些国家（比如美国），创造1美元国内生产总值的消耗量只有之前的三分之二。有些人认为，由于社会生产率不断提高，创造一定的经济价值，需要的资源和能源都在减少，因此经济正在"非物质化"。他们认为我们无须更多的投入，就能够让经济持续增长，我们不再消费钢铁做的汽车，而是转向手机App和按摩服务。这个观点是错误的。如上文所述，在20世纪，全球资源使用量增长了7倍，能源使用量增长了9倍，而这种增长还在继续。2000年至2017年，全球能源使用量增长了44%。如果情况不发生变化，我们会看到，能源和材料使用量每30年翻一番。我们经济产值的增长无法摆脱资源和能源投入的增加。在每年使用900亿吨资源和能源（预计在2050年达到1800亿吨）的全球经济中，"非物质化"一词没有任何实际意义。我们消耗资源的速度在加快，更快、更高的货币流动量只是题外话。

---

① *Economic Report of the President: 2011* (Washington D.C.: US Government Printing Office, 2011), pp.53–55. (https://www.gpo.gov/fdsys/pkg/ERP-2011/pdf/ERP-2011.pdf).

## 第9节　消费者时代

线性系统中，原材料流入量和产品流出量显著增长，是因为消费品产量大幅度增加——比如口红、笔记本电脑、咖啡机、洗衣机、T恤、时装鞋，还有亚马逊、沃尔玛和郊区购物中心卖的数以百万计的商品。我们已经进入消费者时代，这是资本主义扩张的最新阶段，但在全球范围来说，它尚未完全普及。虽然我们现在并不清楚消费者时代会如何发展、何时结束，但我们可以清楚地看到它的开始。通过资源消耗量曲线和新产品的上市日期，我们知道，消费者时代开始于1880—1910年。这一时期，许多产业有了重要变化——绕线机开始缠电线，涡轮机和发电机开始旋转，燃料和产品开始流通—— 一个新的石油工业化消费者E文明出现了。

1880—1910年，因为大量新消费品的出现，美国工业蓬勃发展，材料使用量猛增。在短短的30年中，纸张使用量增长了8倍，铁矿石产量增长了6倍，钢铁产量增长了19倍，棉花产量增长了2倍，耐用品产量增长了4倍，铁路货运量增长了7倍，煤炭消费量增长了5倍，而石油消费量增长了9倍。[①]尽管开始的时间不同，但我们在英国、德国、加拿大、澳大利亚以及其他地区

---

[①] Edwin Frickey, *Production in the United States* (Cambridge, MA: Harvard University Press, 1947), pp.16, 64; US Bureau of the Census, *Historical Statistics of the United States, Colonial Times to 1970, Bicentennial Edition,* parts 1 and 2 (Washington D.C.: US Dept. of Commerce, 1975), series M 205–220, M 231–300, M 216–230; Albert Fishlow, "Productivity and Technological Change in the Railroad Sector," in *Output, Employment, and Productivity in the United States after 1800*, ed. Dorothy S. Brady (New York: National Bureau of Economic Research and Columbia University Press, 1966), p.585; US Energy Information Administration, *Annual Energy Review 2010* (Washington D.C.: US Government Printing Office, Oct. 2011), p.355.

都可以看到类似的增长模式。

物资的丰富和物流业的发展反映了大众消费的增长，这是一种新生的组织经济和社会的方式。在1880年之前，社会上几乎没有品牌的概念，也没有集中制造和大规模分销的产品。大多数食品都是本地的，没有包装和商标，可以直接出售，比如成桶的咸菜、苹果、醋、盐、面粉、红酒、啤酒和鱼，自家制的面包和饼干，或者镇上宰杀的牛和猪。牛奶和奶酪来自当地奶场或自家的农场，鞋子通常来自镇上的鞋匠，工具则来自铁匠。因为当时品牌很少，一般家庭中几乎没有品牌产品。但在1880年之后的30年间，公司、产品和品牌迅速发展，新颖的包装和分销系统让社会步入了大众消费时代，一直持续到今天。回顾1880—1910年这段时期，我们可以清楚地看到消费时代的出现。

糖果产业（尤其是巧克力）大概出现在1880—1910年之间。雀巢、好时、吉百利和能得利是第一批生产巧克力的公司。这一时期的糖果还包括箭牌的黄箭、白箭和绿箭口香糖，芝兰口香糖，Cracker Jack牌玉米花生糖和Tootsie Rolls牌太妃糖等。《纽约时报》报道，在19世纪的最后25年，美国糖果业产值"从零上升到每年约1.5亿美元"（按2017年的美元价值，约为40亿美元）。[1]在这期间，软饮料行业也逐渐形成。可口可乐、百事可乐、Hires根汁汽水和Canada Dry姜汁汽水都在1910年之前的35年间出现。

1877年，桂格燕麦成为第一个早餐麦片注册商标。成立于1895年的宝氏食品于同年推出Postum牌咖啡代用饮品，并在两年后推出了首批即食麦片Grape-Nuts。当时，Grape-Nuts被当作"补充大脑和神经中枢营养的食品"出售，其实里面既没有葡萄，也没有坚果。家乐氏公司的前身成立于1906年，并在同一年推出了玉米片。

罐头技术对于创建集中的品牌食品消费系统至关重要。19世纪后期，罐

---

① "Candy Trade's Growth: Advance from Nothing in Less Than Twenty-Five years," *New York Times*, Dec. 20, 1903, p.18.

装玉米、番茄、豆子和其他食品发展迅速，广受欢迎。1910年，美国的年均罐头消费量达到2500万箱。[①]1892年，皇冠瓶盖申请了专利。1880—1910年，还出现了许多其他食品品牌，包括亨氏番茄酱、菲力奶油芝士、金吉达香蕉、Aunt Jemima松饼粉、荷美尔食品、麦斯威尔咖啡、德尔蒙水果、Cream of Wheat谷粉粥、金宝汤、Jell-O果冻、纳贝斯克食品、三花淡奶、Hills Bros咖啡、纷乐旗牌芥末酱和Crisco起酥油等。

公司、产品和品牌的泛滥不仅限于食品业，以下消费品和制造商都是在1880—1910年间出现的。

1885年，美国开始批量生产牙刷。

1886年，强生公司成立，并在1894年推出了强生婴儿爽身粉。

1886年，雅芳公司成立。

19世纪80年代，现代式"安全"自行车问世；到1900年，英国Raleigh公司每年生产1.2万辆"凤头"牌自行车。[②]

1880年，Scott造纸公司成立，并在1890年推出了卷筒卫生纸，1907年推出了厨用纸巾。

1889年，留声机问世；1910年，唱片（圆柱体加磁盘）年销售额达到3000万美元。[③]

1878年，康涅狄格州建立了美国第一个公用电话网；1914年，美国已有近1000万名电话用户。[④]

1900年，柯达公司开始销售布朗尼相机。

1901年，吉列公司推出了带一次性刀片的安全剃须刀。

---

① US Bureau of the Census, *Historical Statistics of the United States*, series M 231–300.

② W. Hamish Fraser, *The Coming of the Mass Market*: 1850–1914 (Hamden, CT: Archon Press, 1981), p.81.

③ Donald Sassoon, *The Culture of the Europeans: From 1800 to Present* (London: HarperCollins, 2006), pp.759–780.

④ Sassoon, *The Culture of the Europeans*, pp.596–597.

这一时期，一美元怀表（19世纪80年代后期）、Crayola蜡笔（1903年）、Ever Ready电池（1905年）、Old Dutch清洁剂（1905年）也先后问世。

通用电气公司、Maytag和惠而浦公司在1892—1911年间先后成立，并开始销售电器。

胡佛吸尘器公司成立于1908年。

Melitta咖啡过滤纸在1908年获得专利。

1886年，利弗兄弟成立公司并推出了Sunlight肥皂，又在1894年推出了Lifebuoy肥皂。

1879年，宝洁公司开始销售Ivory香皂。

1910年，百得公司成立，并在1917年推出了手持电钻。

19世纪80年代初，美国人詹姆斯·邦萨克（James Bonsack）申请专利，并售出了第一台工业用卷烟机。1899年的改进版卷烟机每小时可卷3万支香烟，相当于数百名工人的工作量。[1]1880—1910年，美国人均香烟销量增长9倍，法国和英国也增长了近3倍。[2]这30年间，几个主要的卷烟品牌纷纷成立。

一些主要的百货商店都出现在19世纪80年代之前。巴黎的Le BonMarché、伦敦的Harrods和纽约的梅西百货在19世纪中期已经成立。但是，将消费主义推广到中产阶级和工人阶级，并主宰20世纪零售业的连锁百货商店，其历史可以追溯到1880—1910年。这一时期也出现了很多百货商店，比如伊顿百货、蒙哥马利·沃德、沃尔沃斯、马歇尔·菲尔德、西尔斯·罗巴克、诺德斯特龙、杰西潘尼、塞尔福里奇和凯马特。1880年之前，巴黎、伦敦、东

---

① Robert Proctor, *Golden Holocaust: Origins of the Cigarette Catastrophe and the Case for Abolition* (Berkley: University of California Press, 2011), p.40.

② US Bureau of the Census, *Historical Statistics of the United States*, series pp. 231–300, pp.690–691; Barbara Forey, Jan Hamling, Peter Lee, and Nicholas Wald, *International Smoking Statistics: A Collection of Historical Data from 30 Economically Developed Countries* (Oxford: Oxford University Press, 2002), pp.200, 648.

京、纽约等大城市以外，很少见到百货商店。而在1880年之后，百货商店迅速扩散到大多数城市。 历史学家兰德·帕斯特麻吉安在《百货商店：它的起源、演变和经济意义》（*The Department Store: Its Origins, Evolution, and Economics*）一书中写道："1880年到1914年依然是百货商店历史上最辉煌的时期。"①

当今许多期刊也是在1880—1910年间创立的。杂志和报纸既是消费品，也是新产品营销和品牌推广的重要渠道。最关键的是，要创造消费者文化必须先出现大量消费者，在传播消费主义思想、贬低其他思考的过程中，报纸和杂志发挥了重要作用。节俭、谦虚和自力更生这些古老的价值观必须被取代。各色人群——学者、发明家、普通居民、小团体成员、已婚者、政治家等，最终都成为消费者。②19世纪末和20世纪初，《麦考尔杂志》（*McCall's Magazine*，1876）、《妇女家庭杂志》（*Ladies' Home Journal*，1883）、《好管家》（*Good Housekeeping*，1885）、*COSMOPOLITAN*（1886）、*VOGUE*（1892）、《主妇家政指南》（*Woman's Home Companion*，1897）等一批杂志，都在这件事中出了力。它们将广告商与消费者联系起来，并向19世纪那些习惯节俭的男女宣传消费观念和娱乐方面的知识。

汽车是最重要的消费品之一，1886年，德国人卡尔·本茨发明了汽车。到1910年，很多国家都有了成千上万辆汽车，如法国、德国、英国和美国等。福特的T型车产量迅速增长，其他许多汽车公司，包括别克、奥兹、道奇、凯迪拉克、通用、劳斯莱斯、奥斯汀、凯旋、罗孚、名爵、沃克斯豪尔、标致、雷诺、菲亚特、蓝旗亚、阿尔法·罗密欧、奥迪、欧宝和奔驰

---

① Hrant Pasdermadjian, *The Department Store: It's Origins, Evolution, and Economics* (New York: Arno Press, 1976), p.41.

② John Huizinga, *Homo Ludens: A Study of the Play-Element in Culture* (London: Routledge and Kegan Paul, 1944); Zygmunt Bauman, "Exit Homo Politicus, enter Homo Consumens," in *Citizenship and Consumption*, ed. Frank Trentmann and Kate Soper (Basingstoke, UK: Palgrave Macmillan, 2008).

等，也开始在欧洲和美国生产汽车。

19世纪50年代，工厂开始推销缝纫机，但是家用缝纫机直到30年后才面世。1910年，欧洲每千人大约有60台缝纫机，而美国每千人有100台以上，也就是说，大约一半的美国家庭拥有缝纫机。批量生产的机器中，缝纫机是最早广泛销售给企业和个人的种类之一。此外，其他早期机器包括时钟、打字机和枪支。一些制造商可以生产多种产品，例如雷明顿父子既生产打字机，也生产缝纫机和枪支。

大城市中，部分区域在19世纪80年代开始普及电力，出现了电风扇、电水壶、烤面包机、振动器、吸尘器和洗衣机等新的消费品。电力的普及创造了新的消费需求，也为生产这些新消费品提供了能量，并且大幅度提高了工厂产能。新兴的石油工业亦是大大推动了生产力的发展，使得汽车、卡车、摩托车和飞机数量暴增。埃克森、雪佛龙、美孚、康菲公司、优尼科石油公司、壳牌公司、德士古公司和英国石油公司等，都在1870—1910年成立。事实上，许多著名的公司和品牌都诞生于20世纪初。目前美国500强公司中，1900—1910年之间成立的公司比其他任何十年都要多。①

值得注意的是，尽管1880—1910年间出现了消费主义经济，但大众消费文化完全流行开来，还需要数十年的时间。我们不应该将1910年美国或欧洲大都市里的人看作现代消费者的雏形，或想象他们是预算和选择受限制的消费者。不对，在1910年，美国和欧洲大多数人还住在农村，所以节俭仍然是主流价值观。一百年前的农民和工人家庭买不起休闲物品，也无力承担炫耀性消费或休闲消费。对大多数人来说，即便他们住在世界上最富裕的地区，钱财方面也不宽裕。每花一笔钱都要仔细权衡，要节约每一美元，以应付未来的变故。然而，这时候社会正在发生深刻的转变，消费时代即将来临。

消费主义的出现并非偶然。知名大品牌拥有大型工厂和区域分销系统，

① Dane Stangler, *The Economic Future Just Happened* (Ewing Marion Kauffmann Foundation, 2009), p.4. 该项研究借鉴了这个报告：Harris Corporation, "Founding Dates of the 1994 Fortune 500 US Companies," *The Business History Review* 70, no. 1 (Spring 1996).

但它们需要新技术才能生产和包装商品（比如能够使机械运转的电力、制造铁罐和铁盒的生产线等）。这些工厂既需要运输货物（铁路、卡车和四季通行的道路），也需要协调远程资源的开发和分销网络（电报和电话系统）。它们需要机床；需要大量廉价的铁、钢和纸；需要发行量大的期刊；需要大量劳动力脱离土地，到工厂和商店工作；还需要足够的产能，以便支付工人的工资——即使这些工资只能让他们买一点点巧克力、肥皂、罐装玉米或可口可乐。消费品是大量技术和社会创新的一部分，这些创新相互联系，支撑着产品的生产、分销、市场开拓以及消费者态度的塑造。

这些新公司、新产品和新品牌，以及它们的生产、分销和通信系统向人类证明：为了应对社会、技术和经济发展的一系列问题，E文明仿佛一架能源—材料—产品—垃圾填埋场运输机，并且吞吐量还在迅速增加。在E文明层面来说，"运输机"是一个抽象的词，但从经济实体方面讲，工厂里的流水线、搞运输的卡车和铁路线、普通家庭的汽车以及垃圾运送车，都是能源—材料—产品—垃圾填埋系统中的运输设备——在未来十年内，这个线性系统会把万亿吨产品运送到我们的城市和家庭，然后再送到垃圾填埋场、河流、海洋和大气层。线性系统创造了现代世界的奇迹，也带来了不可忽视的危险。

# 第二章

# 文明起飞：能量、发动机和功率

## 第1节　文明和能量

工业线性系统代替自然界的循环系统，这个转换过程需要耗费大量能量。线性系统本身的物资流动也需要大量能量。这些能量都来自化石燃料。本章重点介绍能量系统，探索化石燃料如何推动并改造我们的文明模式和运作方式。

在很大程度上，E文明的出现依赖于两种转型——一是工业的转型（比如新机器、新材料和新产品），二是能量系统的转型。工业革命是众所周知的，能量系统的转型也可以称为能源革命。能源的转型很独特，这个过程与工业革命大不相同。很多人可能会想到，早期工业机器是以煤炭为动力的蒸汽机发动的，但是实际上，在主要依靠水车、人力和畜力的时代，工业转型就有了萌芽。当然，那时候靠化石燃料发动的蒸汽机还没在工厂派上大用场。在这两种转型中，可以说能源革命更为重要，因为它推动了工业革命，让工业革命能够在全球广泛传播。能源革命为人类提供了力量——各种意义上的力量，在加工材料、开采矿产、组装汽车、建设城市方面，能源都发挥了重要作用，大大提高了工作效率。如果我们没有改变能量系统，或者不能利用化石燃料，也许我们的"工业革命"就只能依靠水力、人力畜力、风力或者木柴。毫无疑问，这样工作效率会大大受限，生产力可能只有当前水平的10%或15%。下文我们会做具体讨论，一个依赖柴火的世界——每块木头都会与玉米或小麦争夺土地——可能永远不能摆脱由盛而衰的恶性循环。可以说，能源革命改变了一切。

法国历史学家让–克劳德·德比尔、丹尼尔·赫梅里和物理学家让–保罗·德莱吉在他们合著的《权力的奴役：历代能源与文明》（*In the Servitude of Power: Energy and Civilization Through the Ages*）中写道："在中世纪，能量系统（水、肌肉、风）的强化使得工业化的第一阶段成为可能，但是人类开始利用煤炭和蒸汽机之后，一个崭新的能量系统也诞生了。"[1]在18世纪，珍妮纺纱机（由水和人力驱动）的大规模使用，开启了人类社会工业化转型和消费品革命的大幕。但是，大规模使用化石燃料才是现代文明的根基，工业系统也是在此基础上创建的。化石燃料为我们提供动力，促进了现代文明的发展，同时，也威胁着我们的未来。

马力小时是功的一种衡量方式。在标准重力加速度下，每秒钟把75千克的物体提高1米所做的功就是1马力，1马力约合735瓦。1马力小时相当于1匹马在1小时内做的功。换算一下，普通人的劳动水平可以达到1/10马力。[2]如果加上儿童、老人和其他无法全职劳动的人，人类平均劳动水平大概是1/20马力。普通工人的年工作量大约有200马力小时，而全人类的平均年工作量只有100马力小时。1850年，美国90%的工作能量来自人、牲畜、水车、帆船和

————————

[1] Jean-Cluade Debeir, Jean-Paul Deléage, and Daniel Hémery, *In the Servitude of Power: Energy and Civilization Through the Ages*, trans. John Barzman (London: Zed Books, 1991), p.102.

[2] Leslie White, *The Evolution of Culture: The Development of Civilization to the Fall of Rome* (New York: McGraw Hill, 1959), pp.41-42, 45; Leslie White, *The Science of Culture: A Study of Man and Civilization* (New York: Grove press, 1949), p.369; Vaclav Smil, *Energy in Nature and Society: General Energetics of Complex Systems* (Cambridge, MA: MIT Press, 2008), pp.138, 179; David and Marcia Pimentel, *Food Energy, and Society*, revised ed. (Niwot, CO: University Press of Colorado, 1996), p.12.

风车，这一年美国做的功大约有100亿马力小时。[①]2017年，美国的做功总量（主要由化石燃料发动机和电动机完成）大约是3万亿马力小时。[②]做功总量迅速增长，也是E文明出现的一个重要原因。今天，化石燃料驱动的全球机器网络为我们带来了商品和服务、舒适与便捷，放眼望去，从露天购物中心到露天矿，到山地景观和垃圾填埋场，E文明给我们带来了满足感和不安全感。

E文明建立在托马斯·塞维利、纽科门、瓦特、勒努瓦、奥托、狄塞尔等发明家的新发现上。蒸汽机可以让织布机和旅客列车运转，将化石燃料变成布料和运输力量。人们将燃料输送到农业机械设备中，以生产更多的食物。我们燃烧更多的煤和石油来取代体力劳动，于是世界上部分地区中产阶级的生活变得相对舒适——他们的财富增加了，并且有能力消费工业机械生产的商品。几千年来，经济增长一直非常缓慢，化石燃料掀起了社会改革，并为E文明提供了生产商品和创造财富所需的能量。

当然，文明不只是能源的产物，能源决定主义和技术决定主义都是错误

---

① J. Frederic Dewhurst et al., *America's Needs and Resources: A New Survey* (New York: Twentieth Century Fund, 1955), p.1116. 作者修改了Dewhurst的数据，据此算出1/10马力小时，原文是1/20马力小时。

② 作者根据Dewhurst的方法推算，请参见J. Frederic Dewhurst et al., *America's Needs and Resources: A New Survey*, p.1116。1950年后的推演参考Robert U. Ayres: Mass, Exergy, Efficiency in the US Economy, *Laxenburg, Austria: International Institute for Applied Systems Analysis*, 2005, pp.20, 21。Ayres对于美国可用能服务的总体技术效率提高做出的估计极为有用。作者借这些数值外推Dewhurst的计算，对1950—2000年间工作量增长倍数的计算与Ayres的结果相符，大约是3.6倍。但是Ayres和Dewhurst在1900—1950年间的工作量计算上有所不同。为了让1850—2010年间的计算方法一致，我们需要做更多研究。也请参见Thomas T. Read, "The World's Output of Work," *The American Economic Review 23*, no. 1 (Mar. 1933): 55–60; Hans H. Landsberg, Leonard L. Fischman, and Joseph L. Fisher, *Resources in America's Future, Patterns of Requirements and Availabilities, 1960–2000* (Baltimore: Published for Resources for the Future by the Johns Hopkins Press, 1963).

的。我不打算阐述罗斯托新的经济模型中关于能源发展阶段的分析。[1]我们的世界包罗万象，我们的历史错综复杂。世界之所以是今天这个样子，既有亚里士多德、维多利亚女王、夏洛蒂·勃朗特和佛陀的功劳，也有煤炭、蒸汽机和水电站的功劳。因此，要想了解一种文明，我们必须先了解它的能源模式——比如奴隶、马匹、卡车、电动机或者涡喷发动机。在侧重政治或文化的分析中，唯物主义分析——侧重能源、产品生产和物资流转——往往被忽视或低估。历史学家经常写关于拿破仑或美国内战的书，但关于电气化历史的书却寥寥无几，尽管电气化对塑造现代世界的作用更大。请想象一个没有秦始皇或埃及艳后的世界，再想象一个没有电的世界——没有电灯、电话、电视、计算机、电动工具或电动厨房用具，或者没有化石燃料和发动机的世界。一个依靠人力、畜力和水车驱动的世界，不可能为我们带来纽约曼哈顿的高楼大厦，带来医学影像技术和互联网，我们也无法生产足够的铜或混凝土、足够的食品，以及足够的消费者。化石燃料中巨大的一次性能量是我们实现工业化的必要条件。但是光有化石燃料还不够，我们还需要开发利用它们。能源储量并不能决定文明的发展，相反，它们可能限制文明发展。毕竟，烧木头的飞机是不存在的。

　　认识能量系统，对理解我们的世界以及这个世界的未来至关重要。接下来的五小节，我们将探讨能量和功率如何在人类文明中发挥作用。

---

[1] Walter Rostow, *The Stages of Economic Growth: A Non-Communist Manifesto* (Cambridge: Cambridge University Press, 1960). 罗斯托的五个阶段包括：1. 传统社会；2. 为起飞创造前提条件阶段；3. 起飞阶段；4. 趋向成熟阶段；5.大众消费时代。

## 第2节　只有两种能量来源

在人类文明发展过程中，能量来源众多，比如煤、乙醇、水力发电、汽油、地热、氢气、丙烷、牲畜、铀、沼气、风力、木材，等等。但从本质上说，有两种能源为我们的文明提供了99％的能量——太阳能和核能。[①]其他能源都是这两种能源（大部分是太阳能）的某种形态。

我们燃烧木柴，其实是在释放树木中捕获的太阳能。我们从火光中获得温暖，那是几十年前阳光的能量。草木吸收阳光，进行光合作用，把太阳能转化为生物质能。当我们燃烧木头时，这些生物质能就会释放出来，转化为光和热。烧木材产生的能量基本是当代的太阳能，因为在大多数情况下，树木的生长周期是几年或几十年。而煤炭和石油等化石能源，释放的则是植物在数百万年前捕获的太阳能。

稻草和其他农作物也在进行这样的循环。当代太阳能以生物质能的形式存储在植物体内，并在燃烧时释放。由植物生产的乙醇、生物柴油和其他生物燃料也是当代太阳能（肥料和拖拉机燃料里的化石燃料供应了部分能量）。另外，植物捕获的太阳能也为耕畜提供了动力，人力劳动者同样受益（当然也不能忽视化肥等化石燃料的作用）。我们走路或踢足球时，是太阳能为我们的四肢提供了动力。煤炭、天然气和石油产品是化石太阳能，而不是当代太阳能。我们开车去便利店时，汽车燃烧的是古老的阳光。

风力也来源于太阳能。太阳的热量产生了温差和气压差，使得空气流

---

① 太阳能（包括当代和化石太阳能）和核能之外，还有潮汐能、地热能和少量的生物质能（比如海底生存的化能自养生物）。这些能源在总能量中只占不到1％。

动，风吹动风力发电机，先将太阳能转换为电能，再通过风车变成机械能或通过帆船变为运动能量。水力发电也来源于太阳能。地球上的水在阳光的作用下蒸发，变成水蒸气，然后通过降水的形式降落在地表，最后形成了能够建造水坝的河流。

最后，很明显，太阳能（包括光伏发电和热能）就是太阳能。

E文明的非食物能源中，大约有86%来自化石太阳能，比如石油、天然气和煤炭。另外有9%的能源来自当代太阳能，其中主要是水力发电产生的能量。风力发电机和太阳能光伏板能够提供的能量也在迅速增长。从总体上看，我们使用的能源中，有95%来自当代太阳能或化石太阳能。太阳为地球提供了动力。

除了太阳能，地球另外一大主要能量来源是核能。核能（或称原子能）是通过核反应从原子核释放的能量，其来源可以追溯到我们的星球形成之时，甚至更早。核反应堆释放的能量是利用核能最直接的方式，而我们开发地热能的时候，也是在间接地利用核能。地球内部60%至80%的热量来自核衰变。[①]早在太阳系形成之前，铀和其他放射性元素就存在于宇宙之中，它们是在超新星爆炸中产生的。因此核能的来源不是太阳，而是其他恒星。

我们的文明能够飞速发展，其能量基本来自核能和太阳能，但是也有小小的例外。一个是潮汐能，由月球引力变化引起；另外一个是地球内部的余热产生的地热能。但是这两者加起来，也只能为E文明提供不到1%的能源。

有些能源上文没有提到，因为它们根本不是能源，而是储能介质。氢气就是一个例子。与化石燃料不同，氢元素没有矿床供我们开采或抽取。地球上的大部分氢都与氧结合在一起，以水的形式存在。我们可以使用电力将水分解成氢和氧的原子，但这需要能量，而且释放出的能量要少于燃烧氢所投入的能量。因此，氢的功能类似电池——它是能量载体，而不是能源。

---

① D. L. Turcotte and G. Schubert, *Geodynamics*, 2nd ed. (Cambridge: Cambridge University Press, 2002), pp.136–137.

当我们意识到几乎所有能源都来自太阳能或核能时，我们的思路一下子就清晰了。关于未来的道路，有三个能源备选，一是化石太阳能（比如石油、天然气和煤炭），二是当代太阳能（比如水力发电、木材、生物质能、风能和光伏发电），三是核能。

目前所知的能源几乎都来自太阳和其他恒星，当然，或许有我们未发现的新能源，但是这个可能性不大。能源供应短缺和气候变化的问题不能只靠创新或技术来解决。有些人对可控核聚变抱有希望，我们在地球上制造一个小"太阳"，而不利用天空中的大太阳。然而，可控核聚变的发展与应用不太可能在21世纪实现，甚至可能永远不会实现。[1]我们现在用的能源很可能与子孙后代使用的能源是一样的。而且由于化石太阳能数量有限，对环境影响大，可以预测在未来，风力发电机、太阳能电池板等当代太阳能转化设备将发挥主导作用。绿色植物捕获的当代太阳能是大自然赖以生存的能量，物质的构成、分解和运输都缘于此。未来人类文明的能量系统可能由四种能源组成：阳光（太阳能光伏）、植物（生物质能）、风（来自涡轮机的电能）和水（水力发电）。当我们的文明主要依赖当代太阳能时，我们也会回到自然系统当中。

能够可持续发展的未来能源体系可能看起来像过去的能源体系——人类逐渐摆脱对化石能源的依赖，回归当代能源。但是，它们有本质的不同。太阳能电池板等改革性创新意味着21世纪与11世纪是完全不一样的。

---

[1] 了解可控核聚变能量相关问题，请参见William Parkins, "Fusion Power: Will It Ever Come?" *Science* 311, no. 5766 (Mar. 10, 2006): 1380。

## 第3节 来自太阳的能量：光合作用、碳和化石燃料

### 光合作用

E文明所使用的能量95％来自太阳能（无论是现代还是古代），所以人类捕获、收集和利用太阳能的方式十分值得花时间讨论。上一节我们讨论了当代太阳能和化石太阳能，接下来，我们将讨论通过光合作用捕获的太阳能和通过其他手段获取的太阳能。可以说，所有化石燃料都是光合作用的产物，而各种形态的当代太阳能，比如木材、生物质能、乙醇等，也来自光合作用。

不过也有一些当代太阳能不是来自光合作用。非光合作用太阳能包括风能、水力发电和光伏发电产生的能量。目前，人类有近90％的非食物能量来自光合作用——包括当代和古代。复杂的光合作用能量转换过程支撑着这个世界的一切。它使世界上有氧气、食物和木材，有煤炭和石油，有适宜生存的气候，有通用汽车、谷歌、耐克和迪士尼。

光合作用的重要性绝不可低估。对于地球上的生命和人类社会而言，没有什么比它更重要了。科学家、能量分析师瓦茨拉夫·斯米尔写道：

> 地球上各种各样的复杂生命，以及人类所有的希望和忧虑，只不过是阳光的变化。归根结底，推动它们的是光合作用。细菌和绿色植物的叶绿体吸收了阳光，发生光化学和热化学反应——那是地球上最重要的能量转换。植物（直接或间接）为我们提供了所有的食物；植物的代谢（比如木柴或秸秆）或植物化石（比如煤和碳氢化合物）为我们提供了所有的燃料。光合作用（还有水力、核能等一次能源）为所有异养生

物和人类社会提供了动力。[①]

绿色植物、藻类和一部分细菌都可以进行光合作用。这些生物利用阳光将二氧化碳和水转化成能量密集的有机化合物（例如葡萄糖）。二氧化碳中只有很少的化学能。二氧化碳不能在炉子、发动机或人体中燃烧。葡萄糖（$C_6H_{12}O_6$）之类的碳水化合物则恰恰相反，具有相当规模的化学能，所以它可以为生物体提供燃料。葡萄糖和其他碳水化合物可在人体、蒸汽机或柴炉中转化为能量。我们燃烧木柴，其实也在做同样的事。木头中有纤维素，而纤维素又由葡萄糖分子组成。我们从纤维素或者说葡萄糖分子中获得的能量，也来自光合作用。下面这个式子就反映了光合作用的过程。

光合作用：

$$6CO_2 \ + \ 12H_2O \ + \ 光能 \rightarrow \ C_6H_{12}O_6 + 6O_2 + 6H_2O$$

二氧化碳　　　水　　　阳光　　葡萄糖　氧气　　水

式子左侧的光能转化成了右侧葡萄糖里的化学能（还有余热）。这个反应是在阳光的作用下进行的，将低能量二氧化碳（$CO_2$）里的碳键重新排列，使其为能量丰富的葡萄糖（$C_6H_{12}O_6$）。

植物吸收二氧化碳（$CO_2$），然后呼出氧气（$O_2$）。这是很重要的，因为人类和动物刚好相反——我们吸入氧气，呼出二氧化碳。将上面的式子反过来，就可以看到我们的身体是如何从葡萄糖和其他食物中获取能量的。

---

[①] Vaclav Smil, *Energy in Nature and Society: General Energetics of Complex Systems* (Cambridge, MA: MIT Press, 2008), p.61.

呼吸：

$$C_6H_{12}O_6 \quad + \quad 6O_2 \quad \rightarrow \quad 6CO_2 \quad + \quad 6H_2O \quad + \quad 代谢能$$

葡萄糖　　　　氧气　　　　二氧化碳　　　　水　　　三磷酸腺苷

光合作用是地球上最重要的能量转换过程，每年大约转换3000艾焦耳的能量，是人类系统总能量消耗的6倍。光合作用为我们提供了食物、氧气和燃料，为我们的工业提供了动力。[1]光合作用是生态系统和所有生命的基础。

## 碳

假设光合作用是魔法，那碳就是变魔法的材料。碳是稀有的物质。意大利化学家、奥斯威辛集中营幸存者普里莫·莱维在《元素周期表》（The Periodic Table）中写道：

> 二氧化碳……不是空气的主要成分，只是一种少得可笑的"杂质"，比人们都注意不到的氩还少30倍。它在空气中只占万分之三……按人类的视角，这真是特技表演，是杂耍艺术。但是这不断更新的空气杂质，孕育了我们，我们的动物、植物，我们形形色色的社会，我们千年的历史，我们的战争与耻辱、尊贵与骄傲。[2]

---

[1] "Valuable ore deposits and life both evolved after the Great Oxygenation Event," (www.technology.org); 也参见Ross Large et al., "Ocean and Atmosphere Geochemical Proxies Derived from Trace Elements in Marine Pyrite: Implications for Ore Genesis in Sedimentary Basins," *Economic Geology* 112, no. 2 (2017): 423–450。

[2] Primo Levi, *The Periodic Table*, trans. Raymond Rosenthal (New York: Schocken Books, 1984), p.228.

碳和其他生命元素在植物和动物中的比例，与这些元素在地球中（岩石、土壤、空气和海洋）的比例差距很大。地壳中含量由高到低的元素依次是氧、硅、铝、铁、钙、钠、钾和镁，这八种元素占地壳质量的99.2%，而生物体内最丰富的元素是碳、氢、氮、氧、磷和硫。除了氧气，生命元素与地壳元素之间没有重叠。正如莱维指出的那样，尽管碳的重量只占空气的0.017%，但植物可以从空气中吸收碳之类的元素，创造碳含量干重接近45%的生命——碳的含量被放大了将近3000倍。

植物从自然中收集稀少的碳，将其浓缩，并用能量进行转化，为地球上的所有生命提供动力和文明中非常重要的建筑材料。化石碳为我们的文明提供了大部分燃料。尽管我们的城市是由混凝土、玻璃和钢筋建造的，但我们需要意识到，这个过程消耗了碳。人类和人类文明好像从空帽子里揪出来的兔子，都来自植物的魔术。

最后，我想谈谈光合作用和碳是如何体现自然系统中能量和物质运动的——能量单向运动，而物质可以循环。人类和其他动物吸收由植物转化的高能量的碳（例如葡萄糖），经过一系列反应（用于我们身体的成长和新陈代谢），以二氧化碳的形式，释放无能量的碳。植物以对等的方式，吸收二氧化碳，通过光合作用添加化学键能量，创造出充满太阳能的碳（比如葡萄糖）。人类获取的能量，追根究底来自植物，人类呼出的二氧化碳最终也再次进入植物。能量的运动是单向的，从太阳，到叶子，到果实，到根或种子，然后到生物体和人体代谢器官，最后通过皮肤或呼吸的余热散发到空气中。能量单向运动，但能量的载体（比如含能量、无能量、再次含能量的碳）是循环的——从植物到动物，再回到植物。照在绿叶上的太阳能推动了碳在植物—动物—空气—植物之间的流动。太阳能驱动了生物圈的物质循环。

## 化石燃料

石油、天然气、煤炭都是化石燃料。这些碳氢燃料能量密集，因为它们主要由碳—碳、碳—氢分子键组成。碳键在键结断裂后与氧气重新结合，形成二氧化碳和水，同时释放出大量的能量。下面这个式子是甲烷燃烧的分子式。甲烷是最简单的碳氢化合物，也是天然气的主要成分。天然气是熔炉、热水器和发电站的燃料。

燃烧：

$$CH_4 + 2O_2 \rightarrow CO_2 + 2H_2O + 能量$$

甲烷　　氧气　二氧化碳　　水　　　热量

当我们燃烧石油、天然气或煤炭时，分子发生键结断裂，与氧重组，从而释放能量。

化石燃料中的高能量碳键是数百万年前在绿色植物和藻类植物的细胞中形成的，是古代生态系统的残余。不同形态的燃料来自不同的生态系统。石油的原料主要来自海洋、湖泊等水生环境。油母质（油的前身）最初生于大湖、内陆海海底或沿海斜坡黏土层的生物圈中，以富含脂质的浮游生物、细菌和其他生物的形式出现。在上百万年的地壳变化中，有机沉积层被埋到地壳深处，上面叠压了很多其他地层。于是，有机沉积层承受着巨大的热量和压力，经过化学分解、纯化和重组，最终转化为人类今天抽取的碳氢化合物——原油。

煤炭是陆地植物形成的，包括树木、蕨类植物和苔藓类植物。这些植物死后沉积在沼泽和淤泥中，一部分被分解，然后又被其他沉积物覆盖。它们像石油一样，经受了数百万年的高温和高压。石油是水生生态系统的残余物，煤是陆地生态系统的残余物；石油是脂质与蛋白质的产物，而煤来源于碳水化合物和木质素。美国记者查尔斯·曼写道："在破碎的丛林和海床中，黑黝黝的、带着光泽的太阳能被时间冻结，等待我们开发利用。"[1]

石油、天然气和煤都是在数亿年的时间里缓慢积累起来的。图2-1显示了过

---

[1] Charles C. Mann, "Peak Oil Fantasy," *Orion Magazine* 34, no. 5 (Sept./Oct. 2015).

去3亿年中煤的生成速度，大约为每年35000吨，可填满四列大型货运火车。目前，人类平均每年使用70亿吨煤。E文明每年燃烧的煤炭需要20万年的累积。

从下面这张图可以看出，数百万年来，石油的平均蓄积速度是每年2000立方米（7万立方英尺）。但是目前的年使用量约为50亿立方米（1770亿立方英尺）。我们消耗石油的速度是石油生成速度的250万倍。我们一年内使用的天然气，需要用340万年的时间来生成。人类使用化石燃料的速度比累积速度快了数百万倍。但是人们普遍认为这是正常的——经济学家、记者、国家元首或公司总裁从来不会对此有异议。过去4亿年，地球从大气中捕获并埋藏了无数吨碳，而人类大约用400年，就可以让它们中的大部分回到大气中。

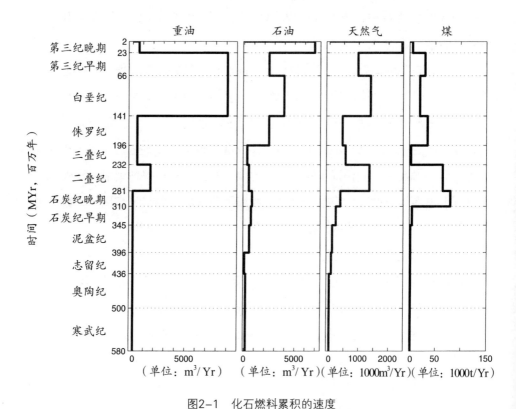

图2-1 化石燃料累积的速度

引自：Tad Patzek, "Exponential Growth, Energetic Hubbert Cycles and the Advancement of Technology." 详细资料来源见附录2。

# 第4节　人类文明的底色是能量

我们可以用一句话来概括过去5000年的历史——人类发现了获取更多能量的方法，并将剩余的能量转化为文化、技术、建筑、艺术、战争和帝国。想了解一个国家的社会和经济状况，必须首先了解它怎样获取能量，但历史学家和经济学家往往不提这一点。我们需要了解能源的规模和来源，尤其是一个国家为获得更多能源而付出的努力。这些努力也许包括发展传统农业、水利工程和梯田农业，进行对外战争和贸易，实行奴隶制度，修建水车和风车，或者开采化石燃料。以上这些方式，都是用来捕获、控制和调配太阳能、碳水化合物和碳氢化合物能源的策略。我们的城市、图书馆、科学技术和奢侈生活都来源于巨大的能量过剩。本小节有五张图表，它们一方面显示了各种能源供应之间的相关性，另一方面显示了文明形态、发展速度、社会生产率和居民生活水平之间的关系。

## 不同社会形态下的能量消耗

图2-2标出了大多数国家（可以获得数据的国家）人均能量消耗与人均GDP之间的关系。细节和单位并不重要——重要的是能量使用额与国民收入之间的关系。灰色椭圆中的点整体呈上升趋势，能量消耗与人均GDP正相关。加拿大、美国和英国居民消耗的能量是印度和墨西哥居民的许多倍。同样，加拿大、美国和英国居民享有的平均国民收入也要比印度和墨西哥高出许多倍。我们暂时不管哪个是原因，哪个是结果，只需要注意高收入伴随高能耗，而低收入伴随低能耗就够了。很少有国家能实现低能量消耗和高收

入，尽管所有国家的居民和领导人都必须朝这个方向努力。

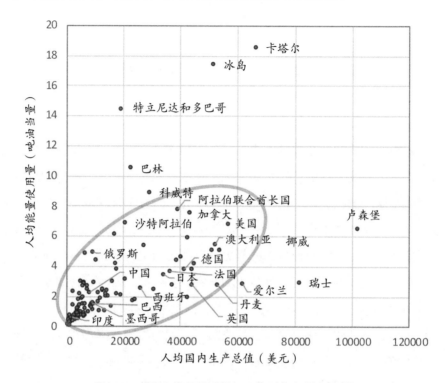

图2-2　各国人均能量消耗与人均国内生产总值对比

引自：联合国统计司和世界银行的在线数据库，也参考了Weissenbacher的文章。详细资料来源见附录2。

1971年，得克萨斯农工大学地球科学系主任厄尔·库克（Earl Cook）在《科学美国人》（*Scientific American*）上发表了一篇文章，图2-3即摘自这篇文章。该图显示了人均可用能量的迅速增长。人类从狩猎采集到定居农业，再到使用化石燃料实现工业化，这个过程中能量供应逐渐提高，它创造了高收入社会，以及高收入社会的所有福利和问题。库克将人群分类如下：

原始人群——东非；一百万年前；没有火

狩猎人群——欧洲；十万年前；利用火

原始农业人群——新月沃地；7000年前

先进农业人群——西欧和北欧；1400年

工业人群——英国；1875年

科技人群——美国；1970年

库克划分的这几类人群，每一类使用的能量都比他们前一类高出2.5倍。因此我们可以推测，1970年的科技人群使用的能量比石器时代的狩猎人群要高出46倍。

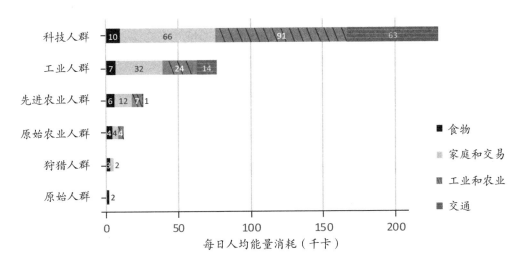

图2-3 不同人群人均能量消耗对比

引自：Earl Cook，"The Flow of Energy in and Industrial Society."详细资料来源见附录2。

图2-4则显示了最近2000年来能量消耗总量的变化趋势，请参见图中灰色的线，这个是上升的。图中黑点是世界国内生产总值（GWP；单位是万亿美元，据1990年国际购买力并经通胀调整），它代表经济活动的活跃程度和全球经济的规模。请注意能量使用与经济活动之间极其紧密的联系——可用能量与文明程度之间的关系，与人类改造世界的能力之间的关系。全球化文明的规模和改造世界的能力在很大程度上取决于能量投入，反之亦然。不仔细考虑图表的内容，我们就无法理解过去两个世纪的历史，不

知道摩天大楼、抗癌药物、全球贸易协定和世界大战从哪里来。图上反映出来的能源转型是19世纪和20世纪最重要的历史事件。按照这张图上的趋势画出未来的曲线，这很可能就是21世纪和22世纪人类文明发展的轨迹。

图中还可以看出，过去150年的情况是极端异常的。但是现在，我们已经将异常现象常态化——将其纳入我们的期望、经济模型和政治言论，这为民主社会和国家带来了很多问题。最近150年，能量使用量和世界国内生产总值（代表文明程度和文明发展速度）的曲线几乎是垂直的，这种状态无法长期维持。若是不遏制这种趋势，所有关于"可持续性"的言论都是胡说八道。或按照边沁的说法，那是"踩在高跷上的废话"[1]。

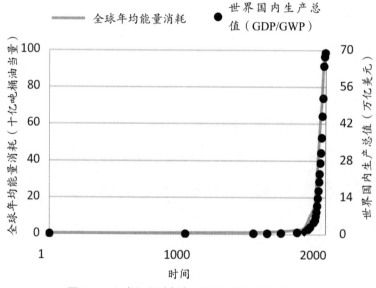

图2-4　人类能量消耗与世界国内生产总值对比

引自：Vaclav Smil, British Petroleum, Angus Maddison，以及作者本人根据近年数据的估计。详细资料来源见附录2。

图2-5显示了工业社会是如何获得能量的。现在这个世界，人、动物和

① Jeremy Bentham, "A Critical Examination of the Declaration of Rights," in *The Works of Jeremy Bentham*, ed. John Bowring (Edinburgh: William Tait, 1843), vol. 2, p.501.

机器都是靠化石燃料和电力驱动的——我们可以用马力小时来衡量。上节提到，人类的工作效率大约是1/20马力，因此，1马力小时约等于普通人2天的工作量。

图中同样可以看出化石燃料和电力的巨大贡献。动植物以及风车、水车和帆船的贡献在图表底部，少得几乎看不见，人力贡献也少得可怜。2010年，美国人的做功总量大约是290亿马力小时，而化石燃料和电力驱动的机器做功量超过3万亿马力小时，两者差了将近100倍。[1]1∶100这个比例也适用于加拿大、澳大利亚、日本和欧洲等高度机械化、高能耗的国家和地区，以及印度、中国、巴西、南非和其他国家富裕地区的人们。

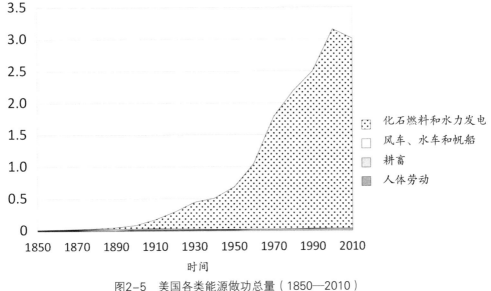

图2-5　美国各类能源做功总量（1850—2010）

引自：J. Frederic Dewhurst; Robert Ayres; US Energy Information Administration.详细资料来源见附录2。

---

① 这个比例与厄尔库克的计算相等，即原始人群每日消耗2000卡路里，而科技人群消耗24万卡路里。也请参考Howard T. Odum and Elisabeth C. Odum, *Energy Basis for Man and Nature* (New York: McCraw-Hill, 1976), pp.134, 214.奥德姆夫妇在论述20世纪70年代的情况时，引用了1∶100这个数据。

换个角度来看，1∶100的比例意味着创造E文明所需要的功是人类做功数量的100倍。因为效率提高了100倍，所以我们的生活比2世纪的埃及人、罗马人，或者18世纪的伦敦人和中国人要好。E文明既是效率提高的原因，也是它的结果。

图2-6的数据与图2-5有一些重复，它强调了经济体中各项能量所占的比例，包括人力、畜力、风能、水力以及化石燃料和电力等。该图显示，化石燃料和水力发电在大幅度增加，而人力和畜力所占比例在下降。1850年，以化石燃料为动力的机器在美国的劳动总量中所占比例低于10%，而人和动物的体力劳动占70%。现在，机器做了99%的工作，人类大概只做1%。其他很多国家的比例也是这样。在现代经济中，机器和技术是化石燃料和电力转化为功的主要途径。机器很重要，但燃料和电力更加关键。所以，请再次看一下图中人类微不足道的贡献，将个人的成功或奢侈生活归因于"辛勤工作"的人，应该进行彻底反思。那些"我创造了财富"[①]或者"制造者vs剥夺者"[②]之类的说法，那些自称白手起家的男女，以及所有高估自己努力而忽视化石燃料与奢侈生活之间关系的人，都应该好好反思。很多人过着舒适的高消费生活，不需要非常努力，就能得到100倍工作量的补贴。我们当中，最富有的人享受的补贴分量最大，也最不应该。

---

① Christopher Helman, "Texas Entrepreneurs Tell President Obama: 'I Built This," *Forbes*, July 26, 2012.

② "Entitlement Nation: Makers vs. Takers," Fox Business, Jan. 28, 2016. (https://www.foxbusiness.com/politics/entitlement-nation-makers-vs-takers).

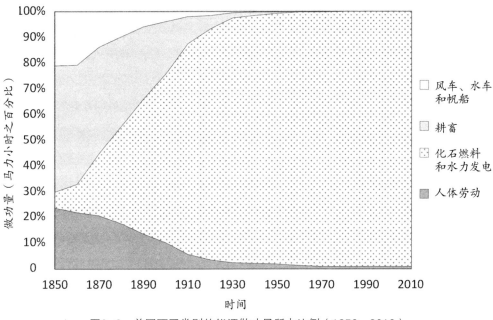

图2-6 美国不同类别的能源做功量所占比例（1850—2010）

引自：出处同图2-5。

下面这个表的内容同图2-5类似。从中可以看出，人类掌握的力量一直在加倍增长。表格中的数据没有完全考虑峰值功率与连续功率，以及恒定运行与间歇性运行之间的关系，比如与登月火箭相比，水电站大坝的发电时间更长。我们先不考虑这些问题，下表可以看出，文明的力量在以十倍的速度增长。

表2-1 人类文明不同时期力量对比①

| 时期 | 做功主力 | 功率（单位：马力） |
|---|---|---|
|  | 普通劳动力 | 0.05 |
|  | 畜力 | 0.5 |
| 500 年前；300 年前 | 小型水车；早期蒸汽机 | 5 |
| 250 年前；85 年前 | 瓦特蒸汽机；福特 B 型车 | 50 |
|  | 大型货运卡车或农用拖拉机 | 500 |
|  | 大型火车头 | 5000 |
| 1912 | 泰坦尼克号（蒸汽机和汽轮机） | 50000 |
| 20 世纪 30 年代至今 | 中型水力发电站 | 500000 |
| 20 世纪 40 年代、70 年代 | 大型水电站或核电站 | 5000000 |
| 1981—2011 | 航天飞机助推器 | 大于 50000000 |
| 1966—1973 | 土星5号运载火箭 | 180000000 |

引自：Earl Cook, *Man, Energy, Society*. 详细资料来源见附录2。

如前所述，普通人可以按0.05马力的效率连续工作。几千年前，在人类还未驯化牲畜的时候，大多数人只有这么多力量。几十个人一起劳动，也只能做一些简单的事。早期农业人群也受到类似的限制——依靠1/20马力的效率来辛苦耕田。一些幸运的农民可能会用耕牛，效率是0.5马力。今天的农民可以使用50马力或500马力的拖拉机，他们掌握的力量是化石燃料革命前的千百倍。相应地，产出也在飞速增长。原先一个人用一把锄头只能种一公顷地

① National Aeronautics and Space Administration, *Press Kit for the Launch of Apollo 6*, release no. 68–54K (Washington D.C.: NASA, 1968), p.8.

（2.5英亩）①，但是拥有大型拖拉机的农户可以耕上千公顷；一个人拿斧头可以砍倒几棵树，而开着伐木机的工人可以砍数千棵；一个人可以用鱼钩、鱼线钓一篮子鱼，而跨国捕鱼船队可以让渔业资源枯竭。无论是好是坏，我们已经大大增强了自己的力量。

## 能量供养了人类

现代社会，不仅人类掌握的力量增强了，地球人口也增长了无数倍。能源供应的扩大让地球可以养活急剧增长的人口。我们来看以下几种变化。

20万年前，地球上人口很少。据估计，1.2万年前的狩猎采集食物系统最多只能养活400万人②，相当于今日美国亚利桑那州凤凰城的人口。

11000年—5000年前是早期农业时期，那时的全球人口增加了两倍，约为1400万（倍增时间为3900年；每700年增加100万）。

大约5000年前，人类进入文明时期——中东地区、印度河流域、中国和其他地区都出现了辉煌的文明，也繁衍了大量人口。2世纪罗马帝国的鼎盛时期，世界人口已经达到2.56亿（倍增时间为763年；每13年增加100万）。

公元前后，农业文明有了长足的发展；此后1500年间，西欧用马和木犁翻地，还出现了更合理的轮作。于是，1800年，世界人口增加到近10亿（倍增时间为806年；每两年增加100万）。

英国、美国和德国的煤炭时代从1800年持续到1910年左右（其他国家的

---

① Marcel Mazoyer and Laurence Roudart, *A History of World Agriculture: From the Neolithic Age to the Current Crisis*, trans. James Membrez (New York: Monthly Review Press, 2006), p.69; David and Marcia Pimentel, *Food, Energy, and Society*, 3rd ed. (Boca Raton, FL: CRC Press, 2008), pp.43, 48.

② 这里的数据来自Angus Maddison, *The World Economy, Volume 2: Historical Statistics* (Paris: OECD, 2001), p.636; Colin McEvedy and Richard Jones, *Atlas of World Population History* (Harmondsworth, UK: Penguin, 1978)。此外，作者还参考了其他文献。本节主要讨论宏观趋势，不会被最新的统计数据影响。

日期各不相同）。虽然煤炭时代只有110年，但全球人口却从10亿增加到接近20亿。经过20万年时间，全球人口达到10亿，然后在大约一个世纪的时间里，增长到20亿（倍增时间为110年；每40天增加100万）。

20世纪之后，石油（和氮肥）时代来临，人口增长了两倍多，在2017年达到75亿。从60亿增长到70亿，人类只用了短短的13年——1999年至2012年（倍增时间56年；每5天增加100万）。

当然，我们不能简单地去界定一些因果关系。粮食/能量系统的变化不是人口增长的唯一原因，如果我们没有找到青霉素和其他杀菌方法，或者若是病毒的致死率是现实中的十倍，那么在21世纪，世界人口远远达不到现在的水平。仅凭石油、天然气和煤等能源，不能支撑起七八十亿人口。但可以肯定，如果没有这些燃料，世界人口一定达不到现在的规模。化石燃料不是唯一的因素，但它是必要的。能量供应会限制人类，而至少到目前为止，我们松动了这一限制。

## 文明依赖能量

让我们抛开人口问题，回到能量与文明。很多学者同意这样一个观点，虽然其他因素也在起作用，但文明像生态系统一样，可以反映它捕获和利用的能量。这个观点已经被广泛接受。

1909年诺贝尔化学奖得主威廉·奥斯特瓦尔德写道："文明的历史是人类逐渐控制能量的历史。"[1]人类学家和考古学家乔治·格兰特·马克库尔迪也在1924年发表了相同的观点：

任何时代的人类群体，他们的文明程度都可以通过利用能量谋

---

① Wilhelm Ostwald, "The Modern Theory of Energetics," *The Monist 17*, no. 4 (Oct. 1907): 511.

求进步或满足需求的方式来衡量……人依靠自身的力量与外界的能量来征服自然界的敌对能量。对立力量之间的差别，可以用来衡量文明程度。①

　　莱斯利·怀特是一位颇有影响力的人类学家，在20世纪60年代中期曾担任美国人类学协会主席。他关于文明与能源关系的观点经常被引用。怀特在1949年出版的《文化科学：人类与文明研究》（*The Science of Culture: A Study of Man and Civilization*）一书中写道："文化的整体功能，取决于它所利用能量的规模，以及使用方式……文明随着人年均能量消耗的增加而进步。"②

　　霍华德·奥德姆在讨论人类对化石燃料能源的利用时（他称之为"电力补贴"），谈到了能源对文明的重要性：

　　　　有多少人意识到，现代文化的繁荣来源于在机械内部流动的大量石油能量，而不是人文贡献和政治设计？……所有的进展都应归功于特殊的附加能量，而一旦失去了能量，进展就会消失。必须有可用附加能量，知识和创造力才能发挥作用，而且知识的传承和进步也取决于能量的传输。③

　　换句话说，各类发明和生产性资本是指导能源利用的手段，而发明创造和资本积累本身取决于能量传输的持续性。

　　一些论著中也有类似的表述，比如社会学家弗雷德·科特雷尔的《能量

---

① George Grant MacCurdy, *Human Origins* (New York: Johnson Reprint Corporation, 1965, originally published in 1924), vol. 2, p.134.

② Leslie White, *The Science of Culture: A Study of Man and Civilization* (New York: Grove Press, 1949), pp.367–369.

③ Howard T. Odum, *Environment, Power, and Society* (New York: John Wiley, 1971), pp.6, 27.

与社会》（*Energy and Society*）和地球科学家厄尔·库克的《人类、能量和社会》（*Man, Energy, Society*）。另外，诺贝尔化学奖得主弗雷德里克·索迪、瓦茨拉夫·斯米尔、物理学家和系统生态学家大卫·科罗维奇，以及能量分析师和系统科学家杰西卡·兰伯特的团队，也支持这样的观点。[1]

尽管我们要避免在人类学、历史学和各类分析中使用还原主义，但在基础科学方面，比如物理、生物和热力学，能量系统支撑了人类文明的事实是无法改变的。无论生物、城市还是复杂的计算机网络，都必须通过能量来维持，能量可以用来修复系统和维护秩序，也就是说它能够"抽出"紊乱因素。我的身体由血肉构成，一直保持与炎热的夏天相当的温度（37摄氏度）。如果没有代谢作用随时修复和维护，以及由碳水化合物发动的免疫系统为我抵抗病毒，那我的身体就会像炎热夏日里的生肉那样很快腐烂。确实，当我们死去，维护系统停止运作的时候，身体就是一块生肉。霍华德和伊丽莎白·奥德姆说过："一切有秩序的事物都会退化。保障秩序，需要更多的潜在能量来进行特殊维护工作……生物圈依托能量的流转，持续将零散的原料进行重组，以此来建设新的秩序。"[2]

生物体中，当这套由能量驱使的复杂维护系统停止工作时，我们称之为生物死亡；对一个文明来说，若它的维护系统不再运转，文明就会崩溃。医生、生物学家和复杂系统研究者斯图尔特·考夫曼写道：

---

[1] Frederick Soddy, *Science of Life: Aberdeen Addresses* (New York: E. P. Dutton, 1920), p.6; Fred Cottrell, *Energy and Society* (New York: McGraw-Hill, 1955), p.2; Earl Cook, *Man, Energy, Society* (San Francisco: W. H. Freeman, 1976), pp.189–191; Vaclav Smil, *Energy Myths and Realities: Bringing Science to the Energy Policy Debate* (Washington D.C.: American Enterprise Institute, 2010), p.1; David Korowicz, *Tipping Point: Near-Term Systemic Implications of a Peak in Global Oil Production – An Outline Review* (Feasta and the Risk/Resilience Network, 2010), pp.9–10; Jessica Lambert et al., "Energy, EROI, and Quality of Life," *Energy Policy* 64 (2014): 153.

[2] Howard T. Odum and Elisabeth C. Odum, *Energy Basis for Man and Nature* (New York: McGraw-Hill, 1976), p.39.

　　热力学第二定律的后果是……秩序——最让人难以置信的组合——往往会消失……维护秩序，需要在系统中完成必要的修复工作。若是没有这些工作，秩序就会消失。因此，我们可以得出这样的结论：秩序毫无规律的崩溃，才是所有事物的自然状态。[①]

　　维护秩序要完成工作，但是没有能量就无法工作。而拥有的能量越多，可以做的工作就越多，于是可以创造并维护的秩序就越多、越复杂、越高级。反过来，想要维护的秩序越多、越复杂、越高级，耗费的能量就越多。因此可以说，复杂而高级的文明需要更多的能量。维护一个有巨型都市、通信网络、物流链、上百万座桥梁（美国有超过60万座）、数百万千米柏油路、输水管和下水道、数亿辆汽车的文明的工作量，大大高于一个由拿锄头的农民、土路和少数建了石庙的城市构成的文明。所有维护工作都需要能量。尽管我们可以提高效率，使用可再生能源，但我们无法建设低能量版的现代柏林、洛杉矶、北京、温哥华和悉尼。这些城市和社会太复杂了，维护它们的能量也是巨大的。

　　我们用能量修复系统解决紊乱因素，来维持社会的结构和秩序。人类学家约瑟夫·坦特（Joseph Tainter）认为，我们用越来越多的能量来维持社会秩序及其复杂化结构，同样，社会秩序及其复杂化结构的发展也需要消耗越来越多的能量（本书将在后面章节探讨坦特的重要观点）。如果没有大量能源，以及快速转换能量的高能机器和技术，就不会出现极其复杂的文明。虽然我们做分析时必须注意文化、社会结构、人类心理学和每个地区具体的史地人文情况，但是，我们也必须充分关注塑造这个世界的客观力量，以及文明受到的限制。如果化石燃料发动机的效能是人力的100倍，那么在经济学、历史学和社会学中，也应该对燃料和发动机多一些关注。本书旨在探讨如何做到这一点。

---

[①] Stuart Kauffman, *At Home in the Universe: The Search for the Laws of Self-Organization and Complexity* (Oxford: Oxford University Press, 1995), pp.9–10.

## 第5节　思考能量问题的五种工具

本节主要介绍五种分析工具，这些工具可以帮助我们了解能量，以及能量与社会、经济、收入和消费水平的关系。

### 工具1：能量与功率

1776年，律师、记者詹姆斯·鲍斯韦尔去英国伯明翰附近的苏豪考察博尔顿和瓦特蒸汽机。访问期间，马修·巴尔顿告诉鲍斯韦尔："先生，我在卖全世界都渴望的东西——功率。"[1]功率是工业化消费者社会最核心的欲望，也是我们超高效率文明的创造者。前文多次提到能量，区分能量和功率，将会大大加深我们对文明的理解。

我们可以把能量设想为燃料或能源——它是一种库存，而不是正在发挥作用的东西。能量在使用前是惰性的。我们今天使用的石油和煤炭在地下埋藏了数百万年，一直处于静止状态。被大坝拦住的水具有潜在的能量，它可以几天甚至几个月都平静地滞留在原位。能量是一种潜力——比如装满的汽油桶、绷紧的弹簧、地球深处的铀、被雪覆盖的木柴、一只苹果或一颗鹰嘴豆。在发挥作用之前，能量一直存在。测量能量有许多单位，包括焦耳、吨油当量、卡路里等。

相比之下，功率是活跃的，它体现在过程中，是正在发生的。功率伴随

---

[1] James Boswell, *The Life of Samuel Johnson, LL.D* (Boston: Carter, Hendee, 1832), vol. 2, p.42.

着运动，有一定的速度。而且与能量单位不同，功率单位总会涉及时间。瓦特是电灯泡和其他器械的通用功率单位，1瓦特的定义是1秒做功1焦耳，马力也是功率单位，1马力大约等于735瓦特。

能量可以在什么都没有发生的状态下存在（例如停车场中汽车油箱里的汽油），功率则不能。当人们关闭发动机的时候，功率就会消失。功率是描述物体做功快慢的量，反映了单位时间内做功的多少。通俗来说，功率大意味着事情发生得更快，比如你的汽车跑得更快，或者在更短的时间内挖好一条运河。

前文提到过，人力劳动的功率大概是1/20马力。如果没有机器、化石燃料发动机和电动机，那么几乎所有创造文明的能量都必须流经人和动物的躯体。食物能量必须通过人和动物的嘴，进入消化道和血液，然后通过肌肉收缩变成功。但是依赖躯体传递文明能量，终究会出现功率瓶颈。一名健全的普通劳动者大约可以达到1/10马力的功率，马和牛可以在短时间内增加我们的功率产出，但牛马功率毕竟有限，而且它们也会疲倦，因此功率瓶颈仍旧存在。[①]人力和畜力能够达到的功率，不足以建立我们的复杂社会。生物的能量太有限了，所以我们必须从其他方面来获取非生物能源（比如化石燃料）以提高功率，这样才能促进文明的进步。

总而言之，能量是一种潜力，可以表现为燃料容器或充满电的电池。我们可以选择快速或缓慢地使用能量，甚至可以不使用。功率是我们使用能量的速度，比如冶炼金属、泵水、砍木头、耕地。最重要的是，能量和功率彼此独立，而且二者可以反向关联。今天地球上石油和煤炭的储量比以前任何时代都要少（我们的能量变少了），但我们每年却要消耗更多的能量（功率变大）。E文明是前所未有的功率的化身。

---

① Vaclav Smil, *Energy: A Beginner's Guide* (Oxford: Oneworld Publishing, 2006), p.69; Vaclav Smil, *Energy in Nature and Society: General Energetics of Complex Systems* (Cambridge, MA: MIT Press, 2008), p.158.

## 工具2：能量的投资回报

有句老话说："赚钱需要花钱。"同样，我们需要花费能量来获得能量。不管是赚钱还是获取能量，都可以用最后获得金钱和能量的数额，来比较最初投资的数额，得出回报值。比如，我购买了价值100美元的银行股票，一年后以120美元的价格卖掉，那么投资回报就是20美元，回报率为20%。按照这样的方法，我们也可以计算能源投入回报（EROI）。EROI是返回社会的能量与最初投入能量的比值。我们可以用下面的等式来简单表述这个关系。

能源投入回报计算公式：

$$EROI = \frac{返回社会的能量}{为获取能量而投入的能量}$$

再举一个例子。沙特阿拉伯的大型油田，为了钻井和抽油也要先投入能量，他们投入1单位的开采能量，可以收回50单位能量——投入1桶石油（或相等的能量），可以获得50桶油。EROI达到50∶1。这是相当高的。

EROI反映了一个事实，无论是燃料、电力、钢铁、卡车，还是劳动力——人类需要投资能量来生产能量。能源投入回报的概念有广泛应用，它是帮助我们理解自然和人类社会的重要工具。高回报对物种的生存甚至文明的出现和延续都至关重要，动物的捕食策略也是追求良好的回报。在我的家乡加拿大大草原的农场上，土狼会捕食兔子。对于土狼的生存来说，最重要的是它追逐兔子耗费的能量不能超过吃兔子而获得的能量，否则，它就得不偿失，甚至饿死。

人也是动物，所以必须遵守相同的规则：食品提供的能量必须高于生产食品所耗费的能量。前工业社会人类获取食物主要有两种策略：狩猎采集和传统农业。许多人也许会惊讶地发现，至少在最早的农业时代，农业的能量回报比狩猎采集要低。瓦茨拉夫·斯米尔写道："在人类社会早期，很多时候农业的回报要低于狩猎采集活动，因此农业的出现不能视为人类在追求能量回报最大化。"[1]我们从事农业生产，并不是因为它回报高，而是因为相对于狩猎采集，如果我们努力劳作，农业可以养活更多的人口。

虽然EROI在分析多类生态系统和文明功能方面很有价值，但它最普遍的用途还是讨论化石燃料和其他能源。表2-2列出了当代多种能源的EROI估计。这只是一个简单的表格，而且数据不全面，但读者依然可以据此比较各种能源的EROI。这有助于我们分析哪些能源有望在未来为文明提供动力。

表2-2　当代各种能源的EROI估计

| 能源品种 | EROI |
| --- | --- |
| 煤炭 | 35 : 1 |
| 石油和天然气（全球平均） | > 18 : 1（几十年前，这个数值 > 30 : 1） |
| 天然气（传统） | 17 : 1 |
| 石油（油砂） | 5 : 1（？） |
| 石油（油母页岩） | 5 : 1（？） |
| 汽油和柴油 | 10 : 1 |
| 生质柴油 | 3 : 1 |
| 乙醇 | < 2 : 1（？） |
| 藻类生质燃料 | < 1 : 1 |
| 水力发电 | > 100 : 1 |
| 核电 | 20 : 1 |
| 风力发电 | 20 : 1 |
| 太阳能发电 | 8 : 1 |

注：以上所有数据都来自能量首次发挥作用的时刻——油井口、矿山出口、炼油厂或发电站。

引自：详细资料来源见附录1。

---

[1] Vaclav Smil, *Energy in Nature and Society*, p.148.

**以下是表2-2的几项说明：**

数值为20：1或更高，表示EROI良好。20：1意味着如果你拥有100个单位的能量，你只需投资5个单位就可以获得100个，留下95个盈余单位。

常规化石燃料的EROI值相对较高，水力发电的EROI值能高达100：1。高EROI值建造了E文明。无论哪一种文明系统，如果投入1单位能量可以得到二三十甚至100单位的返回能量，系统规模都会不可避免地增长。这种情况与复利率高的投资相似。

如今，常规化石燃料的EROI值在下降，于是我们只好开发位于地下或海洋深处那些离岸更远、温度更低、储藏量更少的能源。

非常规化石燃料的EROI低于常规化石燃料。油母页岩和油砂中的石油因地理位置、开采方法和资源密度的不同，EROI有很大差异，但总体而言，可能只有常规石油EROI的四分之一。这是一个糟糕的消息。在一个EROI为20：1的文明中，要获得足够的动力，它必须把5%的能量用于获取新能量；而一个EROI为5：1或10：1的文明，必须将20%或10%的能量用于新能量获取。

在替代能源当中，风力发电的EROI非常高，达到20：1。此外，风能和太阳能发电的EROI值正在上升。

一些新的替代能源，比如乙醇和藻类燃料，EROI较低。将能量投入这些能源，只能带来能源供应的净消耗。

除了EROI，在能量的投入和产出方面，我们还要考虑许多其他因素：

成本（比如，核能的投资成本往往高于它良好EROI值预期的成本）；

温室气体排放量（以发电为例，不同发电方式的排放量相差100倍：煤炭发电每千瓦时排放约1000克二氧化碳当量，天然气是443克，核电是66克，太阳能光伏板是32克，水力发电是13克，风力发电是10克）；

间歇性或可调度性（比如，风能是不可调度的）；

环境影响[1]（如大坝泛滥淹没了52万平方千米的土地）；

社会因素（如生物燃料可以取代粮食生产）；

战略考虑（如进口境外石油要考虑军事成本）；

人权问题[2]（比如争夺能源的战争会让人民陷入苦难，为了开采石油，侵占当地人的土地，或者驱逐他们）。

[1] Benjamin Sovacool, "Valuing the Greenhouse Gas Emissions from Nuclear Power: A Critical Survey," *Energy Policy* 36, no. 8 (Aug. 2008): 2950; Ionnis Kessides and David Wade, "Towards a Sustainable Global Energy Supply Infrastructure: Net Energy Balance and Density Considerations," *Energy Policy* 39, no. 9 (Sept. 2011): 5330; Organization for Economic Co-operation and Development, and the Nuclear Energy Agency, *Nuclear Energy Outlook 2008* (OECD/NEA, 2008); World Nuclear Association, *Comparison of Lifecycle Greenhouse Gas Emissions of Various Electricity Generation Sources* (WNA, 2011); Cutler Cleveland and Christopher Morris, *Handbook of Energy: Volume 1: Diagrams, Charts, and Tables* (Amsterdam: Elsevier, 2013), p.932.

[2] Don E. McAllister et al., *Biodiversity Impacts of Large Dams*, background paper no. 1, prepared for the IUCN, UNEP, and WCD (IUCN, UNEP, and UNF, 2001), 11. Confirmed in personal communication with Balazs M. Fekete, Nov. 15, 2010.

这里的关键思想是，世界上一部分人可以享受优渥的生活，我们的文明看似可以无止境地增长，这些都是以高EROI值能源为基础的。但是，这些能源的回报值正在下降，并且在未来会急剧下降。未来许多能源的回报值可能会很低，产量也低。我们提倡的部分能源，回报值比木柴还低，比如玉米或小麦制成的乙醇。这些燃料不可能推动一个有几十亿人口的高科技、高消费社会，相信这种观点的人完全误解了文明能量学。

计算EROI（尤其是证明EROI值随着时间的推移而下降）的好处之一，是它能够让我们在能源价格之外的区域，展望未来，帮助我们预测能源供应变化如何影响社会。随着EROI的下降，社会需要投入更多能量——必须将经济活动中更多的能量分配到能量生产领域——来生产能量。这也意味着能源产业会越来越重要，会占据更大份额的GDP，创造更多的就业机会。我的家乡，加拿大西部的油砂矿已经面临这种情况了。但是，我们不能忽视，投入到能源领域的能源和资源往往是从其他领域抽出来的。用来建造大型油砂装载机的能量不能再用于建设都市交通系统，用来建造高大的海上石油平台的能量无法再用于建造医院。我们暂时可以认为，现在的能源既能够满足能源部门的需求，也能够满足消费品部门的需求，但是EROI值在逐渐下降，我们的能量生产效率也在下降，未来的能量供应可能会整体降低。现在，小到公司，大到国家，仍然有相当一部分人企图成倍地扩大经济规模，他们必须意识到这样做可能会引起的严重后果。

## 工具3： 能量再投资循环

材料可以循环使用，但能量只能单次使用。能量的运动是非常复杂的，生物体、人类社会、公司、家庭等各种系统，都有一套反馈环装置，可以控制并增加能量的流入。例如，工业社会用总石油能量的一小部分来钻更多的油井；土狼利用吃兔子得来的一部分能量去捕捉更多的兔子；美索不达米亚文明用食物能量让工人挖运河，灌溉田地，扩大粮食生产。虽然能量无法重复使用，但一些能量可以反哺系统，让系统获得更多的能量。生态学家、能量分析师霍华德·奥德姆和伊丽莎白·奥德姆说："通过开发……高效利用能量的反馈，来使能量最大化……能量用于从外部获取更多能量……一切现有系统都可以利用其存储的能量，来刺激能量的运动。"[1]虽然能量的运动是单向的，但许多系统可以依靠能量的反馈达到功率最大化。能量只能用一次，但我们可以"投资"一些能量，以此来捕获更多的能量。

能量的反馈很重要，而且无处不在。比如说蒸汽机，它是第一台将化石燃料能源转化为功的机器。1698年，托马斯·萨弗里为他的燃煤蒸汽泵申请了专利，而托马斯·纽科门在1712年开发并组装了一种效率更高的蒸汽机。

---

[1] Howard T. Odum and Elisabeth C. Odum, *Energy Basis for Man and Nature* (New York: McGraw-Hill, 1976), pp.42, 46.

早期的蒸汽机主要用来抽煤矿里的水，以便矿工可以在更深处开采更多的煤。萨弗里在专利文件里写道："一种新的发明……用火力推动水上升，对于烘干煤矿很有用，而且极具优势。"[1]这是一个正反馈环，一部分从矿井中挖出来的煤蕴含的能量进入蒸汽机，推动蒸汽机工作，然后又提高了这个矿井的采煤量。蒸汽机只是能量反馈环的众多例子之一。厄尔·库克写道："工业社会的人能够征服疾病、改造自然、登上月球、让生活环境变舒适，都是他们将盈余能量再次投入能量生产系统的结果。"[2]E文明把一部分能量投入能源生产领域，来实现功率的最大化。

但是这样做可能并不是最好的选择，我们过于成功地、非常鲁莽地违反了自然的极限。E文明为获取能量投入的能量，比以往任何一个文明都多。而且E文明的社会生产率和提取能量的速度也比以往任何一个文明都快得多——现代社会以空前的功率运行。能量反馈环最大限度地增加了能量的流入和功率，从而帮助人类创造了E文明。

## 工具4：能量盈余

开发高EROI的能源，并通过文明系统的反馈环装置来获取更多能量，人类社会可以获得大量的能量盈余。这些能量不会用来维持人类的基本需求或生产食物和能量，过剩的能量会用来建造金字塔、庙宇、舰队、停车场或游乐园。能量盈余越大，文明就越复杂、强大和奢侈。其实我们眼中文明的特征——艺术、哲学、科学、文学与纪念性建筑——都是大量能量盈余的产物。

能量盈余的概念与EROI有关，不过这两个概念在关键地方有所不同。EROI是衡量特定能源和燃料回报值的工具，而能量盈余的多少则与整个社会

---

① Henry W. Dickinson, *A Short History of the Steam Engine* (Cambridge: Cambridge University Press, 2010, reprint of 1939 original), p.20.

② Earl Cook, *Man, Energy, Society* (San Francisco: W. H. Freeman, 1976), p.191.

有关。如今，大多数国家都拥有先进的发动机和机器，并且能够从中东和其他地区获得高EROI的石油，但只有少数国家创造了庞大的、可以自我维持的能量盈余系统，从而能够让社会全面发展。这些国家的人民消费水平高，几乎每家都有小汽车，并且能够乘飞机旅行。安哥拉和加蓬的人均石油占有量是美国的2倍、日本的数百倍，但是这两个国家并没有建立日本和美国那样的能量供应链和完备的工业系统（可以消化大量能量盈余）。甚至可以说，能源的EROI与社会能量盈余是两码事。

创建一个有东京、首尔、莫斯科、拉斯维加斯等成千上万城市的世界，需要大量能量盈余。地下必须藏有数千亿桶石油，而人类必须以每秒数百桶的速度将其开采出来（目前的产量是每秒1100桶，每天9200万桶）。能量盈余是建立物质丰富、结构复杂社会的基础。未来我们面对的挑战是，在保持足够的能量盈余，不依靠化石燃料的前提下，在国家与国家之间、国家内部以及社会各阶层之间更公平地分配过剩的能量。未来社会，我们必须保持足够的能量盈余，同时减少大气中多余的温室气体。能否妥善处理这几方面的矛盾，会影响未来几个世纪的经济与政治活动。

我们来区分一下能源投入回报、能量密度和能量盈余这几个概念。

许多狩猎采集民族的EROI很高，我们可以假设这个数值为10∶1。但是他们的总能量盈余却不高，因为一定区域内，猎物的密度太低，即能量密度低。相比之下，早期农业社会的EROI可能会达到5∶1，因为在能量密度方面农民没有猎人那样的限制。尽管狩猎采集社会的EROI更高，但是他们不能通过努力劳动来提高能量盈余。因为猎物的数量有限，而且受季节影响大，猎物储存也有诸多限制。所以，哪怕更加努力地去打猎，也未必能增加长期收益。农民则不同，他们努力耕作，就可以获得更多的粮食。此外，农民可以通过灌溉和集约化农业等方法，进一步提高社会的能量密度，并且能够将他们的劳动成果储存在粮仓中。

当然，高EROI和高能量密度是最理想的情况。如今，我们使用高EROI化石燃料来实现这一目标。直到现在，这些燃料的投入仍在不断增加。

虽然能量盈余只是我们分析问题引入的一个概念，但它其实是可见的，并且有实质意义。现在地球上有70多亿人口，就是建立在能量盈余基础上。古代世界的奇观金字塔和宫殿，也是由能量盈余创建的。尼罗河年年泛滥，为农田带来肥料和充足的水源，产出大量粮食。埃及农民可以从肥沃的灌溉土地里获取大量食物和能量盈余，因此农业人口比例较小，一部分人可以去搬运石头、建造宫殿，另一部分人则成为牧师、书记官等上流阶级，这些都是复杂文明的必要元素。埃及人通过解决粮食问题（也就是解决能量问题），创造了足够的能量盈余来支持金字塔和文明社会的建设。

印加人也以类似的办法解决了粮食生产的难题，并将能量盈余变成了军队、帝国、文化和纪念性建筑。我访问秘鲁马丘比丘时，最令我印象深刻的不仅是其壮观的古迹，还有他们高超而巧妙地把不规则花岗岩拼接在一起的建筑方式。这些巨大的岩石每条边长两到三米，主要用石制工具以及青铜凿子切割成型。[1]当地人把这些不规则的石头像拼图一样组合在一起，形成优美的图案。库斯科附近的萨克塞瓦曼要塞里堆积的石头重达200吨。

亨比古城（毗奢耶那伽罗城）位于印度南部，在16世纪中期的鼎盛时期，它是世界第二大城市，人口接近50万（比当时欧洲最大的城市还要大）。亨比古城的中心区域有几十平方千米，矗立着许多纪念性建筑，加上外围的商业区，其面积有数百平方千米。和马丘比丘一样，当地的建筑技术同样让人震撼。维塔拉神庙的柱子是花岗岩，每个柱子的中部三分之一处（从地面开始约0.8—1.8米的部分）都有4—12个独立的、精美的子支柱。而且每组子支柱都是按照音调来修建的，敲击时能发出塔布拉琴、维纳琴等乐器那样的声音。[2]柱子、屋檐、山墙和天花板也布满了华丽的雕刻。马丘比丘

---

① R. Gordon and R. Knopf, "Metallurgy of Bronze Used in Tools from Machu Picchu, Peru," *Archaeometry* 48, no. 1 (2006): 57.

② Anish Kumar et al., "Nondestructive Characterization of Musical Pillars of Mahamandapam of Vitthala Temple at Hampi, India," *Journal of the Acoustical Society of America* 124, no. 2 (Aug. 2008): 911.

和亨比古城的富丽堂皇，都体现出了大量的劳动能量盈余。

现代世界的能量盈余随处可见，比如大都市、购物中心、机场、大学、度假胜地、电影院、赌场和游轮等。它们是文明能量过剩的产物，即由维持人类必需的生活条件之外的能量建造的。我们产生能量盈余的方式也与以往不同，古代埃及人、印加人或维贾亚纳加尔人的能量盈余来自食物，而我们的能量盈余来自化石燃料。现代社会，文明的演进程度不再取决于农作物产量的增加，换言之，我们不再依赖农业系统的高EROI。我们不用再计算如何将1卡路里的能量投入小麦种植，然后获得5卡路里或10卡路里的面包。相反，我们的食物系统已经从净能源产业变成了能量汇集地，由能量盈余的创造者变为消费者。在美国，每生产1卡路里的食物，就必须消耗约13.3卡路里的化石燃料。[1]这里的1∶13.3是考虑了美国食品系统每个环节使用的能量后算出来的，包括农业、集约化饲养动物、食品加工、运输、零售、冷藏、烹饪等，也包括由于家庭食物浪费而造成的30%—40%的损失。[2]这样，在工业社会食物的EROI就是0.08∶1，而在传统农业社会食物的EROI是5∶1（不包括用于烹饪的柴火或少量食物浪费）。[3]尽管我们的食物系统在20世纪从创造能量盈余转变成消费能量盈余——人类史上前所未有的局面——但这个系统仍然是世界上效率最高的。

---

[1] 根据21世纪初的数据得出。Patrick Canning et al., *Energy Use in the US Food System* (Washington D.C.: USDA, 2010), pp.3, 12; US Dept. of Agriculture, *Agriculture Fact Book 2001–2002* (Washington D.C.: USDA, 2003), p.14.

[2] US Dept. of Agriculture, *Agriculture Fact Book 2001–2002* (Washington D.C.: USDA, 2003), p.14; Martin Gooch, Abdel Felfel, and Nicole Marenick, *Food Waste in Canada: Opportunities to Increase the Competitiveness of Canada's Agri-Food Sector, While Simultaneously Improving the Environment* (George Morris Centre and Value Chain Management Centre, 2010), p.2; Jenny Gustavsson et al., *Global Food Losses and Food Waste: Extent, Causes and Prevention* (Rome: UNFAO, 2011), p.6.

[3] David and Marcia Pimentel, *Food, Energy, and Society*, 3rd ed. (Niwot, CO: University Press of Colorado, 2008), chap.10.

我们之所以能够承受食物系统的损失，是因为我们不再依靠食物系统来创造能量盈余。现代的盈余主要是由化石燃料产生，还有一部分来自非燃料系统（例如水电站）的电力。每年，数十亿吨高EROI燃料和数万亿千瓦时的电力流入我们的全球文明，它们提高了玉米产量，扩大了办公大楼和巨型购物中心的规模，也提高了全球股票价格和消费水平。

此外，我们必须注意到，很多时候，能量盈余被浪费掉了。当我回想起去马丘比丘和亨比的旅程，以及看埃及金字塔的照片时，我意识到这些项目吸收了无数的体力劳动——那些复杂的雕刻和巨大的石头，都需要大量人工来完成。当然这也许正是建造它们的原因之一。一些学者猜测，大规模的能量盈余会破坏社会稳定，所以人类文明经常需要寻求各种机会来消化和吸收这些盈余，以免平民和奴隶劳动量不饱和，有了剩余精力，从而变得暴躁且难以管理。比如在尼罗河的灌溉下，古埃及有了大量剩余粮食，进而产生了过多的能量盈余，那么劳动量不饱和的平民和奴隶就可能起来反抗贵族统治。也许埃及统治阶级的目的就是将过剩的能量输送到威胁较小的项目中，比如建金字塔。几千年来，世界各地的宗教领袖和世俗贵族们似乎最喜欢用堆石头的方式来吸收能量盈余。

乔治·奥威尔在《1984》中写道，社会有时"通过建造庙宇和金字塔来消耗剩余劳动力"[1]。他提醒道，战争也可以达到类似的目的——人们制造破坏性产品来消耗劳动力，同时摧毁其他势力和城市。还有人认为，今天的娱乐性消费主义（获取、支出、丢弃和更换商品）已经达到了相同的目的。詹姆斯·霍华德·昆斯特勒和理查德·海因伯格等学者则认为现代城市——包括郊区、立交桥和大型商店——可用来吸收和消化能量盈余。

许多学者都认真讨论了这一类观点，人类学家莱斯利·怀特写道：

修建大型公共工程这件事从未停止，比如建金字塔、纪念碑、寺

---

[1] George Orwell, *1984* (Harmondsworth, UK: Penguin, 1984), p.168.

庙、陵墓和宫殿等。统治阶级似乎经常面临生产过剩、技术性失业或下层阶级人口过剩等问题的威胁。这样的大型工程计划……他们能够一举多得。①

尽管有人可能会怀疑纪念性建筑有意耗散能量盈余的观点，但这些石头堆成的建筑已经成了文明的代名词，比如埃及和玛雅的金字塔、中国的长城、柬埔寨的吴哥窟、雅典卫城和罗马斗兽场等。普通人可能无法想象，若是没有这些辉煌宏大的建筑，古代文明会是什么样子。文明的定义有很多，但是几乎每个定义都包含纪念性建筑物。

关于能量盈余浪费一事，我们不做过多论述。重要的是，我们要认识到能量盈余有多种用途，不同的用途，体现出的价值观也不相同。美国的梅奥医院、第二次世界大战时期的奥斯威辛集中营、登月工程和越南战争都是能量盈余的产物。我们分析E文明，考虑它的优点、缺点、成就和病症时，其实是在考虑能量盈余运用的好坏。不管是分析E文明还是其他文明，我们都需要了解能量盈余的来源，以及它结出的甜美或苦涩的果实。

## 工具5：能量密度

能量之间是有区别的。我们可以区分低效用、分散的能量（比如阳光或低温热量）和高效用、浓缩的能量（比如汽油、炸药、电力）。

浓缩能量和稀薄能量也许包含相同数量的卡路里，但是只有浓缩的能量才能轻易地转化为人类社会的功。煤是化石阳光，但1卡路里阳光的热量与1卡路里煤的热量不同，后者密度大，更容易变成功。制作4卡路里的煤需要大约8卡路里的植物材料，而制作8卡路里的植物材料大约需要8000

---

① White, *The Science of Culture*, p.383.

卡路里阳光。[①]

电的能量更加集中。4卡路里的煤可以转换成1.5卡路里的电（2.5卡路里在煤的燃烧和发电过程中以废热的形式损耗掉了）。既然有损失，我们为什么还要用煤发电呢？因为相较于煤，电是更灵活、更方便的能源，可以通过电缆简单地进行长距离分配，无须存储。只要按一下开关，电就立即抵达灯泡或发动机。电使用时干净，没有烟灰或油渍，而且是无声的。电力用途广泛，可以轻松转换成人类所需的多种服务，如供暖、制冷、照明、计算、旋转运动、运输、通信和娱乐。它可以为婴儿培养箱、体育馆巨型屏幕、炼钢厂和制衣厂以及电灯和电动椅子提供动力。最重要的是，电的使用效率更高。能量在使用过程中会有一定的损耗，剩余的部分才是真正做功的部分。电的损耗率相对较低，这样能够有效利用的部分就会增多。比如，在汽轮机中，煤炭的能源有效利用率是40%；而在大型发电机中，电力的有效利用率是95%。

我们用一个更极端的例子来说明能量的密度和效用。海洋里有大量能量，但是这些能量很难利用。海水吸收了大量阳光和地热能，于是储存了大量潜在热量，海水中的能量相当于数千万亿桶石油。但是海洋能量相对分散，海洋与周围环境也接近热力学平衡——表层水的平均温度与邻接的空气和陆地的平均温度差别很小。因此，海洋中的能量效率低，难以利用。一桶石油的能量比含有相同能量的海水密度高得多，更便于使用。

能量密度和效用的概念很重要，它能帮助我们分析历史，展望未来。比如，我们可以通过各种能源系统，来了解过去一些文明形态的转换。随着历史的发展，人类社会的动力从低密度能源过渡到了高密度能源。狩猎采集社会依赖从周围环境中收集的食物和柴火获取能量，这就是低密度空间的能源供应。人们必须从森林中收集木材，从分散的植物上摘下坚果和浆果，并

---

① Odum and Odum, *Energy Basis for Man and Nature*, 32; Smil, *Energy: A Beginner's Guide*, p.42.

且在草原和林地之间追逐猎物。农业能够聚集能源，人们可以大规模地种植农作物，不用再到处去采摘分散的野生果实。而且农民通过培育优质种子，进一步提高了能量密度。我们现在种的大粒玉米的能量密度，比其祖先小种子野生玉蜀黍要高很多倍。化石燃料工业化社会依赖高密度能源，我们不再直接燃烧植物，而是从石油、天然气和煤炭里提取高密度的古代植物能量。在某些情况下，还需要进一步升级和浓缩能源，比如用煤炭来发电，以及炼油等。

几千年来，人类已经完成了多次能源革命——从狩猎采集到农业，从烧木柴到化石燃料，再到电力。每一次能源革命都是向更高密度能源的过渡。我们可以通过了解过去的变革来解释现在和未来。

现在，我们已经掌握了将低密度能量直接转化为高密度能量的技术，并且正在迅速改进这些技术。比如，太阳能电池板可以将低密度、低效用的太阳光能直接转化为高密度、高效用的电能。煤炭发电机的工作过程可以这样理解，将8000个单位的太阳能转化为植物，再转化为煤，然后转化为火和蒸汽，它们推动机器运转，最后转化为1—2单位的电力。太阳能电池板可以跳过数百万年的多链路运作，将阳光直接转化为电能。风力发电机的作用与电池板相似。我们不能低估那些可能会改变世界的创新。通过科技创新，我们绕过了上亿年的漫长过程——从植物到煤和石油的转化，以及开采能源、燃烧燃料和碳排放。

此外，新科技也显著提高了能源的利用率。虽然直接比较很困难，但我们大致可以推测出，太阳能电池板的工作效率，大概是阳光被植物吸收，变成化石燃料最终再变成电能之效率的2000倍。太阳能电池板对阳光的转化率大概是20%，而阳光—植物—煤炭—电力的效率只有0.01%。

除了效率大大提高之外，直接利用太阳能还有许多其他优点，比如无噪声、无污染，且不会破坏气候。在人类的能源历史上，我们学会了用火，开采化石燃料，大规模使用蒸汽机，普及电力，以及最近大力发展的太阳能。以前，我们对能源的依赖从低密度的太阳能转向高密度的化石能源；未来，这种变化肯定会逆转。化石燃料是不可再生能源，总有用尽的一天，如果我们能够直接转换太阳能，那新的能源模式将会效仿自然系统，像树叶那样，在空间和时间上更加本土化。然而，E文明的公民和消费者常常做出令人遗憾的选择。我们拥有神奇的力量，可以拯救地球。现在大力发展清洁能源，就可以改变未来的路，避免为地球和后代带来毁灭性后果。了解能量，有助于我们理解未来世界，从而做出有利的决策。

## 第6节　廉价的化石燃料让我们变得富有

我们生活在能源富足的时代。往发动机中倒入1加仑汽油，就会产生相当于131个小时的有效人力工作量。[①]而且神奇的是，劳动几分钟获得的工资就足以购买汽油。我把部分收入用在燃料上，可以将工作量提高几百倍。换句话说，因为化石燃料如此便宜，而且如此有用，我花一天工资购买的燃料能够做的功，比我本人一年内完成的功还要多。

再做一个相关的计算。一桶精炼油在汽车、卡车、拖拉机、电锯和各种施工设备中燃烧产生的有效功（不算摩擦和热损失），大约等于5000小时的人工劳动——按每周工作40小时计算，这个时间超过2.5年。欧洲的总能量消耗相当于每人每年使用25桶石油，美国和加拿大的能量消耗相当于每人每年50桶石油。[②]在美国、加拿大或欧盟的普通居民每年工作量的背后，燃料和电力提供了数十年的功。所以，将我们舒适富足的生活简单地归结于努力，是不准确的。现代人类被赋予了不应得的能源财富，以及不属于自己的工作量。富裕的美国人付出的努力不及非洲农村贫困妇女的一半，我和周围的人只需要付出我祖母那个年代一半的努力，就可以获得更好的生活。

化石燃料和电力不仅为我们干活，更重要的是，它们还为我们的工作

---

① 假设汽油发动机的效率为25%，则每美式加仑汽油产生9.2千瓦时功率。普通人的有效功率为每小时0.07千瓦时（70瓦特×1小时）。因此，1加仑汽油大约产生131.4小时人工劳动力。请参见David and Marcia Pimentel, *Food, Energy, and Society,* 3rd ed. (Boca Raton, FL: CRC Press, 2008), p.43。

② International Energy Agency, *Key World Energy Statistics: 2015* (Paris: IEA, 2015), pp.48–57.

奠定了基础。在很大程度上，能源的利用构成了我们增薪的基础。能源投入增加，每个工人每小时的劳力产出就会增加。一个人用斧头一天只能砍几棵树；相同的工作量，拿着汽油机电锯的人在一小时就能完成；而开着烧柴油的伐木归堆机的人，只需要几分钟就能干完这些活。20世纪上半叶，我们的生活水平大幅度提升，一个重要原因就是外部能量的添加。1900—1954年，美国工人使用的机器马力的功率增加了近4倍，每个工人的产出提升了2.7倍。[①] 在其他条件相同的情况下，生产力提高意味着相比于1900年的工人，20世纪50年代中期的工人工资和消费水平都提高了2.7倍。事情确实是这样的。生活水平的提高主要依靠生产率的提高，而提高生产率则要依靠更大的能量投入和利用能量的技术。

虽然我们经常抱怨汽油或家用燃料的价格太高，但根据上面的计算，化石燃料其实非常便宜。一加仑汽油可以提供相当于131小时的人力劳动。假如没有汽油，我们就不得不购买相应的劳动力。比起每加仑4美元甚至最多10美元的汽油，工人的工资也许会达到一两千美元。此外，汽油用起来非常方便，而且它的效用是人力无法达到的，比如让汽车高速行驶。之所以觉得燃料昂贵，是因为我们需要大量购买它。

我们的能源非常廉价、强大，而且不可替代。比如水龙头里流出来的水，在没有电力、水泵和管道的情况下，我们需要购买送水服务。普通人一年工作2000小时，可以达到相当于150千瓦时的功，其工资高达2万美元。但如果我们使用转化率为50%的电泵，就可以用300千瓦时的电来完成大致相同的工作。每千瓦时电力只花15美分，总支出仅为45美元。即使加上每年100美元的电泵购买费和维修费，还有100美元的管道和水龙头之类基础设施费用，总额也不足250美元，比起人力送水费用要低99%。能源分析师查尔斯·霍尔和经济学家肯特·克里特戈德写道：“当今美国和欧洲的普通居民比古

---

① Sam Schurr and Bruce Netschert, *Energy in the American Economy, 1850–1975: An Economic Study of its History and Prospects* (Baltimore: Johns Hopkins Press and Resources for the Future, 1960), p.47.

代君王更富有，其主要原因是，廉价的能量为我们提供了生活必需品和奢侈品。" ①

将人类劳动和化石燃料劳动做比较，我必须承认，人类的工作比单纯的机械旋转、抬举运动更有价值。我们会用大脑思考，拥有复杂的洞察力、判断力和独立行动的能力，能够解决许多问题。尽管如此，在施加力量或移动沉重的物体方面，比起用燃料或电力推动的机器，我们能做的工作是非常少的。

在这一章的结尾，我举三个例子来说明电力和燃料为我们带来的巨大利益。我当了20年的农民。有一天，我没有用300马力的联合收割机，而是试图用手动筛子来筛选谷物。我劳作了几个小时，却连一个中型口袋都没有填满，而联合收割机可以在几秒钟内完成同样的工作。如果没有燃料和机器，播种、锄地、割草、捆扎、脱粒、簸扬、装袋、运输等工作都要靠人力完成，这需要辛苦劳作好几个月。收获之后，工作也没有结束。农民还要将麦子磨成面粉，很多人因此损伤了腰和膝盖。古生物学家泰雅·莫尔森在《科学美国人》（*Scientific American*）上发表的《阿布胡赖拉遗址善于表达的骨头》（The Eloquent Bones of Abu Hureyra）一文中，讨论了古代农业村庄人骨的情况，并根据骨头上的伤痕，评估了当时做农活对人体施加的压力。阿布胡赖拉位于现在的叙利亚，文中的骨骼样本来自距今10000—7000年的居民，他们用一种马鞍状的石磨来磨制谷物。莫尔森这样描述她发现的人骨上的伤痕：

> 跟其他许多地区一样，聚落里最苛刻、最繁重的活计是准备粮食……阿布胡赖拉的女性每天都要用石磨来磨谷物。女人们跪在地上，不停地反复推拉磨石……长时间的蹲跪伤害了她们的脚趾和膝盖，另

---

① Charles Hall and Kent Klitgaard, *Energy and the Wealth of Nations: Understanding the Biophysical Economy* (New York: Springer, 2012), p.224.

外，推磨对腰和背部也会造成额外的压力。我们发现，有的女性最下面的椎骨上有骨盆损伤和破碎的迹象。这一类伤病，或许是石磨转动太快或移动幅度过大造成的。[1]

然而，我去超市里买标价不到10美元的袋装面粉时，很难联想到一个疲惫不堪的伤病女人。我坐在桌子旁，工作20分钟或30分钟，获得的收入就可以买很多面粉，而她需要在磨盘边度过漫长的一天。对比古人，电力和化石燃料让我们身上发生了很多不可思议的事。

不可否认，大多数人很难想象自己生活在古代的农业村落的情景。比如说，要跪在地上，在两块石头之间将谷物研磨成面粉。所以请想象19世纪英格兰、欧洲大陆、中国或美国的煤矿工人。伦敦经济学院的经济历史学家 T. S. 阿什顿在他的经典著作《工业革命》（*The Industrial Revolution*）中详细描述了19世纪矿工的生活。劈矿工用镐从煤层分界面上把煤刨下来，推车工把装满煤的木橇从煤层处拖到坑底，有时还要再把煤运到地面。推车工并不都是男性。阿什顿写道：

> 在一些地方，少年和女人背着篮子运煤；法夫郡煤矿工人的妻子和女儿们背着沉重的煤，沿着地下通道弯腰前行，爬过一系列的梯子，将煤运到矿井口。19世纪一部分煤矿主称它为"令人反感的女性背煤劳动"。但是这个模式，在某些地区一直持续到1842年。[2]

如果读者也很难想象自己是一名煤矿工人，那么还有20世纪初最普遍的职业——农民。1906年，帕特里克·麦吉尔记录了他在苏格兰比特郡帮当地

---

[1] Theta Molleson, "The Eloquent Bones of Abu Hureyra," *Scientific American* 271, no. 2 (1994): 71.

[2] T. S. Ashton *The Industrial Revolution: 1760–1830* (London: Oxford University Press, 1958), pp.35–36.

农民收土豆的经历：

> 九个年长男性用三齿短叉把土豆从地下挖出来。妇女跟在他们身后，膝盖着地，每人拖着两个篮子，爬行前进。她们要用篮子接住男人抛来的土豆……男人的工作已经很繁重了，但女性的工作更糟糕。她们的手和膝盖整天在地上，要拖着泥泞和瓦砾行动。身后的篮子上粘了几英寸厚的土，有时把马铃薯倒空后，一个篮子还有28磅重。女人胳膊上的压力一定非常厉害，但她们从不抱怨。堆积在小腿边的裙子里沾满了露水，她们要时不时地站起来，把水甩掉，然后再跪下来……因为一直跪在地上爬行，她们后面的黑土地上留下了两条凹痕，像是犁出来的——但这是她们用膝盖拖出来的。[①]

我无法想象日复一日、年复一年地在黑暗潮湿的煤矿里，背着煤块爬梯子有多么艰难；也无法想象整天跪在地上，拖着沉重的土豆篮子在泥土里爬行有多么难受。我绝不是个例。我们这些受益于化石燃料和电力的人，根本无法想象在燃料和电力减轻人类工作负担之前的生活是什么样子。我们无法想象在没有燃料、电力和机器的情况下，如何建设和维持我们的家庭、城市和商店。实际上，没有了机器和能量供应，建设和维护现代文明是不可能的。我们舒适、轻松的生活也同样无法实现。燃料和电力并不昂贵，而且正是因为它们非常廉价，我们才变得如此富有。

---

① Patrick MacGill, *Children of the Dead End: The Autobiography of a Navvy* (London: Herbert Jenkins, 1914), pp.74–75.

## 第7节　蒸汽机：助力人类文明起飞

我们可以将蒸汽机视为人类最崇高的机械发明——它是机械师的骄傲，令哲学家钦佩。

——M. A.奥尔德森《论蒸汽的性质与应用》

（*An Essay on the Nature an Application of Steam*, 1834）

正是因为能够将燃料转化为社会产出，我们才变得富有。这个转变是发动机帮助我们做到的。最先出现的是蒸汽机，它具有划时代的意义。蒸汽机改变了历史的进程，改变了我们文明的物理概念，包括动力来源、潜力、限制、轨迹和未来——蒸汽机改变了世界。

在蒸汽机出现之前，人类靠烧煤和木柴来产生热量，但是这些材料不能做功。它们无法帮助我们挖矿、运输和加工材料。有了蒸汽机，以及以汽油、柴油为动力的其他发动机，我们才能利用化石燃料里的巨大能量，用于社会生产，从而创建E文明。蒸汽机和其他发动机赋予我们巨大的力量，将大量化石阳光能源转化为商品、服务、粮食、服装、工厂、大型购物中心和大都市。我们要先了解发动机这位幕后英雄，才能了解E文明。发动机和燃料造就并推动了我们的世界。

蒸汽机最初是用来解决煤矿积水问题的。煤矿越挖越深，地下水会流入矿山，严重阻碍人们工作。为了继续开采煤炭，工人必须用水泵把积水抽出去。1698年，托马斯·萨弗里注册了无活塞式燃煤蒸汽泵的专利，它或许可以被称为第一台蒸汽机。萨弗里的专利里写道，这是"用于烘干煤矿的新发明"。尽管萨弗里的发明运行不佳，而且仅在少数几个地方使用，但它证明了煤火和蒸汽可以用来做抬水等有用的工作。1712年，托马斯·纽科门开发了一种更有效的蒸汽机。他研制的活塞和阀门以及其他零件，与当今汽车发动机的部件类似。半个世纪后，詹姆斯·瓦特改良了纽科门的发动机。1769年，瓦特为他的独立式冷凝器申请了专利。冷凝器的作用是将蒸汽冷却并转变成液态，这是发动机功率循环的关键步骤。把冷凝器与汽缸分开，意味着汽缸不必在每个冲程都进行冷却和加热，从而节省燃料，让发动机的效率加倍提升。放入同样数量的煤，瓦特的蒸汽机与之前的模型相比，可以抽出更多的水。到1800年，世界上已经建造并安装了1000多台蒸汽机。①

早期的发动机都有上下活塞，它们通过跷板式横梁驱动泵上下移动。18世纪80年代，包括瓦特在内的数位发明家把蒸汽机的运动连接到曲轴、飞轮和调速器，将汽缸内活塞的往返运动转化为平稳的旋转运动，从而为纺纱机和炼铁工厂的机器提供动力。在1800年瓦特的冷凝器专利过期后，蒸汽机生产商激增，产量也成倍增加。高压发动机和其他改良陆续出现，轮船和火车上也安了发动机。近代煤汽时代由此开始，大约从1800年持续到1910年。但是，直到21世纪初，我所居住省份（加拿大曼尼托巴省）的大部分电力仍然来自靠煤炭产生蒸汽的发电站。发电站将蒸汽排入旋转式涡轮发动机，而不是往复式活塞发动机。在萨弗里的第一台发动机问世300多年后，煤炭和蒸汽仍为世界上的大部分地区提供动力。

## 热能驱动的线性运动

蒸汽机从根本上改变了人类的社会形态和经济状况，发动机改变了文明的物理概念。将能量从一个系统传输到另一个系统，只有两种方法——加热和做功。我想增加某个系统中的能量（比如一杯水），我可以加热它，或

① John Kanefsky and John Robey, "Steam Engines in 18th-Century Britain: A Quantitative Assessment," *Technology and Culture* 21, no. 2 (Apr. 1980), p.171.

者对它做功（如搅拌，或者抬到一定高度，将其泼洒）。但是将能量转移
到水里，或把能量转入任何其他系统中，我仅有两个选择：增加热量或增
加功。我使用能量，通常也是使它产生热量或做功，往往二者皆有。比如
开车的时候，汽车沿着道路奔跑（做功），而散热器和排气管同时散发着
废热。

纵观人类历史，热能和功大部分时候是分离的。人类用火煮饭、取暖
或烧制陶器；但是在劳作时，人类几乎完全依靠自己与耕畜肌肉的力量。热
量和功几乎完全分开。人可以非常有限地将功转化为热量。例如，将两根木
棍在一起摩擦，木棍会着火，或者搓手取暖。但是人类无法将热量和燃料转
化为功。发动机却可以做到这一点。发动机的出现让人类社会发生了重大变
化——我们的工业化消费主义世界变成可能。

因为分子只有两种运动方式，所以我们仅有两种方式将能量转移到物体
中—— 一是不规则运动，我们称为"加热"；二是平行匀速运动，分子朝着
同一个方向一起移动，我们称为"做功"（图2-7）。

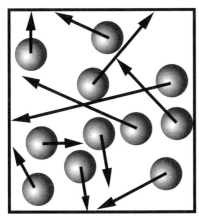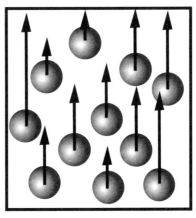

不规则的、混沌的分
子运动——加热

线性的、平行的分
子运动——做功

图2-7 两种分子运动方式：加热和做功

纽科门和瓦特的蒸汽机依靠气缸内的活塞，将火变成功。如今，汽车、

卡车、拖拉机以及许多船只和飞机都由多个气缸内的活塞提供动力。气缸内的活塞是我们限制热量（混沌的、不规则运动）并引导它做功（有序的平行运动）的一种装置。这就是发动机的秘密——将混沌（热）转变为规律（功）——将不规则运动转变为线性运动。

在蒸汽机出现之前，人类只能将能源（木材、煤炭等）转化为混沌运动，产生热量。借助蒸汽机，我们将能源转化为规律的线性运动，让它做功。这项突破——将火和燃料变成功——是E文明的关键。如果人类没有发现将燃料转化为功的方法，东京、沃尔玛超市或波音747都不可能存在，而人类改造世界的所有工作，都将以食物为燃料。几乎所有能量都必须流入人和动物的嘴巴，并通过它们紧绷的四肢和腰部流出。传统的工作方式是有瓶颈的，在力量、速度和规模上给文明设置了较低的上限。

线性运动创造了E文明。尽管本书有时抽象地描述文明线性化的问题，但线性化在物理、原子和铁的层面上是非常实际的。通过发动机的推力，我们将消费品从工厂推向用户再推向垃圾填埋场，同时也推动了贸易流程和运输线路。

### 让钢轴再多转一圈

早期蒸汽机是轴式的。活塞和连接杆钩在枢轴的一端，上下推动或拉动轴的一端。枢轴的另一端通常钩在水泵杆上。于是，发动机的上下运动就可以转换成抽水杆的上下摆动，它像跷跷板一样，类似人用压水井汲水时的动作。因此，早期发动机是将热量转化为线性运动，而不是旋转运动。另外，早期气压蒸汽机的运动是不均匀的，在每个冲程中，活塞产生真空后，都会停一秒钟或更长的时间。[①]发动机的速度和发力频率在每个

---

① Richard L. Hills, *Power from Steam: A History of the Stationary Steam Engine* (Cambridge: Cambridge University Press, 1989), p.60.

冲程都会发生变化。有很长一段时间，没有人想到安装飞轮来使运动变得均匀。大约在1782年，人们经过一系列改良，克服了轴式发动机不均匀运动的问题，并且发明了旋转式发动机。[①]通过这些创新，人类不仅可以将热量和煤火转化为线性运动（活塞或泵杆的运动），也可以将热量转化为旋转运动。而转轴蒸汽机的发明把人类带入了新世界——火产生的热能变成了一种通用的能量，在许多场合，可以灵活地替代或增强人和耕畜的肌肉力量。

在发动机出现之前，我们也曾依靠转动轴工作。从古希腊时期一直到工业化中期，水车和风车都很重要。此外，人们还为马、牛甚至狗套上工具，来绕圈转轴，磨谷子、抽水或做其他活计。在发明蒸汽机之前，任何不依靠人力转动的轴，都是通过"风力、水力，或者一匹绕行的马"来实现的。[②]

早在蒸汽机之前，轴就开始转动，但那时候没有用火或燃料。所以很多时候这些轴是靠人力来推动的，苦力们绕着圈子行走，或者拼命转动把手，为起重吊车、脱谷机和水泵提供动力。靠着仓鼠跑轮一样的努力，这些人把石块堆放到中世纪大教堂的屋顶，为起重机贡献力量。在19世纪，英格兰等地区的监狱里曾用跑步机来惩罚犯人。作家奥斯卡·王尔德在维多利亚时代坐过牢，服役期间就体验过这个刑具。不过，并不是所有以人工为动力的活都是如此残酷，有一些相对温和，比如用手或脚转动陶轮，或转动手柄从水井里取水。

人类很早就学会了用火，我们用它为房屋供暖、吓走野兽、烹饪食物、烧制陶器、冶炼金属等。但是，在这些用途中，火都是产生热能，而不是

---

① Henry W. Dickinson, *A Short History of the Steam Engine* (Cambridge: Cambridge University Press, 2010, reprint of 1939 original), pp.62–65, 79–82; Richard L. Hills, *Power from Steam*, pp.60–66.

② George Cockings, "Arts, Manufactures, and Commerce," in *Poems on Several Subjects* (London: W. and C. Spilsbury, 1802), p.18.

机械能，它不能推动或抬举物体，也不可以替代或增强人畜肌肉的力量。毕竟，一团篝火不能用来拉犁。直到发动机问世，这种状况才得以改变。

蒸汽机不仅可以将热量转化为功，还能节约时间。与19世纪中期之前的主要动力风能、水能或肌肉力量相比，使用化石燃料的效率和规模都要大得多。所以，在发明化石燃料蒸汽发动机之后，人类的农业、工业、军事、建筑和运输功率都翻了二到三个数量级（100倍至1000倍）。我们知道，功率是一种速率——事物发生的速度。通过化石燃料发动机，事情可以无延迟地、更快地发生。人类的事业不再需要等待大风刮来或河水涨高，也不必再等马吃完饲料或农民休息好，一切都可以更快、更远、更大规模地发生。以前，人类社会的步伐和自然的步伐是联系在一起的，但蒸汽机的出现剪断了二者联结的纽带。另一方面，它还打破了光合作用、有机增长和生物过程与人类生产和建设速度之间的联系。蒸汽机是E文明的缩影——它与自然系统的能源、模式、运作，还有发展速度断开了关系。化石燃料让人类文明加速，其发展速度远远超过了树林和麦田生长的速度，超过了人类、牛马的行走速度，也超过了人类工作的速度。文明不再由肌肉驱动，不再用手工塑造，也不再与自然节奏挂钩。

我们这个大规模生产、大规模消费社会是何时开始的？我想，化石燃料产生的火第一次转动轴的那个瞬间，应该是个很好的候选。可以说，我们的文明是随着轴的转动而发展的。每个系统的核心技术都有化石燃料或电力驱动的旋转轴，包括我们的汽车、卡车、火车、飞机、农场和建筑设备、船舶、石油钻机、输油管道泵、供水和下水道系统，以及所有的工厂。放大视野，我们会发现很多似乎不依赖旋转轴的技术也在用它。固态硬盘计算机、智能手机和电视里没有活动部件，似乎没有发动机、轴和齿轮。但是，等一下！它们都依赖几百英里外发电站的旋转轴为其供电。发电站中巨大的钢轴通过煤、天然气、水力、风力或其他动力产生的热量旋转，从而使重达数百吨的发电机转动。而有了旋转运动转化的电能，我们的耳机才能听到音乐，电视才能有鲜艳的颜色，计算机才能处理大量数据。

# 第8节 工业革命

我们不得不做工业革命的继承人，但我们可以比先人更加了解自己继承的遗产。

——M. A. 里格利《延续、偶然与变迁》

(*Continuity, Chance and Change*, 1988)

## 工业革命的发展和普及

要想了解现代人如何过上富足美好的生活、E文明如何完成生产和转型，我们需要先了解工业革命。工业革命之前的世界是人、马、木头、羊毛、皮革和手工制品的世界。在这个世界里，每件服装的纱都必须用人的手指捻成线；每株庄稼都必须用镰刀收割；每只钉子都必须靠铁匠站在炽热的火炉旁，挥舞着锤子来打造。

工业革命取代了手工制作的世界。效率比工业化前的水平高千百倍的巨大纺纱厂崛起，工厂里堆满了机器，纺出来的纱通过火车运往各地；钢铁代替了木材；水泥代替了黄土。人类在工业革命期间制造出的机器，增加了产量，拉近了距离，压缩了时间。

蒸汽机是历史上最重要的发明之一，但工业革命不仅仅包括蒸汽机。它由一整套相互依靠并可以相互促进的技术和设备组成——效率更高的钢铁锻造技术，高产量的采矿技术，有效的水力利用，自动运转的纺纱机，铁路、轮船等运输工具的进步，农业生产力的提高，化工行业的发展，等等——

"机械设备供应爆发式增长"[①]。从宏观角度看，十八九世纪的工业革命并不是孤立的，它的出现有众多原因。归纳起来，大致有以下几点：科学革命和启蒙运动的发展；地理大发现的推动；大学数量增加；印刷术发展；地理大发现之后，从新世界转移到旧世界的无数黄金和白银[②]（如果今天要还款，欧洲必须向美洲土著人民支付数万亿美元[③]）；出现新的社会和经济体系——资本主义、民主主义、民族国家的发展；新的金融、信用、会计、保险和产权制度；等等。这些因素促使工业革命出现，并且发展壮大。

经济历史学家罗伯特·艾伦写道：

工业革命是人类历史上最值得歌颂的转折点之一。如今，人们意识到它是16世纪开始的经济扩张的结果，而非某个时代突然出现。尽管如此，18世纪仍然出现了技术和经济史上的决定性突破，出现了很多划时代的发明，包括珍妮纺纱机、蒸汽机等，它们标志着西方开始进入繁荣的现代社会。[④]

① Angus Maddison, *Contours of the World Economy, 1–2030 AD: Essays in Macro-Economic History* (Oxford: Oxford University Press, 2007), p.73.

② 麦迪森估计，有170万千克黄金和7280万千克白银从新世界转到欧洲。Maddison, *Contours of the World Economy*, p.113.爱德华多·加莱亚诺在论著中引用了1503—1660年间西班牙一个港口的黄金进口记录，为18.5万千克黄金和1600万千克白银。请参见Eduardo Galeano, *Open Veins of Latin America: Five Centuries of the Pillage of a Continent*, trans. Cedric Belfrage (New York: Monthly Review Press, 1997, originally published in 1973), p.23.要想了解金银进口的详细数据，请参考Earl Hamilton, *American Treasure and the Price Revolution in Spain, 1501–1650* (Cambridge, MA: Harvard University Press, 1934), p.42。

③ 参考加莱亚诺得出的数额，按1%的利率计算的话，还款额将达1.7万亿美元。麦迪逊估计的数值更多，按1%的利率，还款额达到10万亿美元。而如果用更现实的4%的长期利率计算的话，还款额高达10的15次或18次方美元，这意味着旧世界欠新世界土著人民的钱可能比全球的钱还要多。

④ Robert C. Allen, "The British Industrial Revolution in Global Perspective: How Commerce Created the Industrial Revolution and Modern Economic Growth," (unpublished paper, Nuffield College, Oxford, 2006), p.1.

工业革命不是一蹴而就的，它是一个不停地发展变化和转型替代的过程。这个过程中，有很多值得我们记住的关键事件。

17世纪中期，煤炭超越木材，成为英格兰主要的取暖燃料。这个转变表明，热量不再是土地的产物。[①] 取暖用的燃料越来越多地来自庞大的"地下森林"。

17世纪后期，人口呈急剧上升。1700—1900年间，欧洲的人口增加了两倍，中国人口也增加了近两倍，印度和日本几乎增加了一倍，而北非增加了三倍。曾经遭受天花和战乱的北美、中美和南美洲，由于移民，人口增加了三到六倍。

1709年，欧洲开始用煤代替木材炼铁。在英格兰的科尔布鲁克代尔，亚伯拉罕·达比开创了这一新技术。到了1760年，以煤或焦炭为燃料的炼铁方式已经很普遍了。

1712年，纽科门发明了蒸汽机。这是一台真正的发动机，用活塞带动连杆来产生动力。

1765年，詹姆斯·哈格里夫斯发明了珍妮纺纱机；1769年，理查德·阿克莱特发明了水力纺纱机。食物、衣服和住所是人类生存的三个基本需求，其中服装的生产最容易机械化。因此，工业革命始于服装。18世纪下半叶以前，织布用的线都是手工制作的。通常是女性来做这份工作，在纺锤或纺车的帮助下，用手指捻线。一个织布工用的线需要八个纺纱工供应。[②]1765年，詹姆斯·哈格里夫斯发明了带手摇柄的机器，一个人可以同时纺多根线，

① 1620年，英格兰和威尔士的用煤量可能已经超过柴火用量。Astrid Kander, Paolo Malanima, and Paul Warde, *Power to the People: Energy in Europe Over the Last Five Centuries* (Princeton: Princeton University Press, 2013), p.61; E. A. Wrigley, *Energy and the English Industrial Revolution* (Cambridge: Cambridge University Press, 2010), pp.94–95; Rolf Peter Sieferle, *An Encyclopaedia of the History of Technology*, trans. Michael P. Osman (Cambridge: White Horse Press, 2001).

② Richard Hills, "Textiles and Clothing," in *An Encyclopaedia of the History of Technology*, ed. Ian McNeil (London: Routledge, 1990), p.823.

这就是珍妮纺纱机。但哈格里夫斯的机器只能生产纬线（织布机上横向的线）。1769年，理查德·阿克莱特申请了使用滚轴的纺纱机的专利。这台机器可以纺经线（织布机上纵向的线）。阿克莱特的机器不是手动的，他在英格兰的克罗姆福德建造了一个由水车驱动的磨坊，用水力来推动机器运转。他的纺纱机后来也被称为"水框架"。

18世纪后期，早期机械化和工业起飞开始了。工业革命的第一批机器和工厂是由水力（水轮）驱动的。德贝尔、埃梅里和德勒奇告诉我们："大规模工业的兴起，是以能源转换为基础的……首先是水力推动——而不是蒸汽机——纺织业达到了前所未有的规模。从1760年到1787年，在英国大规模使用蒸汽机之前，棉花的年产量从250万磅增加到2200万磅，增幅接近十倍。"①

1769年，詹姆斯·瓦特改良了蒸汽机，新的蒸汽机采用独立的冷凝器。瓦特在1765年推出了新的设计，次年组装出第一台发动机，并在1769年申请了专利。

1797年，机床得到开发和普及。亨利·莫兹利制造了第一台真正的工业车床，人类开始通过开发精密机器来制造机器。

1800年，蒸汽机迅速普及。因为詹姆斯·瓦特的冷凝器专利在这一年过期，所以蒸汽机得到普及，并在此基础上出现了一些新的改变。高压发动机上市，可以为火车和船舶提供动力。1800年到1907年，英国固定式蒸汽机的装机功率从3.5万马力增加到近1000万马力。②

1804年，第一辆铁路机车上市。理查德·特里维西克在南威尔士的潘尼达伦炼铁厂，给人们示范了实用的蒸汽机车。

---

① Jean-Claude Debeir, Jean-Paul Deléage, Daniel Hémery, *In the Servitude of Power: Energy and Civilization Through the Ages*, trans. John Barzman (London: Zed Books, 1991), p.100.

② John W. Kanefsky, "The Diffusion of Power Technology in British Industry, 1760–1870" (unpublished Ph. D. thesis, University of Exeter, 1979), p.338.

1812年，工业城市出现。曼彻斯特的人口超过10万。

1820年，因为工业的繁荣，人们的收入普遍提高。经济历史学家安格斯·麦迪森将这一年称为英国、法国、德国、美国和其他工业化国家的转折点："从1000年到1820年，人均收入增长像爬行一样缓慢——世界平均收入水平只上升了50%……而自1820年以来，世界经济发展变得活跃，人均收入增长了7倍多……" 在后来的一本书中，麦迪森补充道："1820年以后……人均收入每年增长1.2%，是1000—1820年这段时间的24倍。"[①]我们可以通过计算倍增时间，来看普通家庭收入需要多少年才能翻一番。1820年之前年均增长率是0.1%，翻一番需要700年。一个人终其一生，可能在经济上也不会有任何改善。然而1820年之后，年增长率达到1.2%，只需要60年收入就会翻一番。因为有了更高的增长率，人们可以在有生之年看到国家变得更加繁荣。

1825年，铁路迅速发展。第一条公共铁路连接了英格兰东北部的斯托克顿和达灵顿。1830年，利物浦和曼彻斯特之间也开通了铁路。

1830—1870年，蒸汽成为主要动力。1830年，在英国工厂中，一半以上的非生物动力（非人力和畜力）是由蒸汽机提供的。[②]在那之前，大部分工厂的动力都来自水车。1870年，美国的蒸汽动力超过了水力。[③]

1843年，现代航运出现。伊桑巴德·金德姆·布鲁内尔设计的螺旋桨推进蒸汽船"大不列颠"号，是第一艘可以用来远洋航行的铁壳船。

---

① Angus Maddison, *The World Economy, Volume 1: A Millennial Perspective* (Paris: OECD, 2001), p.19; Maddison, *Contours of the World Economy*, p.69.

② Kanefsky, "The Diffusion of Power Technology," p.338.

③ *Ninth Census of the United States* (June 1, 1870) (Washington D.C.: US Government Printing Office, 1872), vol. 3, 392. 这些数据也出现在以下文献中：Jeremy Atack et al., "The Regional Diffusion and Adoption of the Steam Engine in American Manufacturing," *The Journal of Economic* History 40, no. 2 (June 1980): 283. Allen H. Fenichel, "Growth and Diffusion of Power in Manufacturing, 1838–1919," in *Output, Employment, and Productivity in the United States after 1800*, ed. Dorothy S. Brady (New York: National Bureau of Economic Research, 1966), p.456。

1851年，在伦敦水晶宫举办了万国工业博览会，超过600万观众参与。举办博览会让人们对发明、工业和技术进步都有了新的认识。

1855—1863年，钢铁生产规模扩大。英国的亨利·贝塞麦（1855年）、德国的卡尔·威廉·西门子（1857年）和法国的皮埃尔·埃米尔·马丁（1863年）相继开发出成本低、产量高的炼钢技术。钢架结构的发明，使建设摩天大楼成为可能。

1860年，英国超越中国，成为世界上最大的制造国。很少有人意识到，西罗马帝国灭亡以来的1500年间，英国和欧洲大陆有85%的时间处于经济停滞状态。在过去的15个世纪里，有13个世纪，世界上占主导地位的经济和制造业强国都在亚洲。表2-3总结了经济史学家保罗·贝罗赫搜集的一些数据。在1860年之前，英国、美国和其他西方国家的制造业产量是低于中国和印度的。比如在1800年，中国占了全球制造业产量的33%，印度占20%，英国占4.3%，美国仅占0.8%。

安格斯·麦迪森列出的数据也为贝罗赫的制造业数据提供了支撑。麦迪森整理的GDP数值显示，1820年，亚洲GDP占全球59%，而美国仅占1.8%，英国为5.2%，德国为5.1%。[1]大多数西方历史和经济学教科书都忽略了中国和印度长期以来的经济主导地位。再举两个更直观的例子。早在11世纪，中国就可以用煤冶炼数十万吨铁，这一壮举欧洲直到600年后才实现。[2]1500年的世界十大城市中，有四个在中国（北京、南京、杭州和广州），两个在印度（高达城和毗奢耶那伽罗城），只有一个在欧洲（巴黎）。[3]世界经济和文明

---

[1] Angus Maddison, *The World Economy, Volume 2: Historical Statistics* (Paris: OECD, 2001), p.641. 也参见Maddison, *The World Economy, Volume 1*, pp.261, 127。

[2] Debeir, Deléage, and Hémery, *In the Servitude of Power*, 56. Debeir et al., cite Robert Hartwell, "Markets, Technology, and the Structure of Enterprise in the Development of the Eleventh-Century Chinese Iron and Steel Industry," *The Oxford Encyclopaedia of Economic History* 26, no. 1 (Mar. 1966).

[3] Paul Hohenberg, "Urbanization," in *The Oxford Encyclopaedia of Economic History*, ed. In chief Joel Mokyr (Oxford: Oxford University Press, 2003), vol. 5, p.179.

的重心，曾经在东方。

中国和印度是全球公认的超级大国，所以欧洲工业革命和西方的崛起才令人惊讶。工业革命彻底改变了人类社会，出现了一些划时代的转变：一是我们的燃料从有机物变成无机物（从木材到煤）；二是我们的建筑材料也发生了同样的变化（从木材到铁和混凝土等）；三是我们的动力从人力、畜力和水力变成了发动机；四是我们的生产方式从手工制作过渡到了机械化。另外还有一件事值得注意，曾经相对落后的国家突然崛起，不仅成为世界上最大的制造国和经济体，而且开创了全新的制造方式和经济系统。20世纪上半叶，欧洲和附属国家产生了大量过剩生产力，导致了两次世界大战。飞机满天飞，卡车和坦克在地面穿梭，1亿人口死于大战，而且摧毁了大量城市和工厂。战后，它们又从自己造成的废墟中崛起，恢复了爆炸式经济增长和工业生产模式。

1876—1890年，电力普及。贝尔发明了电话，爱迪生发明了白炽灯，许多大城市开始为部分地区供电。

表2-3　各国制造业在国民经济中所占比重（1750—2010）

| | 1750 | 1800 | 1830 | 1860 | 1900 | 1953 | 1973 | 2010 |
|---|---|---|---|---|---|---|---|---|
| 英国 | 1.9% | 4.3% | 9.5% | 19.9% | 18.5% | 8.4% | 4.9% | 2.1% |
| 德国 | 2.9% | 3.5% | 3.5% | 4.9% | 13.2% | 5.9% | 5.9% | 6.5% |
| 欧洲其他国家 | 13.4% | 14.7% | 15.6% | 21.4% | 21.5% | 11.8% | 13.7% | 13.8% |
| 俄罗斯 | 5.0% | 5.6% | 5.6% | 7.0% | 8.8% | 10.7% | 14.4% | >3.2% |
| 美国 | 0.1% | 0.8% | 2.4% | 7.2% | 23.6% | 44.7% | 33.0% | 17.9% |
| 日本 | 3.8% | 3.5% | 2.8% | 2.6% | 2.4% | 2.9% | 8.8% | 11.3% |
| 中国（包括港澳台） | 32.8% | 33.3% | 29.8% | 19.7% | 6.2% | 2.3% | 3.9% | 19.6% |
| 印度和巴基斯坦 | 24.5% | 19.7% | 17.6% | 8.6% | 1.7% | 1.7% | 2.1% | 2.8% |
| 其他国家 | 15.6% | 14.6% | 13.2% | 8.7% | 4.1% | 11.6% | 13.3% | 22.9% |

引自：Paul Bairoch and UNCTAD. 详细资料来源见附录2。

回顾1600年至1900年的历史，我们可以发现，工业革命经过好几个世纪才变成熟，带动了材料、机器、发动机和燃料等许多方面的变化。这场革命并不是迅速发生的，而是一种社会形态逐渐取代了另一种社会形态。

## 与工业革命相关的其他四大革命

工业革命经历了三个世纪，出现了一系列机器、技术和社会的变革。然而我们思考它的前兆和影响时，却很容易忽略工业革命本身。从前工业社会到E文明社会的变化过程中，有五项重大转型，我们应该特别注意：

1. 工业革命（出现了机器、工厂和机械化生产）；

2. 材料革命（铁、钢、玻璃和其他地下开采出来的无机材料取代了木材、皮革和羊毛等陆地材料和有机材料）；

3. 发动机革命（出现了让能量做功的机器）；

4. 能源革命（化石能源在很大程度上取代了当代太阳能；可快速生产的燃料取代了生长受限的有机能源；定点开采的燃料取代了广泛筹措的能源）；

5. 运输革命（能够长距离运输能量、资源、消费品和劳动力）。

"工业革命"一词内涵广泛，往往也包含其他四次革命，但将它们分别列出来，有助于我们更好地理解E文明和现代社会的优越生活。尽管本书仍然使用了"工业革命"一词，但我希望读者能意识到它所包含的多重变革——工业、能源、材料、发动机和运输领域的革命。

## 工业革命之后的西方世界

图2-8显示了能量消耗、发动机马力和制造业生产的一些数据，我们可以通过这张图来了解工业、材料、发动机、能源和运输革命的规模和发展速度。图中可以看出，工业革命后，煤炭能量投入增长迅速。

1700—1900年间，英国的煤产量增加了80倍。此外，人均可用煤数量增加了12倍，达到每人8000磅。[①]美国的增加幅度与英国相似，德国的数据也是这个趋势（图2-8和随后的数据中，我们用美国和英国来代表18世纪和19世纪的一些工业化国家，包括比利时、法国、德国以及欧洲和其他地方的国家）。此外，由于煤炭的使用效率也在这一时期大大提高，所以可用功率的增长超过了可用能量的增长。社会上不但有更多的煤，也有了更好的炉子和发动机，可以将每吨煤转化为更多的热量和功。

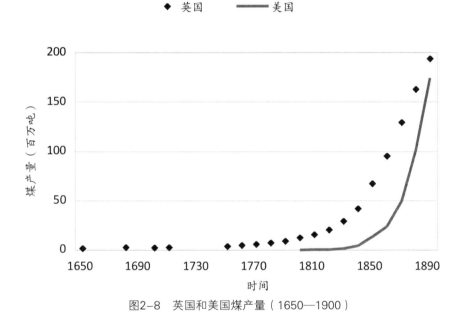

图2-8 英国和美国煤产量（1650—1900）

引自：Manfred Weissenbacher; John Nef; John Hatcher; Sidney Pollard; and B. R. Mitchell. 详细资料来源见附录2。

图2-9显示了英国和美国固定式蒸汽机总功率的增长情况，从19世纪初的几万马力，上升到20世纪末的1000万马力以上。随着蒸汽机数量和功率的

---

① William S. Humphrey and Joe Stanislaw, "Economic Growth and Energy Consumption in the UK, 1700–1975," *Energy Policy* 7, no. 1 (Mar. 1979): 30.

增加，它的成本也降低了。根据经济史学家尼古拉斯·克拉夫茨的研究，到1870年，英国蒸汽机的制造成本比一个世纪前便宜了一半。而且当时有了更好的组装技术、更高的效率和更低的煤炭成本，综合考虑下来，蒸汽机的年度运营成本下降到一个世纪前的四分之一。[①]

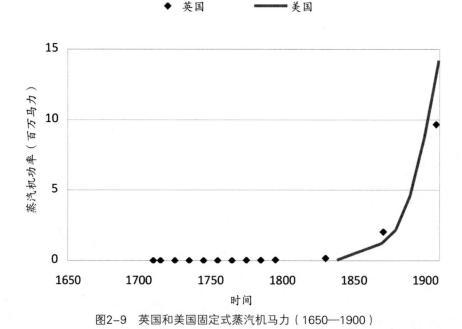

图2-9　英国和美国固定式蒸汽机马力（1650—1900）

引自：John Kanefsky and John Robey; John Kanefsky; Allen Fenichel; and Jeremy Atack et al. 详细资料来源见附录2。

钢铁产业在18世纪后期开始起飞。英国的钢铁产量在1788—1796年之间翻倍，并在接下来的十年中再次翻倍（图2-10）。美国和英国的钢铁总产量从1800年的不到100万吨，上升到了1900年的2300万吨。

---

① Nicholas Crafts, "Steam as a General Purpose Technology: A Growth Accounting Perspective," *The Economic Journal* 114 (Apr. 2004): 343.

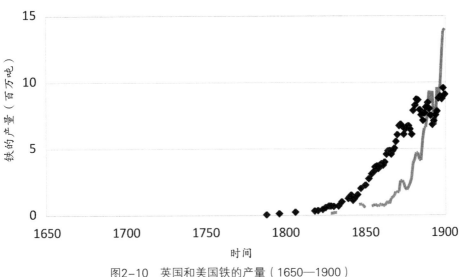

图2-10　英国和美国铁的产量（1650—1900）

引自：B. R. Mitchell. 详细资料来源见附录2。

图2-11显示了美国和英国的棉花消费量。我们可以通过棉花消费量，粗略地推测棉布产量。1861年，美国南北战争爆发，加上随之而来的供应短缺，于是美国和英国棉花消费量下降。1800年，英国的纺织工人人均纺织1.5千克（3.3磅）棉花。而在1900年，人均纺织量增加了12倍，达到19千克（42磅）。

机械化生产降低了产品的成本和价格。棉花生产机械化之前，大多数家庭买不起备用的衬衫和床单，因为它们是奢侈品。棉花变成衣服，需要经过很多道工序，如人工种植、除草、采摘、捆扎、装载、轧棉、梳理、纺纱、编织和缝制。在纺织厂安装了珍妮纺纱机、水力纺纱机、走锭精纺机和动力织布机之后，线和布的价格才开始下跌。于是，衬衫、床单和其他棉制品价格也随之下降，变成普通消费品。今天，我们用不到一小时的工资就可以买一件纯棉的T恤衫，衣服多到衣柜都装不下。由于生产力大幅提高和成本降低，我们再也不缺布料和服装了。

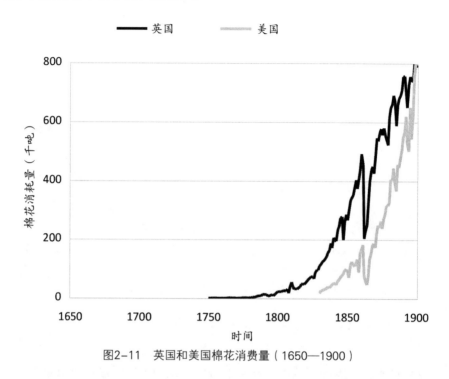

图2-11　英国和美国棉花消费量（1650—1900）

引自：B. R. Mitchell and *The Quarterly Journal of Economics*. 详细资料来源见附录2。

其实不只是棉花，在19世纪后期，很多产品的价格都降到一两个世纪前几分之一的水平。照明设备也是一个很好的例子。图2-12显示了相当于100瓦的白炽灯泡照明一小时所需的成本。按固定汇率计算，在1750—1900年，照明成本下降了98%以上。如果把这条曲线应用到当下，我们会发现经通货膨胀调整后，今天花1美元或1英镑可实现的人工照明，在1900年需要108美元，而回到1750年，照明费用竟然高达4600美元。20世纪下半叶之前，人工照明稀少、昏暗且昂贵。虽然蒸汽动力更引人注目，但发生在19世纪和20世纪的照明革命也非常重要。我们越来越有能力赶走黑暗，控制时间。

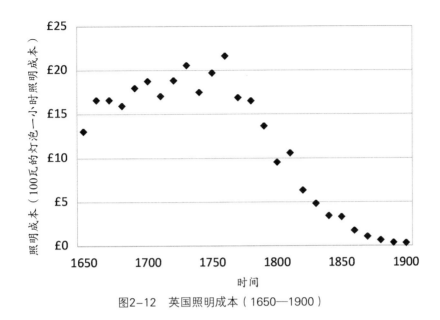

图2-12　英国照明成本（1650—1900）

引自：Roger Fouquet; William Nordhaus. 详细资料来源见附录2。

　　这一节用一系列图表为读者阐释了工业革命带来的爆炸性产量增长。一个棉花、铁、煤、电灯和蒸汽机马力增长了数百倍的世界，必然与之前的世界截然不同。随着工业革命的开展，一切都发生了变化——如何制造产品，使用哪些材料，动力和燃料来自哪里，以及在哪里制造。衬衫上用的线未必来自绵羊，也不再是纺纱工在乡村小屋中趁着拂晓的晨光用手指捻成。工业革命之后，缝纫线都是在大城市的工厂里，由燃烧煤或石油的钢铁机器生产的，原料来自棉花种植园或石油转化的纤维。有机世界——有机燃料和有机生产材料占主导——被煤、发动机、铁等无机物取代了。工业革命期间，人类切断了产品、制作方式与自然提供的材料、制作途径之间的联系。

　　在本节的图表中，我们可以通过上升曲线，看到E文明惊心动魄的开端。一个为数十亿人生产汽车、电视、手机、枪支和冰箱的全球生产系统，悍然出现在我们面前。人类进入了一个爆发式的新世界，它跟以前的世界是割裂的，二者截然不同。

# 第9节　交通运输的发展

E文明建立在五个相互联系的重大变革之上——工业革命、材料革命、发动机革命、能源革命和运输革命。前四个我们已经讲过了，这一小节谈一谈运输。在工业革命的光芒之下，运输革命并没有那么受关注，但它对社会发展的作用同样不可忽视。在18世纪发生运输革命之前，数千年来，产品、人员、能量和材料在很大程度上是固定在当地的，大多数物品只在方圆50千米（30英里）以内流通。虽然沿海运输、河流运输和海洋运输可以把货物运到更远的地方，但是很少有货物走水运。谷物、面粉、肉类、柴火、煤炭、木料、铁钉、工具、皮革和羊毛——一切粮食、能源和材料，主要都是当地产品。

18世纪中期开始，事情有了变化，运输革命带动了燃料、资源、产品和人员的流通。18世纪中期至19世纪中期，社会上出现了一系列发展和创新，使得煤炭流向了工厂的发动机，小麦流向了不断扩大的工业化城市，布料、家居用品和其他货物流向了无数个分散的家庭。运输革命极大地提高了材料、能源和市场的便捷性。工业革命的兴旺发达最终取决于能源革命，而能源革命的成功取决于运输革命——煤炭和后来其他化石燃料的流通与分配。只有运输燃料和产品的成本降下来，工业革命才能发挥其全部潜力。相对来说，运输革命发生的时间比较晚。

## 传统社会交通艰难

我们经常说，轮子是人类最伟大的发明。但在18世纪中期之前，在轮子出现之后将近5000年里，它其实并没有发挥很大的作用。绝大多数时候，手推车和货车只在小的社区、农场或庄园内使用。比如，把谷物运到当地的磨坊磨面，或者把田里的稻草、附近森林的木材等带回家。运输革命之前，中长途陆路运输主要依靠步行，靠人、马和骡子，或者在更有异国情调的地方，靠骆驼或大象。在欧洲人到来之前，美洲文明中并没有马，阿兹特克人和玛雅人靠人力来运输货物。在欧洲，人们用挽马来运输货物，人在劳动的时候则主要靠步行。[1]甚至连著名的罗马大道也是为步行而建的，为了让罗马军团可以在整个欧洲行进。罗马沦陷后的1300年间，欧洲几乎没有建设任何全天候的道路，罗马道路网也仅保留了一部分。[2]埃德温·普拉特在他关于英国交通史的书中，详细地描述了早期道路通行之艰难。他写道，中世纪许多内陆社区的贸易机会"仅限于拥有挽马的商人，因为哪怕是最简单的农用货车，也很难在当时的道路上通行"[3]。普拉特还补充道，秋季的雨水和冬季的雪常常阻断交通，让挽马无法工作。

由于种种不便，在运输革命之前，靠轮子来运送货物并不常见。

第一个原因是，一直到中世纪后期还在使用原始马具，这种马具会将马车的重量施加到马的胸部和颈部，马在用力时（比如上坡或穿过泥泞的道路）会窒息，这大大限制了马车的承载力。在欧洲广泛使用现代马具（12世纪）之前，4匹马只能拉动600—700千克的货物（装在一辆重300多千克的马

[1] J. L. Hammond and Barbara Hammond, *The Rise of Modern Industry*, 9th ed. (London: Methuen, 1966, 1st ed. Published 1925), p.70.

[2] J. H. Parry, "Transport and Trade Routes," in *The Cambridge Economic History of Europe*, vol. IV, ed. E. E. Rich and C. H. Wilson (Cambridge: Cambridge University Press, 1967), p.217.

[3] Edwin Pratt, *A History of Inland Transport and Communication in England* (New York: Dutton, 1912), pp.15, 17. 也参见Parry, "Transport and Trade Routes"。

车上）。①随着从中国引进的改良版马项圈的普及，马车的有效载荷增加了5倍，但在陆地上用轮子运输仍有其他限制。②

土路是限制运输发展的第二个原因。下雨时，路上经常会积水，车轮在地上压出很深的车辙，导致马车被困。而且很多道路会变得泥泞不堪，无法通行。为了保护道路，政府选择限制轮式交通。历史学家菲利普·巴格韦尔在《运输革命，1770—1985》（*The Transport Evolution, 1770—1985*）中写道："因为英国土路路面松软，所以议会要限制马车通行，免得它们把路面压坏，变成泥潭。"③英国对拉货的马车有严格的规定，国王会限制载荷重量和拉车的马匹数量（间接地限制载荷），并强制要求用更宽的车轮（可以减少车辙，但这样拉车更费劲，间接地限制了载荷）。在许多地方，所谓的道路只不过是一条穿过田野和沼泽的小道，马车车夫沿着小道行驶，直到它变得泥泞不堪，无法行走。然后人们只好在松软的地面上开辟一条新路，当它变得和之前的路一样粗糙时，这条路也会被废弃。

马车速度缓慢是限制轮式运输发展的第三个原因。18世纪初期，一些运送乘客和货物的公共马车在英国为数不多的马路上奔驰时，其时速甚至不到3.2千米（从出发到到达的旅行时间，包括休息时间）。④

---

① Robert Fossier, "The Leap Forward," in *The Cambridge Illustrated History of the Middle Ages*, ed. Robert Fossier, trans. Stuart Airlie and Robyn Marsack (Cambridge: Cambridge University Press, 1997), vol. 2, pp.306–307; Marcel Mazoyer and Laurence Roudart, *A History of World Agriculture: From the Neolithic Age to the Current Crisis*, trans. by James H. Membrez (New York: Monthly Review Press, 2006), pp.264, 267, 268.

② Fossier, "The Leap Forward," pp.306–307; Vaclav Smil, *Energies: An Illustrated Guide to the Biosphere and Civilization* (Cambridge, MA: MIT Press, 1999), p.116.

③ Philip Bagwell, *The Transport Evolution, 1770–1985* (London: Routledge, 1988), pp.25–26.

④ Dan Bogart, The Transport Revolution in Industrializing Britain: A Survey, working paper, Dept. of Economics, University of California (UC Irvine, 2012), p.14. Bogart引用了多个数据。

第四个原因是高昂的成本。公共马车的收费要比后来的蒸汽火车贵许多。对于货运，即便是短距离运输，成本也可能超过货物的原始价值。

载重少、路况差、速度慢、运费高，了解了上面列出的这些原因，我们就知道为何轮式运输在18世纪中期之前发展缓慢了。而且马车运输还受季节的限制。在大多数地方，粮食、煤炭、矿石和木材等货物的经济合理运输距离是10—20英里，马拉着货物去20英里外的地方，往返一次，正好两到三天时间。[①]历史学家托尼·里格利写道："在英国，若用陆路运煤，在距离煤矿不到10英里的地方，价格就能翻一番。这意味着在运河和铁路开通之前，英国大部分地区无法以合理的价格获得煤炭。"[②]在谈到美国和其他国家时，另一位历史学家詹姆斯·贝利奇告诉我们："直到19世纪20年代，人类还无法将木材、小麦等数量大、价值低的货物运到20英里以外并获利。即使是羊毛、棉花等中等批量商品的运输范围，也仅限于水路周围50英里。"[③]

我们再举两个早期陆路交通艰难的例子，然后你就会意识到，今天的交通和旅行是多么便利。在1704年出版的《安妮女王年鉴》（*The Annals of Queen Anne*）中，一位皇室仆人记录了1702年丹麦乔治王子旅行的故事。乔治的旅程是从英格兰的温莎到佩特沃斯，全长64千米。

殿下指示马夫，在周一早上6点钟做好前往佩特沃斯的准备。时间到了，我们点着火炬照明，乘马车出发了。上车后，我们直到旅程的尽头才下车（除了车子翻倒或被困在泥潭时），那天王子在马车里待了14

---

① H. C. Prince, "England Circa 1800," in *A New Historical Geography of England after 1600*, ed. H. C. Darby (Cambridge: Cambridge University Press, 1976), pp.153–154.

② E. A. Wrigley, *Energy and the English Industrial Revolution* (Cambridge: Cambridge University Press, 2010), p.44.

③ James Belich, *Replenishing the Earth*: *The Settler Revolution and the Rise of Anglo-World, 1783–1939* (Oxford: Oxford University Press, 2009), p.111. 也见Parry文第178页。

个小时，没吃任何东西。这是我一生中见过的最艰苦的旅行。我们在路上只翻倒了一次，但是在戈达尔明到佩特沃斯的那段路上，如果没有萨塞克斯的农夫们用肩膀顶住车门，我们的领队马车和殿下的马车可能会失去平衡。好像越靠近公爵的房子，路越难走。我们花了6个小时，才征服了最后9英里的路程。①

历史学家威廉·克罗农举了一个美国的例子。1847年10月，为了能把小麦卖出一个好价钱，农民莱斯特·哈丁拉了四批小麦，从伊利诺伊州波波镇附近的农场前往芝加哥。每一批麦子都是40蒲式耳（刚好超过一吨），每次往返需要五天时间。波波镇距芝加哥76英里（122千米）。在20天的行程中，哈丁的马队运送了160蒲式耳麦子。②而现代高速公路上奔驰的卡车，20天可以运送几百吨谷物。这都得益于运输革命。尽管按照今天的标准，哈丁的运输队效率极低，但是他能生活在19世纪50年代也是很幸运的。因为在那之前，像他这样雄心勃勃地去外地卖货，根本是不可能的。

与今天相比，当时的远洋航运力也极为有限。根据历史学家扬·德·弗里斯计算，18世纪后期的洲际贸易量每年仅为30万吨。③今天，每隔15分钟，就有同样重量的货物装上船。④德弗里斯写道："即使在18世纪的巅峰时期，每年从亚洲发到欧洲的货物总量也没什么了不起——只有5万吨——相当于一

---

① "An Account of the King of Spain's Reception at Petworth⋯." in *The History of the Reign of Queen Anne, Digested into Annals, Year the Second* (London: F. Coggan, 1704), appx., pp.11–12.

② William Cronon, *Nature's Metropolis: Chicago and the Great West* (New York and London: W. W. Norton, 1991), pp.59–60.

③ Jan de Vries, "Understanding Eurasian Trade in the Era of the Trading Companies," *Goods from the East, 1600–1800: Trading Eurasia*, ed. Maxine Berg (New York: Palgrave Macmillan, 2015), p.19.

④ 世界海运贸易在2016年超过100亿吨。UN Conference on Trade and Development, *Review of Maritime Transport 2017* (Geneva: UNCTAD, 2017), pp.1–2.

艘现代大型集装箱船的承载能力。"①从美洲到欧洲的运输量大一些，但每年也只有20万—25万吨。

## 运输革命的开端

运输革命大约在250年前开始。18世纪中期，英格兰开始建设和改善"收费公路"网络；19世纪初期，工程师托马斯·特尔福德、约翰·马卡丹等人开发了硬质路面。英国还在18世纪中期开始修建运河，几十年后，美国、加拿大、德国、法国和其他国家也开始了雄心勃勃的运河建设。运河将高效的水运带入了内陆地区（沿着河岸行走的马拉着运河上的船）。通过这一系列措施，人们逐渐缓解了内陆运输问题。这个问题真正解决是在1825年之后，出现了速度快、价格低、数量多的工业运输设备。铁路不像驽马拉动的运河船只和货车，它不仅征服了距离，也征服了时间。铁路机车靠化石燃料来驱动，它突破了人力和畜力的局限。机车是第一批具有足够动力和容量的运输机器，它能够大批量、长距离地运输，这是创建E文明的重要条件。

最早的铁路是用来运煤的，通常连接煤矿与河流、运河或海岸。1825年，第一条行驶商业客运蒸汽机车的铁路在英国斯托克顿和达灵顿之间开始运营。1850年，英国、法国、奥地利、德国、美国、俄国和其他国家铺设的铁路长度已可以环绕地球一圈；1870年，全世界的铁路长度可以环绕地球5圈；1900年，可环绕地球15圈。在加拿大，从1880年到1918年，政府和私营公司建造的铁路长达7万千米（4.3万英里）——加拿大东海岸到西海岸距离的12倍。②1900年，英国的铁路货运量超过300亿吨——大约相当于英国的每个

---

① Jan de Vries, "Understanding Eurasian Trade," p.20.

② M. C. Urquhart and K. A. H. Buckley, *Historical Statistics of Canada*, ed. (Toronto and Cambridge: Macmillan and the Cambridge University Press, 1965), pp.528, 532.

家庭都将30吨货物运送了100千米。①美国的家庭货运量比英国还要高。英美两个国家的运输水平比两个世纪前高了几十倍。人员、产品、能源和材料都被调动起来了。图2-13显示了铁路线路的快速增长。

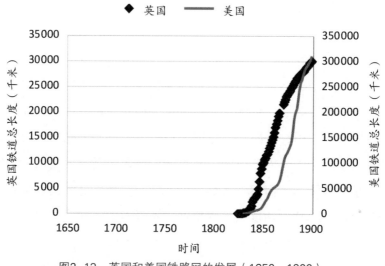

图2-13　英国和美国铁路网的发展（1650—1900）

引自：B. R. Mitchell. 详细资料来源见附录2。

图2-14显示了1700年到1900年——大致是运输革命时期——英国陆路货运价格的变化。我们得知，有了火车之后，运输成本得以大幅度降低。1760年之后，运费下降，因为18世纪后期建了一些收费公路，然后就是19世纪修建铁路带来的影响。在修建公路之前，主要靠货车和公共马车来运输，一吨货物运一千米的成本大概是200到350便士（经通货膨胀调整，按2000年的货币价值计算）。到1900年，铁路运输的成本大幅度下降，一吨货物运一千米，价格降到50便士以下。而且，这时候的运输条件更快、更安全，也更易于控制。有些分析师估计，当时运输的利润甚至比想象得还要大。据经济史学家丹·鲍嘉计算，1865年的铁路收费仅为18世纪初期货车收费的1/20，而货

① 作者根据B. R. Mitchell的数据推断。B. R. Mitchell, *European Historical Statistics* (London: Macmillan, 1975), pp.589–598.

物的运送速度却快了11倍。[①]

图2-14　英国陆路运输成本（1700—1900）

引自：Roger Fouquet, *Heat, Light, and Power: Revolutions in Energy Services*. 详细资料来源见附录2。

　　铁路运输逐渐形成了一个良性循环。还记得第一台固定式蒸汽机吗？它是用来抽取煤矿中积水的，这样矿工就能够挖得更深，从而开采出更多的煤炭。固定式发动机以煤炭为动力，同时它也是一件采煤机器，其效率比人工采煤要高得多。火车以煤炭为动力，也是运输煤炭的工具。人类开发出了蒸汽机车和铁路，能够将煤炭资源转化为交通运输能力，而铁路运输的第一种大规模物资就是煤炭。有了燃煤的火车来运输煤炭，它的运输成本降下来，价格才变得合理，于是能广泛使用。

　　我们通常认为工业和运输是分开的，但生产和运输是不可分割的。任何快速工业化的经济体，其原材料供应和市场销售都受到交通运输条件的限制。铁路是生产力和社会经济的重要增长点。在许多地区，火车蒸汽机的总

———————

　　[①] Bogart, *The Transport Revolution*, p.16.

马力比工厂设备的总马力还要多。以美国为例，1860年美国工厂发动机的总功率为170万马力，而铁路机车的总功率为220万马力；到了1900年，二者的差距变得更大，工厂发动机的总功率为1000万马力，而火车发动机的总功率接近2500万马力。[1]经济史学家尼古拉斯·克拉夫茨在分析英国的经济发展时，发现1830—1870年，在提高生产力方面，铁路机车上的蒸汽机比工厂设备中的蒸汽机贡献更大。[2]我们谈到现代世界的形成时，通常会想到工业革命——工厂和机器。但运输革命也显著提高了整体经济状况，促进了经济增长，并且推动了人类社会的发展。物质资料变得丰富，生活水平能够提高，很大程度上得益于制造业的发展和运输能力的发展。

关于运输革命对经济增长的贡献，还可以补充一点。交通工具和公路铁路的发展，把分散的城市和村镇等连接在了一起——它创建了交通网络。城市与城市、铁矿和煤矿、遥远的麦地和牧场、市场、港口以及远方的国家，所有这一切都用线路网连起来了，以前的独立节点变成了网络的一部分。交通网络的出现进一步推动了经济和社会的发展。历史学家和地理学家乔恩·斯托巴特在讲述18世纪英国收费公路的建设时指出："连通性最高的城镇的发展速度，比最差的城镇快两倍多。"[3]

## 铁路缩短了时间

铁路不仅促进了经济发展和社会进步，还缩短了时间。19世纪出现了铁路，以前要好几个星期才能到的地方，现在几天就可以到；以前几天能到的地方，现在可能几小时就到了。

---

① J. Frederic Dewhurst et al., *America's Needs and Resources: A New Survey* (New York: Twentieth Century fund, 1955), p.1117.

② Nicholas Crafts, "Steam as a General Purpose Technology: A Growth Accounting Perspective," *Economic Journal* 114 (Apr. 2004): 20, 21.

③ Jon Stobart, *The First Industrial Region: North-West England, c. 1700–60* (Manchester: Manchester University Press, 2004), p.203.

1800年，从纽约去芝加哥，乘马车或骑马需要6周；1930年，乘火车一天就可抵达。英国也有类似的变化。1820年还没有铁路，从伦敦北部到苏格兰边境，走陆路需要60小时或更长的时间；1910年，火车和铁路已将这段旅程缩短为6个小时。散文家和历史学家托尼·朱特用充满惊叹的笔触为我们解释了铁路是如何缩短时间的：

> 没有任何其他的交通方式、技术创新或产业革新，比铁路的发明和推广带来的变化更大……请想一想铁路之前的世界，人对距离的概念。两千年来，从巴黎到罗马的旅途，所用时间和旅行方式几乎没有变化。想象一下那个以不超过10英里/小时的速度运送大量食物、货物和人员的时代，当时的经济活动和人类生活受到了多么大的限制……火车——更确切地说，是铁路——代表了人类对空间的征服……而对空间的征服不可避免地改变了时间。[①]

两个相距一二百千米的城市，若没有河流或海岸线连通，在铁路出现之前，这两个城市之间有着巨大的时空屏障。它们中间有种种障碍——森林、河流、沼泽、土匪、食宿问题、风暴、野生动物、瘸腿的马、断轴的车、没有路标的道路，以及漫长的距离——通常必须一千米又一千米、一小时又一小时地来征服这段旅程。后来，铁路贯穿了被时空隔开的山脉，城市之间的距离变得不再遥远。我们承认工业制造业和工业化农业的存在，也应该承认工业运输和工业旅行的存在（大多数人都是坐在车里的，所以意识不到）。运输把化石燃料、发动机和其他零部件、钢铁、大规模生产、标准化和调度、功率和速度、线路和线性流动等工业技术有机结合起来，于是铁路

---

① Tony Judt, "The Glory of the Rails," *New York Review of Books*, Dec. 23, 2010.

打破了布罗代尔所说的"距离的压制"。①换言之，在铁路面前，距离不再是问题。文化史学家沃尔夫冈·希弗尔布施在研究铁路时空效应的奠基性著作中告诉我们，铁路扩展并破坏了空间，铁路"开辟了以前无法接近的新空间"，但它也"破坏了节点之间的空间"。②希弗尔布施写道，旅行空间的破坏，使得以前分开的地方发生了"碰撞"。速度是理解这些效果的关键。1800年，从洛杉矶到纽约需要几周的时间；今天，由于速度提高，乘火车只需几天，而乘喷气式飞机只需几个小时。时间和距离都去哪里了？是速度，吞噬了旅行时间。19世纪中期的铁路旅行代表了速度对时间的影响，而且这一类速度—时间上的影响已经成为E文明的标志。在我们逐渐加速的社会中，时间变得越来越扭曲。人类与时间的传统关系来源于人类与自然的互动，而运输革命后，这个关系已经被人类与强大而快速的机器和发动机的互动引起的新的关系所取代。

铁路不但改变了人与时间的关系，也切断了人类旅行与景观、气候和生物之间的联系。乘马车和徒步的人会受到黑夜、雨雪和山谷、险峰、河流、沙漠、沼泽等变幻莫测的地形和天气的阻碍。但是现代人坐在舒适的火车车厢里，可以在各种天气和地形中旅行——一旦建造了铁道、桥梁和隧道——人类几乎可以穿越所有地形，而且这些交通工具的速度也是生物奔跑速度无法比拟的。铁路和火车也像E文明那样，切断了我们与自然模式和自然循环的联系。

火车改变了人类的出行体验。我们无法再生动地感受山川河流——旅途中，车子不再颠簸，山川不再起伏，河流不再水汽氤氲，山高水长似乎成了遥远的记忆。我们不再感受到风力、温度或湿度（灰尘或露水）的变化。

---

① Fernand Braudel, "The Structure of Everyday Life: The Limits of the Possible," vol. 1 of *Civilization and Capitalism 15th–18th Century*, trans. Siân Reynolds (New York: Harper and Row, 1979), p.429.

② Wolfgang Schivelbusch, *The Railway Journey: Industrialization of Time and Space in the 19th Century* (Berkeley: University of California Press, 1986), pp.37–38.

我们无法再抚摸、倾听以及轻嗅大自然。我们不再因为看到自然的广博而感觉自己渺小，旅行似乎在原地站着不动。但是，事实恰好相反，现在的我们可以在舒适的车厢里，将无限风景尽收眼底。历史学家威廉·克罗农写道："火车乘客与旅途中自然风光的互动越来越少了。他们无须再骑马或徒步旅行，他们是享受世界在眼前流过的观众。"[1] 火车乘客变成了旅行的消费者，而不是生产者或合作生产者。我们变得像货物一样被动。火车、飞机、汽车和轮船都是工业机器，某种意义上说，快速、大量生产的交通和旅游就是它们的产品。我们现在的工业旅行量大得惊人——每年有数亿人次。

## 运输周转量

从19世纪到现在，旅行和运输的体量一直呈爆炸式增长。这里我们要引入货运周转量的概念。简单来说，货运周转量就是货物重量和平均运输距离的乘积。借助海陆空各种交通工具，现代人每年上班、探亲、旅行等各种形式的出行周转量超过50万亿人次千米（31万亿人次英里）。[2] 50万亿千米大约是从太阳系到最近的恒星半人马座 α 星（比邻星）的距离。到21世纪中叶，不算产品和商品的运输，预计人类旅行量将达到每年100万亿人次千米（约11光年）。[3] "真是个天文数字！"一位机智的朋友打趣道。以上数字适用

① William Cronon, *Nature's Metropolis: Chicago and the Great West* (New York and London: W. W. Norton, 1991), p.78.

② Eoin O Broin and Celine Guivarch, "Transport Infrastructure Costs in Low-Carbon Pathways," *Transportation Research Part D: Transport and Environment* 55 (Aug. 1, 2017): 389–403. 也参见 Andreas Schafer, "Long-Term Trends in Global Passenger Mobility," *The Bridge* 36, no. 4 (Winter 2006): 26; World Business Council for Sustainable Development, and The Sustainable Mobility Project, *Mobility 2030: Meeting the Challenges to Sustainability*, full report (Geneva: WBCSD, 2004), pp.30–31。

③ Schafer, "Long-Term Trends," 26. Cf. World Business Council for Sustainable Development, and The Sustainable Mobility Project, *Mobility 2030: Meeting the Challenges to Sustainability*, full report (Geneva: WBCSD, 2004), pp.30–31.

于乘客旅行和旅游业的人员流动——包括汽车、飞机、轮船、火车和其他交通方式。全球货物和商品的运输量也同样惊人：2017年货运周转量约为120万亿吨千米（82万亿吨英里）。[1]上文提到，人类每年开采并使用大约900亿吨材料，若每吨材料的运输距离为1300千米，就可以轻易达到120万亿吨千米的周转量。这些天文数字揭示了E文明这个"线性输送机"无与伦比的功率和容量。

## 铁路和社会进步

运输革命是一场实实在在的变革，不过运输工具（尤其是火车）的普及也有巨大的象征意义。对大多数人来说，蒸汽火车和轮船是新能源应用、工业体制以及社会进步最明显的标志。历史学家詹姆斯·贝利奇写道："四万吨重的轮船和巨大的、喷火的机车都是非常新颖和先进的机器，是社会进步的象征。"[2]托尼·朱特写道："铁路比其他任何技术或社会机构都更具现代性。"[3]威廉·克罗农认为铁路具有神奇的力量，可以影响人们的思维，并创造强大的变革性体验：

> 铁道所到之处，当地的社区和自然风景都发生了翻天覆地的变化……铁路超越了自然，它汲取了高于人类影响和知识的超自然力量……机车本来是一个无生命的机器，但它突然活跃起来了，成了新时代的先锋代表。[4]

---

[1] Organization for Economic Co-operation and Development, and International Transport Forum, *ITF Transport Outlook 2017* (Paris: OECD, 2017), p.56.

[2] Belich, Replenishing the Earth, p.108.

[3] Judt, "The Glory of the Rails," p.60.

[4] Cronon, *Nature's Metropolis*, pp.72–73.

克罗农接下来引用了艾萨克·盖耶编写的19世纪芝加哥史："铁路……是神奇的，它们创造了奇迹。它们是……文明的先驱与先锋。" 20世纪后期的一位评论家写道："在19世纪，没有任何事物比铁路更生动更典型地代表现代性。科学家、政治家和资本家一起将机车捧起，变成进步的引擎。"[①]铁路不仅帮助我们改造了世界，它也重塑了我们的世界观。

铁路和火车的象征意义是复杂的，包含多个方面，有正面的，也有敬畏、恐惧、迷茫等令人不安的情绪。迈克尔·弗里曼在《铁路和维多利亚时代的想象》（*Railways and the Victorian Imagination*）一书中详细探讨了铁路引发的种种希望和恐惧。[②]即使不考虑铁路对人类心理造成的多种影响，我们仍然可以像朱特、克罗农、贝利奇、盖耶等人一样，指出铁路为社会带来的变化、进步、现代性和潜力等象征意义。其实，人类对铁路的复杂心绪——希望和恐惧的混合——是一种对变化和进步本身的细腻理解。铁路象征着进步——包括进步的所有光明前景和潜在威胁。

运输革命扩大了人类对自然的影响，扩大了人类改造自然的范围——让我们能够牢牢地掌握世界各地的资源，我们也能够将工业产品运送到遥远的热带雨林或异国的内陆地区。运输革命期间，英国、法国、德国、加拿大、美国和其他几个国家建立了对创建线性E文明至关重要的运输网络。通过运输革命，人类解决了省时省力地长距离、大批量运送材料、能源、产品和人员的问题。

---

① Alan Trachtenberg, preface to *The Railway Journey: Industrialization of Time and Space in the 19th Century*, by Wolfgang Schivelbusch (Berkeley: University of California Press, 1986), p.xiii.

② Michael Freeman, *Railways and the Victorian Imagination* (New Haven, CT and London: Yale University Press, 1999).

# 第三章

# 社会复杂化、时间与文明系统的反馈环

## 第1节　人类社会的复杂化和简单化

生态系统中复杂的食物网是自然结构的基础，但是后来人类用管理严格的单一文化或寡头文化取代了各种自然网络。我们称这样的转变过程为农业化、都市化或社会发展。同时，人类也构建了新的网络，包括通信系统、生产和营销网络、国际文化交流、学术合作等。我们还为各类网络取了名字，比如互联网、系统、公司、组织、北约、联合国、全球粮食系统和全球经济等。

复杂性——网络或相关事物的集成——是思考网络的一种方式，与之对应的还有复杂化。为了研究复杂性，我们需要讨论节点类型的多样性，讨论节点之间有多少连接，以及节点本身是否含有子网络——网络的递归网络。我们无法量化复杂性或给它一个详细的定义，但是可以肯定，构成生物多样性的雨林或珊瑚礁网络是复杂的，相比之下，种植单一作物的农田网络是简单的；21世纪的全球贸易网络是复杂的，而10世纪的乡村贸易网络不是很复杂。我们可以举个例子来说明当前的全球贸易和零售系统的复杂性，2017年底，亚马逊公司在网上售出了超过5.7亿种不同的产品。[①]这些产品大部分来自海外，由分散在全球的供应链提供，最后销往100多个国家和地区的数亿个家庭。

人类简化生态系统网络，主要是为了使收益最大化。这是一个看似矛盾，但非常有道理的现象——文明在向复杂化发展，同时也在简单化。事实上，只有拥有大量能量盈余的复杂文明才有能力彻底简化生态系统，比如推平热带雨林，种1亿英亩大豆，或者为了生存空间驱逐本土大型动物。生态系统的简化与文明的复杂化是相互关联的。我们让食品生产环境简单化，但这并不意味着食物系统比以往更简单。情况刚好相反，农田生态系统的简单化是以其他领域前所未有的复杂化为代价的。例如，生产除草剂的农化公司就是我们简化农田的一支助力。拜耳—孟山都之类的公司是复杂的实体，它的办公大楼和研究园区挤满了化学家、专利律师、人力资源经理、工艺工程师、公共关系顾问、游说团队、清洁工、遗传学家等多类专业人员。许多工作人员受过大学或技术学校的教育，高等教育学府本身也是非常复杂的实体。还有数百万名股东持农化公司的股票和债券，在全球金融系统内做交易，每天有数万亿电子货币在流动。农用化学品主要来自化石燃料，而化石燃料来自复杂的全球基础设施、技术和金融网络。上述一切都是为了除草和简化农田——用极其复杂的运作替代了锄头。

一般来说，随着人类社会复杂化程度的加深，我们也减少了自然系统的多样性和复杂性。生态系统的简单化——栖息地减少、食物链断裂和物种灭绝——并不只是一种意料不到的后果或附带的损害。工厂可以试图变得更加环保，实施可持续发展计划，但是相关问题不会因此得到彻底解决。实际上，自然系统的简单化支撑并推动了人类社会的复杂化。亚马逊公司在扩张，而亚马孙雨林在缩小——这并非巧合。我们简化了田地、森林、海洋和

---

① "How Many Products Does Amazon Sell? – November 2017," 参见Scrapehero (https://www.scrapehero.com/how-many-products-does-amazon-sell-november-2017/).

河流系统，以便为城市、商店、公司和家庭提供食物和燃料，并让这些系统更加复杂。我们破坏了大自然用来获取食物、能源、材料和空间的网络，来建造我们自己的网络。

我们简化了自然系统，以便完成人类社会的复杂化。但出于同样的原因，我们也简化了社会中的某些部分。我们为了获得更有效的生产力，让一部分系统复杂化，同时也简化了社会、职场和经济。人类学家约瑟夫·泰恩特指出，人类社会的复杂化和简单化是相辅相成的。在2009年的一次演讲中，泰恩特解释道："社会结构和组织'复杂化增加'简化并引导了人类行为。"[1] 例如，福特汽车公司复杂的等级结构使其能够简化流水线工人的工作，并能很好地管理这些员工。

我们再用两把木头椅子举一个例子。一把椅子是由工匠制作的，另一把由家具厂的工人组装。制作椅子的工匠需要有广泛的知识和精巧的技能。他必须懂得辨别木材，要先选出一块优质的木料。然后他必须懂得如何切割、打磨和组装椅子的各个零件，以及如何上漆。作坊的设置很简单，只需要一个工匠和一些手工工具，但作坊的任务很复杂。我们当中很少有人能单独制作一把椅子。实际上，很多人连做椅子的准备工作都做不好，比如把凿子和刨刀磨得锋利。但是大多数人都可以在生产椅子的工厂上班。那里的任务比较单一，没有开放式问题，对技术和灵活性的要求也更低。在家具厂，流水线工人和管理人员只需要知道怎样操作一台机器或重复完成一项任务就可以了，包括将木头排成一行，或将木板送入机器。工厂和机器很复杂，公司的结构更复杂，但工人的任务却很简单。从手工生产系统转向工业化生产系统时，工人的任务被简化了，而职场变得更加复杂。复杂化和简单化是相辅相成、互相交融的。

随着生产流程的分解和细化——具体表现为亚当·斯密推崇、亨利·福

---

[1] Joseph A. Tainter, "Biophysical Economics: Collapse and Sustainability,"2009年10月16日在美国雪城大学第二届生物物理经济学年会上的演讲。(http://bergenokologiskelandsby. no/Members/Kjetil/Download%20Tainter.pdf).

特完善的社会生产分工——工人的任务变得简单多了，但专业工作的种类增加了。我们的社会表现出更明显的专业化和差异化，网格中出现了更多不同类型的节点。其实，人们通常把社会角色的分化和多元化作为文明的一大特征。教科书里关于文明的定义，经常包括"职业专业化"这样的字眼。文明的发展催生并且改变了很多社会角色。狩猎采集社会中，部落的专业任务非常少，也没有明显的分工，部落成员几乎什么都做，每个人的任务都差不多。狩猎采集者的生活很简单，但每个人的技能范围都很广泛，且具有很大难度。相比之下，我们复杂的现代社会有数以万计的专业角色。美国人口普查显示，全国有3.1万种职业，包括鲍鱼渔民、水手、变态心理学家、涂层机操作员、拉链修理员、区域管理员、动物园饲养员、动物学家等。①职业专业化是社会复杂化的派生物，也是它的先导。复杂化意味着将大量不同的部件整合成一个大的有机体，把大量专业角色（节点）整合到同一个复杂的文明（网络）中。

在思考简单化和复杂化问题时，控制是一个关键的概念。家具厂的工人受到流水线、机器和管理人员的控制，其工作环境比独立的椅子工匠要严格得多。现代化农田中，除草剂是控制杂草的手段，而非杂草杀手。现代农业中，人们越来越多地控制食物的生物过程，包括土地肥力、供水、除草、病虫害防治，以及优良品种的选育。同样地，现代企业也密切监控产品和服务的生产过程，于是，对员工的控制力度也越来越大。田地、办公室或流水线的简化，都是建立在其他领域强大而复杂的控制系统基础之上。

社会复杂化，需要控制人类的行为，这一点是没有争议的。为了维持社会秩序，我们接受了规则和等级制度。《科学》和《自然》杂志的前编辑、《纽约时报》记者尼古拉斯·韦德指出："如果没有专业化角色和等

---

① "Census 2010 Occupation Index," US Census Bureau (https://www2.census.gov/programs-surveys/demo/guidance/industry-occupation/2010-occupation-index-08132013.xls).

级制度，人类社会就无法完成一定程度的复杂化。"[1] 因为复杂的人类社会各部分之间有大量需要协作的地方，任何团体都必须用各种方法同步、指导和约束参与者——包括日历、时间表、打卡钟、截止日期、流水线、等级制度、组织架构、企业行为准则、绩效考核、通信系统，等等。专业化需要整合。事实上，专业化和整合是复杂化的两个主要部分——专业化划分了网络节点，整合则用来连接和协调节点。家具厂先是划分工人的角色和任务，然后用控制体系整合工人的任务。工人的任务变得简单，而其他方面变得复杂（工厂、机器和公司）。复杂化和简单化体现在社会的各个层面中，两者都是文明的核心过程，都连接控制和权力的系统。请记好这一点，因为我们接下来要研究能量和复杂化之间的关系，以及E文明的命运。

---

[1] Nicholas Wade, *Before the Dawn: Recovering the Lost History of our Ancestors* (London: Penguin, 2006), p.69.

## 第2节 复杂化与社会崩溃

在《复杂社会的崩溃》（*The Collapse of Complex Societies*）一书中，约瑟夫·泰恩特创建了文明崩溃的普遍解释，可以用来解释大多数事件。泰恩特非常注重复杂化。他对于崩溃的定义是：迅速、显著、持久地丧失已有的复杂体系，取而代之的是更简单的社会结构和生活方式。[①]这样的替代过程在人类历史中很常见，比如一个原本实行中央集权制的帝国崩溃并分裂成许多互相敌对的地方政权。它还有很多更具体的表现，辉煌巨著散佚、人民的识字率下降、长途通信基本停止、社会秩序瓦解，以及建筑变得实用——建小房子，而不建宏大的庙宇。泰恩特的书大部分都专注于崩溃案例的研究，特别是西罗马帝国、玛雅文明和北美查科文化的崩溃。

泰恩特对崩溃的解释有以下几个要点：

1. 社会是解决问题的实体。

2. 解决问题要产生一些复杂的系统，比如新的组织架构、社会秩序，报告和信息处理量增加，需要更多的监管者、经理、文员、会计师和顾问，更多的道路、机器、管道和线路。

3. 人类社会与自然系统一样需要能量，而社会复杂化加深持续需要更多的能量。

4. 因解决问题而出现的复杂化呈现边际收益递减状态。

5. 复杂化深入到能量供应无法支持的程度。在这种状态下，原本可以承受的冲击可能会导致社会崩溃。[②]西罗马帝国就是因为无法获得足够的金银、

①  Joseph Tainter, *Francisco Chronicle* (Cambridge: Cambridge University Press, 1988, 2008), pp.2, 4.

②  Tainter, *The Collapse of Complex Societies*, pp.93, 194.

粮食和其他资源，无法支持其庞大的军队和有效管理广阔的国土，最终败于实力平平的野蛮人之手。

泰恩特告诫我们，许多社会问题正是在解决问题的过程中产生的。人类本身和我们的家园会遇到各种麻烦，如外部敌人、环境破坏、资源枯竭、传染病、社会犯罪等。针对这些问题，我们制定了各种各样的解决方案，如设立常备军、环境保护机构、跨国能源和矿业公司、医疗保健公司和警察机关等。我们创建了更庞大的官僚体制、更复杂的金融服务和产品，以及更大体量的数据网络。在民主国家，选举期往往会揭露社会问题，国民的注意力转向经济、环境、医疗保健、日托、家庭护理和社会福利。政党和候选人被迫承诺解决方案。一旦人们认识到问题的存在，无论是公共部门还是私人部门的代表，都会面临解决问题的压力。这就是泰恩特"社会是解决问题的实体"的含义。解决问题就要加深复杂化。我们通过创建新的管理岗位（如人力资源经理、创伤后应激障碍心理顾问和网络战专家），建立新的机构（如联合国、政府间气候变化专门委员会、经济合作与发展组织），研发新技术和设备（如智能手机、5G通信、新型卫星），来应对挑战和威胁。

为了对付石油枯竭问题，我们开发了从深海、北极圈、油页岩和沥青砂中提取石油和天然气的复杂技术，具体包括定向钻井、井下遥测、3D地震成像、蒸汽和热水注射法、水力压裂和巨大的海上钻井平台等。我们很爽快地接受了新技术带来的复杂化——公民的选票、民众呼声和金钱往往要求如此——因为大多数人都承认，至少根据具体案件评估，解决问题会带来好处。然而总体看来，复杂化加深会给社会系统带来巨大的压力，使其陷入困境，增加能量需求。并且正如泰恩特所说，它最终会超出我们的能量供应极限，导致文明崩溃。《旧金山纪事报》（*San Francisco Chronicle*）艺术评论家肯尼思·贝克建议："每个思考当今行政体系和技术压力的有思想的人都想知道，社会复杂化加深是否会扼杀社会本身。"①

---

① Kenneth Baker, "Treasures from the Sacred Well of the Mayas," *San Francisco Chronicle (Sunday Review)*, Jan. 12, 1986.

有了更多的能量供应（多余的麦田或油田），我们才能实现更深入的复杂化。霍华德·奥德姆这样描述人类和自然系统的能量供应和复杂化之间的关系：

> 大量能量聚集在工业化城市，促进了职业的极端专业化，但这对因纽特人村民来说是不可能的。同样，热带雨林系统比盐碱滩系统复杂得多。所以说，宏观世界的复杂化和多样化与能量流动有很大关系。[1]

能量供应增加，创造并支撑了社会的复杂化，复杂化程度深的社会也必然需要更多的能量。廉价、丰富的能量供应是有前所未有的古怪现象，但量大价廉的能量已成为文明的必需品。德贝尔等人强调了能量与复杂化之间的联系："从新石器时代到古代的大帝国，人类能源系统的进化与社会复杂化程度的加深密切相关。"[2] 泰恩特写道：

> 社会管理制度需要能量流动来维持，而且能量必须足够支撑该系统的复杂化……随着社会复杂化的深入，人与人之间建立了更多的网络，这也需要建立更多的管理系统。社会上有了更多需要处理的信息，同时信息流也更加集中，另外，不直接参与资源生产的专家也需要越来越多的支持。维持这样一个复杂社会所需要的能量规模远远大于自给自足的狩猎采集社会或小农经济社会。[3]

复杂化与能量消耗之间的联系很重要，因为它显示了社会复杂化的加深（通常表现为提高生活水平、扩大消费者选择、改善公共服务、技术创新、发展或进步）需要更多的能量输入。复杂化不仅需要能量，而且随着复杂化

---

[1] Howard T. Odum, *Environment, Power, and Society* (New York: John Wiley, 1971), p.80.

[2] Jean-Cluade Debeir, Jean-Paul Deléage, and Daniel Hémery, *In the Servitude of Power: Energy and Civilization Through the Ages*, trans. John Barzman (London: Zed Books, 1991), p.15.

[3] Tainter, *The Collapse of Complex Societies*, pp.91–92.

程度的加深，最终我们投入的能量，边际收益会递减。泰恩特说："最低成本的开采、经济、信息处理和组织管理解决方案会逐渐失效，所以，满足更复杂的需求需要更高昂的成本。"[1] 甚至有时候我们投入能量，可能得不到任何收益。泰恩特警告说，也许有一天，为了维持复杂社会的现状，我们必须不断地投入大量能量，否则社会可能会倒退——就像《爱丽丝镜中奇遇记》中的红皇后一样，我们拼尽全力奔跑，只是为了留在原地。

很多地区现在可能已经陷入复杂化—能量的陷阱中。E文明中有一系列相关的核心问题——食物、土壤肥力、水、气候稳定性、碳中和、就业机会、基础设施建设和维护、能源和资源枯竭、生物多样性消失等——对社会稳定性的威胁越来越大。我们一直在试图解决这些问题。然而，如果我们继续当前的社会发展策略，通过加深复杂化的方式来解决这些问题，那么解决方案所需的能源和成本会让我们适得其反，而且会产生新的问题。回望过去，我们会发现今天的许多社会问题都是昨天的解决方案造成的，而我们今天解决问题的办法，可能又为明天埋下了隐患。化石燃料解决了能源问题，但是产生了气候问题。复杂化以及随之而来的巨额能量需求不断产生社会问题，而我们解决问题的方案又不断带来更严重的新问题。还记得儿歌《老奶奶吞了只苍蝇》（*There was an old lady who swallowed a fly*，美国黑色幽默儿歌。讲述一位老太太吞了只苍蝇后，为了消灭苍蝇，接二连三地吞下更大的昆虫和动物，直到吞下一匹马后死亡。——译者注）吗？我们似乎陷入了一个恶性循环：问题→解决方案→复杂化加深→问题。泰恩特被问到如何摆脱复杂化超载带来的威胁，以及如何摆脱解决方案的恶性循环时，他给了接近中国道家思想的回答——不要试图解决所有的问题。[2]

---

[1] Tainter, *The Collapse of Complex Societies*, p.195.

[2] 泰恩特在一次网络演讲中给了这个答案，但是现在已经无法找到原视频了。他在 "Why Societies Collapse — and What It Means to Us"演讲的最后一页幻灯片中做了类似的阐述。演讲可以在网上观看。Local Future's The 2010 International Conference on Sustainability: Energy, Economy, Environment, Nov. 2010, Grand Rapids, Michigan (https://www.youtube.com/watch?v=G0R09YzyuCI).

## 第3节　生物金字塔和能量

与以前的人类社会相比，E文明的复杂程度是前所未有的。现在的复杂社会之所以成为可能，是因为我们投入了前所未有的能量来维持它。另外，E文明的结构在人类历史上也是空前的，是独一无二的，在所有的地球文明中也是非凡的。它的形状是一个倒金字塔——我们已经颠倒了自然。

生物金字塔（也称埃尔顿金字塔或生态金字塔）的概念为我们提供了强大的生态学分析工具。生物金字塔的"生物"指营养和捕食。生物金字塔描述了生物之间捕食关系的层次。这个概念主要出自生态学家查尔斯·埃尔顿和雷蒙德·林德曼在20世纪上半叶撰写的图书和期刊文章。埃尔顿、林德曼等人归纳了一系列自然现象，并寻到了其中的规律：绿色植物和藻类利用阳光生长；一部分生物靠食用绿色植物和藻类为生；而那些以植物为食的生物也会被其他生物吃掉。[①]我举个例子说明一下。在加拿大北部的苔原地区，地上长着各种绿色植物和地衣，驯鹿吃绿色植物和地衣，狼吃驯鹿。这个简单的食物链中包含三个等级：绿色植物、驯鹿和狼。绿色植物和地衣是第一营养级，在金字塔底层。光合生物是驯鹿的能量来源，包括驯鹿在内的食草动物构成了第二营养级。最高的第三营养级是狼，它是吃食草动物的食肉动物。现实世界的生态系统可以多达四到五个营养级，但很少有五个以上的。从绿色植物开始，所有以相同的方式获得能量的生物都属于同一个营养级。

---

① Raymond Lindeman, "The Trophic-Dynamic Aspects of Ecology," *Ecology* 23, no. 4 (Oct. 1942); Charles Elton, *Animal Ecology* (New York: Macmillan, 1927); Craig Layman et al., "A Primer on the History of Food Web Ecology: Fundamental Contributions of Fourteen Researchers," *Food Webs* 4 (Sept. 2015).

例如，所有只吃植物的生物（食草动物）都在第二级。

埃尔顿等人注意到了这些食物链共同的特征，即初级生产者（草和地衣）、食草动物（驯鹿）和食肉动物（狼）共同构成了一个金字塔。绿色植物的数量比驯鹿多，而驯鹿比狼多。化学家G.泰勒·米勒在观察另一个生态系统时，清楚地描述了生物金字塔的概念："一个人一年需要300条鳟鱼的营养。每条鳟鱼必须吃掉9万只青蛙，每只青蛙需要吃2700万只蚱蜢，而蚱蜢以（数十亿的）草为生。"[1]

地衣和绿色植物的数量远远大于驯鹿的数量，而驯鹿的数量又大于狼的数量。我们还可以按生物体的重量而非数量来做计算。无论按数量还是按重量来衡量，金字塔的每一层都小于下面的层次。我们可以将每一层的规模想象为下面一层的十分之一（这只是概念上的估计值），按照这个逻辑，我们可以制作一个生态系统堆叠柱状图。

顶级食肉动物　　　　　　　　美洲雕鸮

食肉动物　　　　　　　　　　长尾鼬

食草动物　　　　　　　　　　长耳大野兔

生产者　　　　　　　　　　　野草

图3-1　一例典型的生物金字塔

① G. Tyler Miller, *Energetics, Kinetics, and Life; An Ecological Approach* (Belmont, CA: Wadsworth, 1971), p.293.

生态学家将生物金字塔（也称为能量捕获金字塔）分为数字金字塔、质量金字塔和生产金字塔三类。此外，生态学家提醒我们，现实世界的摄食关系是复杂的，杂食性动物（例如在金字塔的多个层级进食的熊）和腐屑食物链（分解者）等的存在让金字塔模型的结构变得没有那么清晰。在这一小节中，我们可以忽略这些复杂性，因为我们不会把生物金字塔应用于真实的生态系统，而是要拿它与人类社会做比较。

自然系统的生物金字塔显示了生物之间的捕食关系，以及猎物数量与捕食者数量之间的对比。食物是能量，所以进食是一种能量的转移。驯鹿的能量来自草，而狼的能量来自驯鹿。因此，生物金字塔可以显示能量在哪里产生、如何转移、在何处消耗和消失，以及比较不同地区的能量生产效率和消耗固定能量的生物体之间的区别。林德曼在1942年发表的经典论文中写道："营养动力学的基本过程就是能量从生态系统的一个部分转移到另一个部分。"[1] 我们构建人类社会金字塔模型的同时，还需要像林德曼建议的那样，专注于生产和能量的转移。

借鉴生物金字塔，我们可以将人类社会划分为多个层次。而且更有启发意义的是，我们可以绘制出不同时期的图表，然后把它们放在一起比较。从图表中每一层次相对大小的变化，可以看出人类社会结构的根本性变化。

在人类的社会能量金字塔中，生产包含能量食品和其他能量产品的人在最底层，比如生产土豆、牛肉、木柴、煤炭和石油的人。在他们上面，是那些不生产能量，但消耗底层生产出的能量和食物的人。我们可以用早期农村社会举一个简单的例子。一个村庄最重要的物资是为人类生活和劳动提供动力的食物，以及用于取暖和烹饪的木柴。因此，种田的农民（即大多数村民）和砍柴的樵夫处于金字塔底层。假设除了农民和樵夫，这个村子里只有织工和村长另外两种角色。织工制作简单的衣服、编织篮子、修缮屋顶，村长负责村庄管理。如果这个村子有100人，那很可能是90个农民和樵夫、9个织工以及1个村长。这是一种典型的金字塔结构。

---

[1] Lindeman, "The Trophic-Dynamic Aspect of Ecology, " p.400.

当然，这只是人类社会的一部漫画，真实的世界远比我们的模型更为复杂。社会角色通常会随着人生经历的不同阶段而有所变化，而且人们一般也不会只做一件事，村长在农忙的时候也要下地干活。但是上面这个简单的例子反映了一个事实：在历史上大部分时间里，多数人都在为获得食物和能源奔波。像自然系统一样，人类社会的能量金字塔也是底层面积最大。工业革命之前，粮食—能量生产系统和传统农民可以养活少数制作衣服和篮子的织工，也许还可以养活一个酋长、一位牧师或巫师，但绝大多数人必须生产粮食——他们必须充当类似于自然界初级生产者的角色。这是人类社会从早期狩猎采集部落开始，一直到农业和文明诞生并发展之后的一大特征，也是古希腊罗马、古埃及和玛雅文明共有的一个特征。罗纳德·赖特提醒我们："在机械化农业出现之前，粮食种植者的数量（无论是农民还是奴隶）是依靠能量盈余生活的精英和专业人士的数十倍。"[1]

图3-2比较了生态系统的生物金字塔（左侧）与基于12世纪欧洲传统农业社会的社会能量金字塔（右侧）的结构。

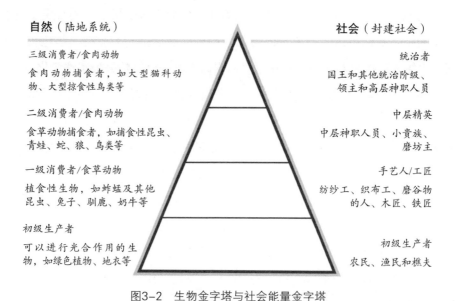

图3-2　生物金字塔与社会能量金字塔

---

[1] Ronald Wright, *A Short History of Progress* (Toronto: House of Anansi Press, 2004), p.73.

然而，这种金字塔结构却不适合现代社会。在我居住的加拿大，只有不到2%的劳动力从事农业生产。美国、欧洲国家、日本、澳大利亚和许多其他实行机械化农业生产的国家农业人口的比例也非常低。[1]要想准确地了解到底有多少人从事食品生产工作，我们必须加上一两个百分点，它们是那些对工业化农业至关重要的非农业部门，包括化肥制造业、农用化学品制造业、农用机械制造业，也许还有一部分化石燃料生产业和金融业的人。[2]即使加上农用产品制造行业和服务业的人，食品生产的总就业人数在全国劳动力中的比重也不到6%。社会能量金字塔底部的其他层次也出现了类似情况。例如，在全球范围内，能源部门（常规能源和可再生能源）从业人数大概占总劳动力的1%。[3]若是我们将机械化农业和依赖石油的文明格局推广到地球的各个角落，那么6%—7%的工人就足以生产目前全球所需的能量——包括食物、化石燃料和电力。因此，理论上来说，只需有6%—7%的劳动力处于社会经济金字塔的底层即可。这几乎颠覆了19世纪之前所有的社会模式。布罗代尔和其他历史学家曾经告诉我们，在大多数前工业化社会中，有80%—90%的人从事粮食生产。E文明之前，所有的社会能量金字塔底部都很宽阔，因为绝大多数人都要生产能量（食物）。

今天，许多国家的金字塔都是倒立的，这种状态看起来不够稳定。它的基础很小，底部只有一小部分人在生产食物，大部分人都从事其他工作，比

---

① "Employment in agriculture (% of total employment) (modeled ILO estimate)," 来自世界银行的在线数据库。

② 国际肥料学院估计全球化肥行业的就业人数接近140万人，数据来自2015年5月25—27日在伊斯坦布尔举办的肥料工业协会第83届年会上的报告。请参见Patrick Heffer and Michel Prud'homme, "Fertilizer Outlook 2015–2019"。农用化学品行业的就业人数与化肥行业相近，全球农业机械制造业就业人数估计有数十万。

③ 能源部门的全球就业人数似乎有几千万。请参见Jay Rutovitz and Alison Atherton, *Energy Sector Jobs to 2030: A Global Analysis*, final report, prepared for Greenpeace International by the Institute for Sustainable Futures (Sydney, Australia: University of Technology, 2009), p.iv。能源部门的就业人数约占全球劳动力的1%到2%。一些国家的劳动力比例如下：墨西哥0.8%、挪威2.3%、英国0.9%、美国1.2%、加拿大 2.0%。

如管理、顾问、银行职员、监管、研究、修脚、牙齿美白、编写应用程序、按摩等。2000年，在发达经济体和高收入经济体中，大约有三分之二的人在服务业工作。到2017年，这一比例已经上升到四分之三。[1]2017年，美国有80%的人从事第三产业。[2]在过去的几个世纪中，80%的人口处于金字塔底层，而现在80%的人口处于中部或接近顶部——我们已经完全翻转了社会金字塔。图3-3描绘了传统文明和E文明概念上的社会能量金字塔。

狩猎采集族群

耕作部落

早期农业/城市文明

以煤为燃料的早期工业文明

E文明（E文明的社会能量金字塔形态还不清晰，因此列出了两种可能的形态）

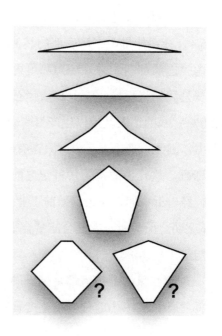

图3-3　社会能量金字塔概念描述

我们为什么要理解生物金字塔和类似的社会能量金字塔？因为从这些模型中我们能够看到，大量能量投入可以改变社会结构，改变人们的工作内容

① 2000年的实际数值为68%，2017年为74.2%。参考国际劳工组织的资料Employment by sector — ILO modelled estimates, November 2017。

② Employment by sector — ILO modelled estimates, November 2017; 也参见Employment Projections, Employment by Major Industry Sector, 资料来自美国劳工部、劳工统计局在线数据库。

和社会角色的构成和比例，改变数千年来的社会架构，并颠倒长期稳定的生产者和消费者的人员构成。社会能量金字塔清楚地显示了我们对巨额能量补贴的极度依赖，以及E文明头重脚轻的形态。如果没有能量补贴，倒置的金字塔是无法在极狭窄的基础上保持平衡的。化石燃料不只是我们可以消费或放弃的产品，巨大的能量流动重新组编了社会和人物角色，并以各种方式渗透到我们的生活中。E文明是石油产品。在不考虑能源供应和流通的情况下，考虑社会状态是徒劳和愚蠢的。

## 第4节　地域时空与文明

E文明是有形态的，而且受到时空的影响。如今，我们的文明依照一种独特的线性路径在发展。前面提到过，E文明"改变"了时间。本小节将详细探讨E文明改变时间的各种方式。

第一种改变可以称为"时间扩张"，就是将现在与遥远的过去和未来联系起来。在传统社会中，人类必须从当代来获取资源，食物来自几个月前种下的作物，建筑材料是兽皮、树木或泥砖。相比之下，E文明的资源来自遥远的地质时代，是一两亿年前沉积物形成的石油和4亿年前的沉积物形成的钾肥。另外，气候效应、物种灭绝、水土流失、资源枯竭、洲际物种迁移等许多因素也越来越多地影响了遥远的未来。E文明之所以强大，是因为它大大扩展了时间维度。我们扩大了文明的时间范围，利用并占领了过去和未来。

第二种改变是"时间加速"。加速有两个方面，一个是社会生产率提高，产品生产速度加快；另一个方面更重要，是文明自身发展的速度变快。旧石器时代的先民用了数千年或数万年的时间来改变制造工具的方式，而20世纪的人，从发明第一台电子计算机到万维网普及，从制造第一架飞机到建立众多环球航空公司，只用了几十年。E文明的一个重要特征就是发展速度加快，可以说，E文明让时间加速了。

时间的扩张和加速带来的影响之一是，我们摆脱了自然的节奏。因为可以通过化石燃料获取能量，所以我们不再依赖当代能源——食物和木材。我们也不再受光合作用效率的限制，不必等待庄稼或树林生长，不必等待马和工人休息及饮食。所以，E文明的发展速度比自然快得多。时间扩张和加速是我们力量的核心。要想了解E文明的几何形态、它与之前的人类社会以及围绕这个社会的自然系统有何不同，我们必须探讨石油工业化社会如何改变了时间。

## 时间扩张

现代人将资源开采和产品生产系统扩展到了过去和未来。我们依赖遥远过去的资源和能源，与此同时，我们产生的废弃物也会存续到遥远的未来。不同于自然系统和前工业社会系统，在时间扩张上我们是独一无二的。

现代文明与传统社会有何区别？请想象6000年前中亚河谷盆地的某个小型农业村落，村子里有100余名村民，男女老少都穿着皮革衣服。他们住在泥砖茅草屋里，种植水稻和其他作物，放羊养鸡。村子里的每个家庭都靠一天劳动采集的食物、昨天剩的粮食和前一年的大米来维持生存。他们也许还储藏了三四年前的谷物或干粮。他们的房子可能只有几年的寿命，或许有一二十年，但这区别不大，所以在时间和空间上，他们取用的能量都在当下，在本地。他们的衣料来自最近的猎物或者几个月前种下的植物；他们做饭、照明和取暖用的柴火可能是从几十年树龄的树上砍下来的，这大概是他们提取过去资源的极限（不算石制工具的话）。村民利用的都是最近生产的材料，他们的生活和社会由当代的能量驱动——几个月大的庄稼、几年大的动物或几十年老树中储藏的太阳能。

村民生活中产生的废弃物，包括食物废料、粪便、木屑、灰烬、骨头、皮革、岩石碎片、泥砖和茅草等，也都会在不久的将来消失在土壤中。这一现象反映了周围的自然系统。历史学家和社会科学家丹尼尔·黑德里克确信，"工业革命以前，相对（小）规模的以生计为导向的人群所产生的废弃物多半消失于自然"[1]。

---

[1] Daniel R. Headrick, "Technological Change," in *The Earth as Transformed by Human Action: Global and Regional Changes in the Biosphere over the Past 300 years*, ed. B. L. Turner et al. (Cambridge University Press with Clark University, 1990), p.65.

村民生活的时间范围——他们对过去资源的提取程度和在环境中留下的废弃物的数量——很小。他们的生活圈子、影响范围、资源消耗和废弃物排放在空间和时间上都是本地的。在这方面，它们类似于周围的动物和生态系统。

与时间紧凑的传统社会相比，今天我们可以消耗2亿年前的阳光来制造肥料，种植庄稼。我们挖掉了山峰，开采出古老的煤炭为工厂发电；混凝土中的水泥来自数百万年前富含钙的微小海洋生物的遗骸；建筑中用的钢铁来自数亿年前的铁矿石。我们将供应食物、工业和运输系统的资源管道向前延伸了数亿年。

E文明不但侵入了遥远的过去，也侵入了遥远的未来。我们产生的废弃物，如不锈钢、塑料、玻璃、钢筋混凝土、重金属、放射性物质、温室气体等，要用很多年才分解掉，而且会为地球带来数千年的影响。另外，资源枯竭、环境破坏、物种灭绝、跨洲物种迁移、河流改道、气候变化、海洋酸化、海平面上升以及珊瑚礁退化等也会永久地改变地球。我们污染、消耗未来时，也在掠夺过去以补贴现在。这是线性系统结合庞大的时间扩张共同产生的后果。我们跨越时间来传送材料，把过去的资源变成了现在的产品和未来的废弃物。用詹姆斯·霍华德·昆斯特勒的话来说，我们的石油工业系统"以牺牲未来为代价，最大限度地利用现在；以牺牲多数人的利益为代价，为极少数人谋福利"[1]。

另一个考虑时间扩张的角度是"时间蓄水池"，可以把它理解成一种时间调控装置——把时间集中到一个池子里，有需要的时候再提取。与古代交通相比，我们驾驶汽车可以节约大量时间。汽车燃料来自地质时代的阳光，所以我们节约了当下的时间，但是消耗了地质时代的时间，也可以说是化石时间。地球将阳光、植物、藻类和大量时间转化为化石燃料，我们又把化石

---

[1] James Howard Kunstler, *The Long Emergency: Surviving the Converging Catastrophes of the Twenty-First Century* (New York: Atlantic Monthly Press, 2005), p.185.

燃料和化石时间转化成一个飞速运转的社会——更快的生产和流通，以及由此而节省的时间。这个概念引起了更多关于人与时间关系的疑问。如果我们通过时间扩张（比如向前延伸1亿年来获取燃料和矿石）而节省了时间（比如坐飞机实现快速旅行、用微波炉快速加热食物），那么我们使用的时间是减少了，还是增加了？我们必须侵吞数亿年积累的化石燃料，给节省时间的电器和设备供电。这意味着什么？为了节省几分钟，我们消耗了亿万年的时间。这样做值得吗？

遥远的未来和遥远的过去都曾经是我们无法到达的领域，但如今它们已经纳入了快速扩张的现在。现代人类文明的科技、消费、休闲和特权，都源自开采长时间积累的资源来代替当代的体力劳动、阳光和生产生活资料。

用"时间殖民"一词来描述这些现象其实是很贴切的。在过去的几个世纪里，资本主义扩张遇到了许多障碍和瓶颈，受到能量、食物、土地、劳动力、木材、钢铁和其他资源的限制。为了超越这些限制，资本主义通常会进行各种形式的征服和帝国主义侵略，比如占领美洲，侵略亚非国家，实行农奴制度。帝国主义侵略一定程度上可以解决土地、劳动力、粮食供应、森林和其他资源问题。19世纪末，当世界上大部分土地和人口都被纳入全球资本主义和欧洲殖民主义体系时，一片全新的领土——过去——也被殖民了。这不是巧合。如果人类没有征服大量化石能源，没有征服这些可以转化为食物、原材料、热量、产品、劳动力和资本的能源，那资本主义可能无法冲破樊笼，也无法起飞。

## 时间加速

文明变革的步伐正在加快。人类文明发展过程中的重要节点可能包括：利用野火，学会人工取火，磨制石器，使用兽皮，驯化植物和动物，制造船只，修建房屋，制陶，使用轮子，冶金，建造城市，发明炸药、印刷术、发动机、电力设备、电信、汽车、飞机、避孕药、计算机，实现太空旅行，探索先进的医疗保健和基因科学等。[1]清单里的加速显而易见。早期创新可能相隔数千年，但最近的创新仅相隔数十年。正如罗纳德·赖特所说："最令人震惊的是失控的加速，变化的速度……从第一块打制石器到第一块炼成的铁，历时近300万年，从第一块铁到氢弹只用了3000年。"[2] 在赖特的基础上，我想补充，从第一台蒸汽机到航天飞机引擎用了不到300年，从第一台个人电脑到互联网的普及用了不到30年。旧石器时代持续了数百万年，新石器时代持续了数千年，工业时代只有几百年，信息时代只有几十年。

我们为当代的飞速进步迷惑或分心，从而忽略了远古时期变化发展的速度有多慢。生态经济学家赫尔曼·达利和乔舒亚·法利提醒我们：

> 在人类历史的大部分时间里，技术、社会和环境的变化都是以冰川融化般的速度发生的。农业革命实际上不是革命，而是一种进化。将原始玉蜀黍种子培养成现代的玉米可能需要几千年。一代又一代人在地球上繁衍生息，但他们通常看不到世界正在发生的变化。[3]

农业革命之前，社会变革的步伐非常缓慢。在旧石器时代，数百万年来，先民制作石器的方法并没有什么不同。[4]

文明转型的速度正在加快。从整个历史来看，最近的变化速度似乎是爆

---

① 根据罗纳德·赖特的清单改写。Ronald Wright, *A Short History of Progress* (Toronto: House of Anansi Press, 2004), p.13.

② Wright, *A Short History of Progress*, pp.13–14.

③ Herman Daly and Joshua Farley, *Ecological Economics: Principles and Applications* (Washington D.C.: Island Press, 2004), p.11.

④ Wright, *A Short History of Progress*, p.14.

炸性的，很多学者都得出了类似的结论。下面摘录了几段他们的观点：

> 简单总结一下人类250万年的经济史。在很长的时间里，没有太多事情发生；突然间，一切被翻了个底朝天。在人类经济史上，我们用了99.4%的时间才达到亚诺马米人（亚马孙森林的土著居民）的水平；然后在1750年之前0.59%的时间中翻了一番；最后，仅需要0.01%的时间，跃升到现代世界的水平。
>
> ——埃里克·贝因霍克[1]

> 20世纪发展的速度和规模（已经）急剧加快……这一时期的变化如此之快，变化的后果如此普遍，标志着人类历史进入一个全新的阶段。
>
> ——大卫·克里斯蒂安[2]

> 最近两百年来的事是从未发生过的。过去所有变化的规模和强度都远远低于现代。事实上，"现代"一词代表了爆炸性的、持续变化的规模和速度。
>
> ——阿斯特丽德·坎德
> 尔、保罗·马拉尼马、保罗·沃德[3]

在安格斯·麦迪森、唐纳德·厄尔、约翰·梅纳德·凯恩斯、罗伯

---

[1] Eric D. Beinhocker, *The Origin of Wealth: Evolution, Complexity, and the Radical Remaking of Economics* (London: Random House, 2007), p.11.

[2] David Christian, *Maps of Time: An Introduction to Big History* (Berkeley: University of California Press, 2004), pp.440–442.

[3] Astrid Kander, Paolo Malanima, and Paul Warde, *Power to the People: Energy in Europe Over the Last Five Centuries* (Princeton: Princeton University Press, 2013), p.1.

特·科斯坦扎等人的著作中，我们也能看到几乎相同的观点。[1]毫无疑问，时间加速是真实的，并且深刻地改变了人类社会和我们的生活方式。它靠什么驱动？为什么变化越来越快？这个问题有很多答案，下面列举其中三个：

第一，现有知识、资本和技术的叠加效应。第一台金属加工车床是手工制造的。今天，机床零件由计算机控制的机器制造。每一代工具都比上一代更好、更快、更准确，使我们能够把下一代产品做得更好、更快。第一块计算机芯片是用纸和铅笔设计的。今天，功能强大的计算机设计了新的芯片。

第二，化石燃料发挥了重要作用。本书多次提到这一点。"呈数量级的能源增长是推动社会进步的真正力量……随之而来的进步就像一阵爆炸闪光。"[2]霍华德·奥德姆写道。

第三，我们过分关注稳定的经济增长率。在美国、欧盟国家、澳大利亚等，不管是领导人还是普通公民，都认为经济规模每年增长2%—3%、每25—35年翻一番是正常的和必须的。

虽然上述所有因素（还有一些其他因素）都很重要，但这里只详细介绍最后一个。因为追求经济的稳定增长，我们迫使经济规模在指定时间内翻一番，然后再翻一番——1倍、2倍、4倍、8倍、16倍、32倍、64倍、128倍、256倍、512倍、1024倍……尽管我们在每个时期都增加恒定的百分比，但由于经济规模越来越大，每个时期的增量都变得更大，所以每个周期都有更大的进步。或者可以说，同样大小的进步，用的时间越来越短。时间在加速，变化来得更快了。

---

① Angus Maddison, *Contours of the World Economy, 1–2030 AD: Essays in Macro-Economic History* (Oxford: Oxford University Press, 2007), p.69; Donald C. Earl, *On the Absence of the Railway Engine* (Hull: University of Hull, 1980) as cited in David Landes, "The Fable of the Dead Horse; or The Industrial Revolution Revisited," in *The British Industrial Revolution: An Economic Perspective*, ed. Joel Mokyr (Boulder, CO: Westview Press, 1993), pp.359–374; Robert Costanza et al., "Sustainability or Collapse: What Can We Learn from Integrating the History of Humans and the Rest of Nature?" *Ambio* 36, no. 7 (Nov. 2007): 525.

② Howard T. Odum, *Environment, Power, and Society* (New York John Wiley, 1971), p.115.

我们再用一个例子来解释恒定速度的增长如何带来失控的负面效应。假设你以每小时10千米的速度开车，并且每过一分钟，速度就会增加10%。20分钟后，你的速度是每小时61千米，仍然比较缓慢。30分钟后，速度达到每小时159千米；再过10分钟，你的速度将达到每小时411千米。第52分钟，你会超过音速；大约3小时后，你会超过光速。要记得，在最初的20分钟内，没有什么异常的事发生，你也没有理由怀疑温和的加速度会导致失控，指数级的增长，其后果绝不可小觑。

政府和企业努力保持稳定的经济增长率，我们以不断提高生活水平为理由支持同一目标，所以经济就被锁定在指数增长中，每年都要增加越来越多的经济活动。从另一个角度看，我们缩短了经济增量所需的时间。GDP以更快的速度增长，我们许多人感受到的生活节奏加快，也是来自经济的指数增长。这是时间加速的驱动力之一。

## 人类文明脱离了自然速度

自然界和非工业社会都是按生物体的节奏循环的，人们必须等待驯鹿长大或庄稼成熟。化石燃料线性系统使我们不必再等待，我们摆脱了自然的步伐。E文明生产、繁殖、流通、循环和回收的速度已经远远超过了自然系统。

我们脱离了自然系统，所以需要消耗大量资源并且过度排放废弃物。当我们的资源入口和废弃物出口在空间上与自然循环断开时，它们在时间上也被隔开了。然而现在，我们要求地球回收深埋地底的碳，每一年都要吸收并循环数百万年的积累。E文明之所以出现，是因为我们已经远远超出了自然生产和循环的正常速度。

两种时间变化形式——时间扩张和时间加速——是相互关联的。从过去时光中获取的化石燃料（时间扩张）支撑着生产力和技术的快速革新（时间加速）。我们必须先拥有开采化石能源的能力，然后才能打开新世界的大门。曾经，英国和欧洲大陆的部分地区通过砍伐森林来炼铁。其结果是炼铁受到了限制，在某些地区每五年才能炼一次，这样森林生长的速度才能赶上砍伐的速度。炼铁的速度与森林生长的速度紧紧绑在一起，并受其限制。最终，在英格兰的科尔布鲁代尔，亚伯拉罕·达比解决了这个问题。达比的方法是用焦炭（部分燃烧的煤）代替木炭（部分燃烧的木材）。用化石燃料、无机能源（煤）代替当代有机能源（木材），是时间扩张的一个例子。新方法消除了炼铁的瓶颈，并且促进了工业革命的发生，而工业革命又导致了时间加速。焦炭冶炼法"将人类带入了一个起步缓慢，但逐渐加快、不断扩大和创新的新世界"[①]。我们越是向过去伸手，就越能更快地前进——工业化的速度摆脱了生物和生物圈的速度。

### 事件的同步与不同步

虽然E文明改变时间的主要方式是时间扩张和时间加速，但它的影响是多方面的，比如同步与不同步，即让一些事情同步发生，或者让一些事在不同的时间发生。

在工厂、学校、全球制造链和许多其他现代设施、机构、流程中，都需要控制并同步人类行为。乘火车时，大家都要遵守列车时刻表。蒸汽机是E文明的动力基础，而更古老、更复杂的钟表，建立了我们社会和心理的基础。在矿井、修道院、军营和工厂里，时间都是机械化、规范化的。从某种程度上说，时间是第一个大规模由机器标准化并生产和交付的产品。14世纪，从城镇的钟楼建设开始，机器控制的钟表时间在欧洲广泛流行。[②]计时与E文

---

① Donald C. Earl, *On the Absence of the Railway Engine* (Hull: University of Hull, 1980) as cited in David Landes, "The Fable of the Dead Horse; or, The Industrial Revolution Revisited," in *The British Industrial Revolution: An Economic Perspective*, ed. Joel Mokyr (Boulder, CO: Westview Press, 1993), p.132.

② Gerhard Dohrn-van Rossum, *History of the Hour: Clocks and Modern Temporal Orders*, trans. Thomas Dunlap (Chicago: University of Chicago Press, 1996).

明的出现是相互促进的，工业化世界既是铁和煤的产物，也是时钟的产物。历史学家和技术哲学家刘易斯·芒福德是最早探讨这一问题的人之一。他写道：

> （人类）在创造出复杂的机器来表达自己之前，早已变得机械化。在修道院、军队和会计室里，秩序意志已经出现……最终显现在工厂……在新的工业流程能够大规模应用之前，人类有必要重新调整愿望、习惯、想法和目标。[1]

工业革命中的矿山、工厂和火车要求人类要与机器、社会机构的需求和节奏相结合，并且与其他人同步。社会学家沃伦登豪滕在《时间与社会》（*Time and Society*）一书中写道，"历法时间调节了社会中的一些重要方面"，另外，"现代社会结构不可避免地对其成员施加了时间定义和期望，从而培养出了具有时间敏锐性和纪律性的人格结构"。[2]时钟作为一种机器，帮助人类习惯了机器的节奏和要求。人类接受的工作生活节奏和行为习惯越来越多地来自外部。创造E文明的多次革命是人类在控制能源、材料、空间和时间方面的胜利。

虽然时钟促进了社会同步，并帮助我们打下了E文明的社会基础，不过仍然有一系列同样重要的技术让人类文明的其他方面变得不同步，比如在时间上将生产和消费分离。最先是储存技术的发展，有陶器、食物储存方法、粮仓和地窖等。储存技术使我们能够将宴会与狩猎分割。在那之后，让时间断开的技术成倍地增加，包括贵金属、货币、液体燃料、耐用材料、书籍和录音，以及各种各样的容器、店铺、符号和媒体，它们向未来传递了食物、货物、能量、财富和信息，等等。让某些事物不同步，又进一步促进了社会的

---

[1] Lewis Mumford, *Technics and Civilization* (New York: Harcourt Brace, 1963), p.3.

[2] Warren TenHouten, *Time and Society* (Albany, NY: SUNY Press, 2005), p.65.

发展，首先体现在时间上；然后是在空间上，人可以在一个地方狩猎，在遥远的地方开宴会；最后体现在社会结构上，举行宴会的阶层可以与狩猎（或农业）阶层脱节。当然，空间、时间和社会结构的分解和不同步是积累财富盈余和制造不平等的必备条件。劳动人民辛苦狩猎、种田获得的食物，最终落在了贵族的地窖里。后来，黄金让社会财富的集中和积累变得更加容易。我们从中看到了封建主义、帝国主义和资本主义的基础——大体上是社会阶层与等级社会的基础。复杂文明建立在不同步、错位、非本地化、征用、不平等和其他环节分割的社会基础上。传统社会运作中，各个环节密切关联，生产和消费在空间和时间上是相连的。文明发展使生产和消费变得不同步、非本地化。但文明也创造了一系列新的同步、联系和管理，比如，我们规定了工作日和休息日，军队、学校和企业各有自己的作息时间表。我们必须打破旧的联系，才可以形成新的联系。通过这些方式，自然和传统社会的时空几何结构被改造成了E文明的时空几何结构，二者截然不同。

## 空间扩张

我们生活和文明的扩张不仅体现在时间上，也体现在空间上，人类的生活和活动范围不断扩大。农贸市场曾经是一个地区物资流通的中心，它辐射周围一两天的路程可以到达的地方，这些地区的人会把物品集中到市场上交换。现代市场没有明确的界限，它的边缘像雾一样，也不再有明确的中心，而是一个边缘模糊的连续体，延伸到了地平线外。驱动市场的能量不再来自从门廊可见的阳光，而是来自世界另一端的石油。我们用的除草剂来自大陆的另一端，而拖拉机里的数千个零件来自十几个国家的上百家工厂。曾经非常本地化的事物现在都移到了遥远的地方。

现代工厂用着来自世界各地的零件、专利、软件、专业知识、能量和材料，我们的家庭和办公室也一样。现在所有人都在由能量、材料和信息组成的庞大的全球网络中纠缠。我们生活中的必需品（产品、食物、材料等）基本与地域无关，而是来自各个国家，如中国电子产品、中东石油、意大利葡萄酒、印度软件、墨西哥假日、日本汽车、摩洛哥磷酸盐、刚果钶钽铁矿、南美文学、巴西足球、美国钢铁和深海鱼类。

说到这些，我们又回到了原点，回到了最初对文明线性化的讨论。系统的线性化意味着它的各个部分变得遥远，输入端远离输出端。因为线性化的食品生产系统需要数百万吨不同的原料，包括化肥、农药、先进的机械、改良种子，期望投入都来自当地是不现实的。线性化、高科技、高投入的系统必然要求生产生活范围扩大。虽然生物循环倾向于本地运行，但科技工业系统倾向于全球化。所以，线性化与空间扩张密不可分，线性化促进了全球化，全球化也促进了线性化的进一步发展。

还要注意的是，在空间和时间上本地化的系统，其材料是可以循环和回收的。而从遥远过去提取资源的庞大跨国系统始终是线性的，这个系统所占据的空间，决定了它的几何形态。空间扩张、时间扩张、线性系统、不可回收和资源消耗是相互关联的；时空本地性、系统循环、废弃物回收和可持续发展也都是相互关联的。

总之，E文明的出现可以通过两对互补的因素来解答，一个是空间的突破，包括割裂循环，摧毁生物网以及非本地化；另一个是时间的突破，包括时间加速和扩张，摆脱自然的脚步，社会事务不同步。

## 第5节　E文明的效率

从多个方面来看，E文明的核心在效率。E文明的出现源于效率更高的蒸汽涡轮发动机和炼钢厂。今天，我们去商场、家居中心或车行，其主要原因是我们渴望买到更高效的消费品，如灯泡、炉子、冰箱和汽车。我们把效率当作现代社会的通行证，它让我们忽略了令人扫兴的关于地球承载力极限的警告。效率与经济增长密不可分，也与E文明密不可分。

效率可以用多种单位来衡量。效率高的汽车能用一升汽油带我们去更远的地方，效率高的空调能用更少的电为我们提供更多的冷气。

E文明中，效率得到了巨大的提升。用现代发光二极管（LED），每瓦电产生的光是20世纪早期白炽灯的15倍。[1]这是一项重要且值得称赞的成就。发明家和工程师为工厂和矿山提供的大型电机具有极高的效率，可以将90%—97%的电能转化为可用的轴功率。现代高炉炼一吨铁所耗费的能量仅为一个世纪前的三分之一。我们的氮肥生产效率也比一个世纪前高了一到两倍。[2]自1980年以来，太阳能电池板的效率增加了一倍多。[3]在过去的一个世纪里，我们的研究人员、科学家和工程师经过努力，成功地提高了各种技术，让现代高科技生活的核心设备和流程的效率翻了倍。

---

[1]　William D. Nordhaus, "Do Real-Output and Real-Wage Measures Capture Reality? The History of Lighting Suggests Not," in *The Economics of New Goods*, ed. T. F. Bresnahan and R. Gordon (Chicago: Chicago University Press, 1997), p.36.

[2]　以前的效率数据参考Vaclav Smil, *Energy in Nature and Society: General Energetics of Complex Systems* (Cambridge, MA: MIT Press, 2008), pp.282–283, 286–287, 395。

[3]　International Technology Roadmap for Photovoltaic, *International Technology Roadmap for Photovoltaic Results 2017* (Frankfurt, ITRPV, 2018), p.51.

但是，我们在提高灯泡、重型卡车、冰箱、高炉和制氮厂效率方面取得的巨大成功，并没有带来期望的结果。工厂设备、流程和机器效率的大幅度提高，并未影响到使用少量资源的家庭、社会或经济体。效率提高让我们觉得，它可以减少能源和材料的消耗并提高社会的可持续性，而现实恰恰相反。现实很复杂，令人烦恼。下面从四个方面分析其原因。

## 社会不应一味追求高效率

人们讨论起效率，很容易误以为高效率的单项技术结合起来，可以让家庭生活、经济和国家的效率变得更高。但事实并非如此。举一个例子，很多人买了丰田普锐斯，这种汽车的燃油效率比许多同类型汽车高三分之一。但是如果车主开着这辆高效率的车去面包店买甜甜圈，最后他因吃了太多甜食而变得肥胖，还得了糖尿病，我们该如何看待这个结果？当我们使用高效的手段来实现微不足道的、不必要的目标，或者得到了负面的结果时，我们还会称赞高效率吗？再举一个例子。为饲养场做顾问的养牛专家追求饲料转化效率，想让一单位饲料生产更多的肉。但如果更多的牛肉最终变成了数十亿个高脂肪快餐汉堡，并且对健康产生了负面影响，我们又该如何看待这件事呢？事实上，当今社会，有高达40%的食物最终被浪费掉了，大部分被抛弃在垃圾填埋场里，我们应该反思所有关于高效食物生产的例子。[①]我们需要生产这些不必要的、未使用就丢弃的、对人有害的东西吗？如果我们开着高档汽车迷路了，绕了一个大圈子或者驶向了悬崖，我们的旅行还算高效率吗？我们要高效地犯错吗？还是不得不接受正确与错误的混合？

---

① Martin Gooch, Abdel Felfel, and Nichole Marenick, *Food Waste in Canada: Opportunities to Increase the Competitiveness of Canada's Agri-food Sector, While Simultaneously Improving the Environment* (George Morris Centre and Value Chain Management Centre, 2010), p.2; Jenny Gustavsson et al., *Global Food Losses and Food Waste: Extent, Causes and Prevention* (Rome: UNFAO, 2011), p.6.

高效率应用于灯泡或发动机时具有重要意义，但这种高效率不能扩展到社会生活的方方面面。若是高效的LED灯和电机被用在了不必要的场所，如毒气工厂中，我们怎么办？或者说，在一个很少有人去的房间里安装了一台高效制冷的空调，这同样没多大意义。在国家层面上，效率充其量是一个有诸多限制的、由社会建构的概念——通常是毫无意义的。更糟糕的是，效率往往会给我们带来充满成就感的错觉，让我们误以为社会正变得高效和节能。在这样一个社会里，办事手段越来越有效，结果却越来越轻率或负面。

要想理解我们的效率概念在多大程度上是由社会建构且因情况而异的，请看高效喷气发动机的例子。现代喷气式客机的燃油效率已经显著提高。但是，在一个受气候变化困扰、化石燃料枯竭、财富分配不均和能源获取不公平的世界中，用高级喷气机将数以百万计的游客载到人造的五星级度假村，让他们泡在泳池和酒吧里，有什么效率可言？手段也许是有效的，但结果是轻率的、浪费的。

## 杰文斯悖论

我们需要用批判的态度评估效率的另一个原因是1865年提出的杰文斯悖论（Jevons paradox）。经济学家威廉姆·斯坦利·杰文斯发现，能源效率提高（更低的运营成本）通常会导致更多的能源使用量，于是他提出一个悖论：随着能量转换效率的提高，产品和技术的使用成本会下降，而成本下降会造成使用量增加，增加的幅度往往超过了我们可能获得的资源保护收益。

杰文斯发现，在1769—1859年的90年间，蒸汽机效率提高了9倍。然而基本上在同一时期（1781—1863年），煤炭消耗量增加了16倍。尽管由于效率的提高，理论上煤炭的使用量可以下降到18世纪后期的十分之一，但事实上使用量却翻番再翻番。他总结道："高效地使用燃料等于减少消耗，这是一个完全错误的想法。事实恰恰相反。"①

如果我们的汽车非常省油并且运营成本很低，那汽车的数量就会增加，城市可能会变得更加分散，导致我们必须开更远的路去上班和购物。如果一加仑汽油能行驶更多里程，那我们就会使用更多汽油，跑更远的路。

杰文斯悖论今天仍然适用。它有时被称为"反弹效应"。20世纪70年代中期以来，美国汽车燃油的使用效率几乎提高了一倍。②效率的提高意味着人均汽车燃油消耗量可以减少一半，然而，利用率的提高抵消了减少的可能。此外，廉价汽车正在改造北美以及全世界的城市。中国、印度和全球数十个国家的汽车拥有量和年度行驶里程都呈增长趋势。高效的汽车出行减少了旅行支出，因此世界上有数十亿人在使用这种廉价的旅行方式，他们每年开着数十亿辆汽车行驶数万亿千米。

第二个例子是航空旅行。1960年至2016年间，喷气式客机的燃油效率提高了两到三倍。③这导致客运机票的价格降低，而机票价格降低又增加了乘客人数。航空贸易组织航空运输行动小组的报告提到，"客运量增长的一个关键驱动因素是实际旅行成本的稳步下降。自1970年以来，航空旅行的实际成本降低了60%以上"，这主要是因为"更省油的航空航天技术"。④ 机票价

---

① William Stanley Jevons, *The Coal Question: An Inquiry Concerning the Progress of the Nation, and the Probable Exhaustion of Our Coal-Mines*, 2nd ed., revised (London: Macmillan, 1866), pp.123, 128, 234–239. 1863年煤炭消耗量约为8830万吨，1781年约为514万吨。

② Jeff Alson, Aaron Hula, Amy Bunker, and US Environmental Protection Agency, *Light-Duty Automotive Technology, Carbon Dioxide Emissions, and Fuel Economy Trends: 1975 through 2014* (Washington D.C.: USEPA, 2014), p.5.

③ 对比20世纪60年代彗星4型、波音707、道格拉斯DC-8与现代空客A330或波音777的数据。Intergovernmental Panel on Climate Change, *Aviation and the Global Atmosphere: A Special Report of IPCC Working Groups I and III*, ed. J. E. Penner et al. (Cambridge: Cambridge University Press, 1999), p.298; Stacy Davis, Susan Diegel, Robert Boundy, and Oak Ridge National Laboratory, *Transportation Energy Data Book*, 34th ed. (Oak Ridge, TN: ORNI, 2015), pp.2–21.

④ Air Transport Action Group, *Aviation Benefits Beyond Borders: Powering Global Economic Growth, Employment, Trade LInks, Tourism and Support for Sustainable Development Through Air Transport* (Geneva: ATAG, 2014).

格降低、收入增加和人口增长等因素共同推动了航空业的发展。1960—2017年，年度航空旅行里程增加了近50倍。[①]

经过50多年的效率提升，现代客机的效率提高了二到三倍，非常值得称赞。如果社会对效率的期望是正确的，那么我们会看到效率的急剧提高减少了航空燃料的消耗。但事实恰恰相反，燃料使用量增加了大约16倍。[②]效率的提高导致了更多的能源消耗，而不是更少。如果航空旅行的费用保持在20世纪60年代那个普通人承受不起的水平，那乘飞机就不会成为普遍的社会现象。普通员工也不会养成每年（或更频繁地）长途旅行的习惯。效率使原来不容易做到的事情变得容易了。

第三个例子是照明。简而言之，现代LED灯泡的能效是20世纪初期灯泡的15倍。这意味着电力照明更便宜了。更高的效率使得成本降低，这带来了更高的工资，使电灯的使用量急剧增长。2000年英国居民平均用电量是1900年的75倍。[③]人工照明效率的大幅提高，意味着运营成本的大幅降低和用电量的大幅增加。人们通常愿意用更高的效率来换取更多的产品和服务，而非减少资源消耗。这不足为奇。同样，我们通常将更高的时薪转化为更高的年薪、更多的商品，而不愿意减少工作时间，为自己腾出更多空闲。

以上几点并不是对效率的谴责，效率是至关重要的。寒冷地区的房屋需要供暖系统，所以对他们来说供暖系统的效率越高越好。每个家庭都需要电冰箱，那是保证基本生活质量的必要条件，一般来说冰箱效率越高越好。

---

① Boubacar Djibo and International Civil Aviation Organization, "ICAO Meeting on Sustainable Development of Air Transport in Africa, " Antananarivo, Madagascar, Mar. 25, 2015, presentation; International Civil Aviation Organization, "Continued Passenger Traffic Growth and Robust Air Cargo Demand in 2017," Montreal, Jan. 17, 2018, news release.

② 作者是这样估算燃油量增加的，用乘客千米增加50倍且燃油效率增加2倍，即 $50 \div 3 \approx 17$。一些其他因素，包括机场起飞和着陆效率、载客率、长短途航班比例等都可以影响计算结果，但它们不会改变本节的结论。

③ Roger Fouquet and Peter Pearson, "Seven Centuries of Energy Services: The Price and Use of Light in the United Kingdom (1300–2000)," *Energy Journal* 27, no. 1 (2006): 168.

假设世界上的亿万富翁都乘坐私人飞机上下班，那么他们的飞机最好是高效的。效率是好事，但是大多数人误认为人类只需要提高效率，就可以减少材料和能源的消耗，并且控制温室气体的排放，这是不对的。

## 虚假的效率

无论怎样提高技术效率，都不会实现低材料、低能源使用量、清洁的环境和可持续发展的另外一个原因是，我们往往追求虚假的效率。在实际生活中，若从系统中过分提取资源，而不对其进行维持、不给系统提供足够的补充以及恢复空间，或许会带来表面上的效率，但这实际是虚假的。在人类社会和经济中，未能维持自然资源的例子——包括土壤肥力、灌溉用水、鱼类资源、化石燃料——比比皆是。在短期和中期范围内忽略环境而只追求经济效益，通常会带来效率的提高。

当前，我们统计效率时很大程度上忽略了资源和自然资本。即使省油的普锐斯汽车，半个世纪后也会耗尽地球上大部分石油。摧毁加拿大东海岸鳕鱼群的拖网渔船效率极高，但正是高级的效率和功率使人们摧毁了生态系统。在计算效率时，没有人会考虑将北大西洋生态系统列入输入端。所以，当我们看到世界各地的生态系统在消耗和破坏时，所有对效率的分析都变得可疑。

事实上，在线性形态的社会中，效率的概念尤其令人怀疑。线性系统利用大量化石能源和自然资源，推动材料和能源进入工业流程，并从另一端排出大量产品和废弃物。在输入端，线性系统耗尽了资源；在另一端，它们填满了自然的能量池。人们计算效率时通常会排除这两种因素。

效率是投入与产出的比例。尽管我们擅长计算产出（比如鱼、木材或小麦的产量），但我们通常忽略环境投入（比如土壤侵蚀、水质下降、油田枯竭或物种灭绝）。这些原因，使得效率往往会欺骗我们。

## 量的增长压倒了效率

我们应该对效率概念产生怀疑的最后一个原因是，经济增长超过并抵消了效率的提高。此外，讨论效率会干扰我们对于长期增长后果的分析。

许多概念都有社会目的。它们试图解释、证明或合理化集体行为的某些方面——这些概念构成了事物的一部分，让我们有信心继续以某种方式行事。效率就是这样一种概念。效率的不断提高使我们相信一些显然不可能的事。比如，即使我们的能源和资源枯竭，垃圾场被填满，经济仍可以无止境地增长。效率鼓励我们相信可以拥有更多财富，因为我们可以花更少的钱做更多的事——我们可以不断地提高效率，也可以不断地提高生活水平。我们被蛊惑了，相信只要拧入LED灯泡，我们的住房就会变得更大。效率不仅有助于经济增长，而且将其合理化了。效率像进步、创新等概念一样，让我们对未来的思考变得朦胧。尽管严峻的生物物理限制迫在眉睫，但谈论创新和进步，却让我们相信"一定会有办法的"。效率让我们相信，即使减少原材料的投入和废弃物的排放，经济也会继续增长。大家似乎有一种共识，因为我们的效率越来越高，生产同样的产品，投入越来越少，所以我们可以放心地高消费。正是因为有这种观念，所以很多人认为现在的幸福状况可以永远维持下去。

但现实世界并非如此。效率的提高是有限制的。一块煤只能包含一定数量的卡路里，所以只能产生一定的热量。我们再怎么提高炉子的效率，也不能超过热力学的最大值100%效率。随着技术的发展，我们的效率已经大幅度提高了，虽然未来我们的科技水平更高，但许多技术已经接近最高效率了。由于种种物理限制，未来的效率提升是有限的，而且与过去以及全球经济的计划增长幅度相比，也比较小。

大约一半的欧美居民，以及越来越多其他地区的人们享受了高水平的生活，与工业化前的生活水平相比，人均GDP翻了三四番。如果经济能按照各国制订的计划发展，那么在下个世纪，全球经济规模可能会再翻三番；假如保持每年2%—3%的"普通"增长率，那全球经济规模增长7倍是不可避免的结果。

但能源效率与我们的经济规模不同，它不能无休止地提高，它有其物理学上的极限。我们可以将经济规模扩大7倍，但我们无法将高效发动机的效率提高7倍，也无法将汽车的燃油效率提高7倍。

今天，在许多家庭的暖气片中，电能以接近100%的效率转化为热能，最好的天然气暖炉的效率也超过了90%，所以将它们的效率翻倍是不可能的。自第一次世界大战以来，吸收氮肥最佳的植物的效率已从其最大理论值的20%上升到了75%，再次翻倍是不可能的。[1]早期蒸汽机车的能源转化率只有3%或4%；到了19世纪末，转化率已达到12%，这个数字在今天是35%。[2]由于种种复杂的、无法在这里深入探讨的原因，工程师和制造商已经很难将柴油发动机的效率提高50%了，更遑论提高一倍。

两个世纪前，蜡烛把能源化为光的效率还不到0.03%。[3]目前，LED灯泡将电转化为可见光的效率约为30%。[4]照明效率比两个世纪前提高了1000倍。假如我们克服种种困难，并且使用神奇的材料和制造技术，也许我们还能让30%的效率翻一番，但无法翻两番。我们可以将经济规模扩大一倍，但无法将技术效率提高一倍。社会和经济对于能源和材料需求的增加远远超过了减少消耗的技术能力。

---

[1]　Smil, *Energy in Nature and Society*, p.286. 根据该书图表得出的数据。在1910年，对于最高效的植物，每吉焦能量投入能生产0.01吨有机含氮化合物。到了2000年，对最高效的植物，每吉焦能量投入可以生产0.037吨氮肥。理论上的最大效率为每20.9吉焦能量生产1吨，也就是每吉焦0.048吨。因此，1910年至2000年间，效率从22%上升到了77%。也参见Vaclav Smil, *Energy at the Crossroads: Global Perspectives and Uncertainties* (Cambridge, MA: MIT Press, 2005), p.57。

[2]　Vaclav Smil, *Energy: A Beginner's Guide* (Oxford: Oneworld Publishing, 2006), p.94; Smil, *Energy in Nature and Society*, p.264.

[3]　每瓦特0.1流明除以每瓦特350流明白光的理论最大值。参考Smil, *Energy in Nature and Society*, p.75。

[4]　作者是按理论最大发光量每瓦特350流明计算的。现代LED灯泡每瓦大约产出110流明。见Thomas Murphy Jr., "Maximum Spectral Luminous Efficacy of White Light," *Journal of Applied Physics* 111 (2012)；也请参考 "Luminous efficacy," Wikipedia。

社会科学家沃尔夫冈·萨克斯在《星球辩证法》（*Planet Dialectics*）一书中说道："除非它与社会发展限制相辅相成，否则提高资源效率本身不会带来任何结果。"①能源分析师霍勒斯·赫林也对效率和发展持批判态度，他补充了萨克斯的观点："不能实现'自给'的效率对生产有反作用，前者必须规定后者的限度。"②确实，关于效率模糊而乐观的讨论往往并不关注限度、自给能力和限制发展等因素。

从1993年到2017年，全球材料利用率翻了一番。从1982年到2017年，能源使用量也翻了一番。近几十年的数据表明，尽管我们经历了历史上最大、最迅速的效率提升，但我们仍然可以让资源和能源使用量翻倍。效率没有减少资源的使用，因为它带来的利益被经济增长带来的资源消耗抵消了。

我们考虑背景基础，批判性地理解效率之重要性在于摆脱一个普遍存在的观念——我们的社会是高效的。我们消耗大量资源和能源，社会经济迅速发展，但后果是增加了肥胖者的人数，破坏环境以及娱乐至上。我们高投入、高产出的线性文明系统并不高效，但它是强大的。我们的文明将不可再生的自然资源转化成了生命短暂的人工制品、转瞬即逝的满足感和失控的未来。这一切都以惊人的、越来越快的速度在进行。

我们要批判地、现实地看待效率和创新，同时也要质疑永无止境的增长和积累的全球经济；质疑资本主义、发展和进步的核心原则；质疑我们出人头地、提升收入和获得地位的个人计划。我们当然需要有效的手段，但我们更需要审慎的、有限度的、有尊严的、公正的文明。

---

① Wolfgang Sachs, *Planet Dialectics: Explorations in Environment and Development* (Halifax, NS: Fernwood, 1999), p.41.

② Horace Herring, "Energy Efficiency — A Critical View," *Energy* 31 (2006): 15.

## 第6节 反馈环和经济发展

要想了解经济、社会、历史和地球生物圈的关系，需要先了解反馈机制。我的室内恒温器就是一个很好的例子。加拿大一年中的大部分时间里，房子外面的空气很冷。白天，我将恒温器设置在21℃。恒温器中的温度计会测量屋内的实际温度，并将数值与21℃的目标进行比较。当我的房子变冷，实际温度低于设定值时，恒温器便打开炉子，燃烧天然气，使房子变暖。几分钟后，房子温度上升到21℃，或稍微高一些，恒温器就会关掉炉子，我的房子也开始慢慢冷却。反馈环就是这样工作的：低温→开炉→高温；高温→关炉→低温。人的身体也会做类似的事，在各种外部条件和运动状态下保持体温恒定，生物学家称这个反馈现象为内稳态。

反馈有两种类型：正反馈和负反馈。我的炉子和恒温器是负反馈环的一种表现。当温度向一个方向移动时，负反馈环开始运行，把它拉回设定值。负反馈会缩小或消除差距。它使系统维持稳定，可以抑制扰动。相比之下，正反馈会扩大差距，驱使系统远离初始点，并且不能维持系统稳定。我将在本小节后面举出一些正反馈的例子。

### 负反馈可以保持稳定

负反馈的另外一个例子是许多蒸汽机上都有的离心式飞球调速器（见图3-4）。调速器可以自动稳定发动机的速度，这一点与恒温器稳定房屋温度的方式大致相同。蒸汽机转得越快，飞球调速器的中心轴转得也越快。更快的旋转产生了离心力，让悬挂在摆臂上的两三个重球向外、向上移动。随着调速器装置上的滚珠向上运动，它们向套筒施加了向上的压力，带动滑套在中心垂直轴上自由地上下运动。套筒上的凹槽中装着一个移动臂的柱形随动件。移动臂控制着调节气缸蒸汽流量的阀门。随着发动机旋转速度的上升，调速器旋转得越来越快，球向外和向上移动，带动节气门连杆，于是蒸汽流量减少，发动机减速。反过来，如果发动机转速低，重球就会下降，节气门会增加蒸汽流量，使发动机的转速提高。

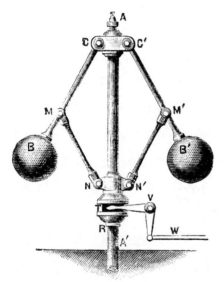 

图3-4 飞球调速器

引自：左图来自Robert Thurston, *A History of the Growth of the Steam-Engine*；右图照片由作者提供。详细资料来源见附录2。

以上都是负反馈的例子。温度下降时，负反馈让温度升高；蒸汽机速度过快时，负反馈让它减速。当然也有正反馈。假设工人无意中把我恒温器的线路接反了，室内温度上升时，它不但不向炉子发出冷却的信号，反而让炉子继续加热，这样房子就会变得越来越热。可以说，正反馈会让一个方向的运动引发更多同一方向的运动。正反馈可能会导致事态失控。一个具有有效负反馈机制的系统是可控的，能够将数值控制在我们设定的点上。在当今世界，持续正反馈现象包括快速发展、指数级增长、动荡、不稳定、经济过调、极端主义甚至崩溃等。

## 正反馈和我们的经济

在很大程度上，负反馈机制是以前的人类文明和自然生态系统的保障。但是E文明是异常的。它的独特之处，以及它的优点和缺点，在于它是正反馈的产物——它似乎没有限制，发展越来越快。

谈一谈我们的经济。股市上涨会引发乐观和兴奋，吸引人们投入更多美元，从而推动股市进一步升高。这是正反馈。另一方面，快速下跌的股市会产生恐惧，促使人们撤出资金，导致股市进一步走低。这也是正反馈——一种效果会导致更多相同的效果。我们的经济作为一个整体，通常来说是通过正反馈运行的。当经济收缩时，雇主开始裁员，公司的规模、收入和支出都会下降，然后经济进一步收缩，引发新一轮裁员和收缩。当经济扩张时，正反馈也在起作用：公司会招聘新员工，规模和总收入会扩大，信贷扩张，总体支出也增加，然后经济得到进一步的扩张，引发新一轮招聘、支出和扩张。由于种种正反馈作用，经济不断偏离现在的状态，也偏离了稳定状态。增长会引发更多的增长，而衰退也有可能引发更多、更迅速的衰退；繁荣为更大的繁荣奠定了基础，一场萧条有可能引发更多的萧条。比如2008年的金融危机，一家银行的倒闭导致了更多银行倒闭，银行的失败又影响了美国经济以及全球经济，让它们陷入了停顿、危机、衰退、萧条甚至崩溃。我们的经济与正反馈联系在一起，它就像一架设计不良且不可靠的战斗机，可以迅速爬升或俯冲，但似乎不能水平飞行。一旦停止上升，它就立刻开始俯冲。

我们的经济和社会在正反馈中运行，原因是多方面的，这里将其简要地归结为六类。

第一个原因是化石燃料的使用是正反馈机制。化石燃料返回的能量（有效功）比开采它们所投入的能量要多很多，它有很高的EROI值。比如说，钻一口油井投资的能量可以换来十倍的回报。我们可以将其中的两到三个能量单位再投资，很快，我们就会拥有20甚至30个单位的能量；然后再将其中一部分拿来投资……渐渐地，我们拥有的能量越来越多。现实比这个例子要复杂，但基本逻辑是一样的，只要投入量增加，化石燃料的使用就可以支持正反馈。

第二个原因是，资本主义制度鼓励个人和企业以这种方式运作。社会鼓励穷人致富，而富人也想变得更加富有。一家小规模的石油公司想变成大公司，而一家大型石油公司也必须通过增加收入和利润来取悦股东。每一代人都认为比前一代生活得更好是理所当然的。每个人都希望能够加薪升职。大多数人遇到繁荣后，都想继续努力，制造更多的繁荣。

第三个原因是，我们正在将丰富的化石燃料转化为肥料和食物，然后转化为消耗更多燃料和材料的人口，更多的人口又产生了更多的消费需求。一个更大、更富裕、动力更充沛的全球经济体可以支持更多的人，而更多的人能够生产、消费和扩大全球经济的规模。两者相辅相成，相互促进，这也是一种正反馈。

第四个原因是知识、资本和技术的复合效应。因为科学和技术在不停地发展，每一代都会比上一代更好，所以经济规模必然也越来越大。

第五个原因在于工业生产。对任何产品来说，随着产量的增加，单个产品的成本就会下降，即边际成本递减。产品数量增加，成本降低，于是价格也会降低，而较低的价格可以带动销量、刺激生产，于是单位成本和价格进一步降低。1910年，亨利·福特制造了1.9万辆汽车，每辆售价950美元（以2017年的美元价值计算，约合2.4万美元）。[1]到1917年，福特的产量提高了40倍，达到每年78.5万辆，汽车价格降至360美元（以2017年的美元价值计算，约合7000美元）。价格下降既是销量增加的原因，也是其结果（反馈会

---

[1] David Nye, *America's Assembly Line* (Cambridge, MA: MIT Press, 2013), p.32.

在回归过程中模糊其因果关系）。在一定范围内，福特生产和销售的汽车越多，可以设定的价格就越便宜；设定的价格越便宜，销售量就越大。

最后一个原因是，人类需要经济和社会的发展处于正反馈中。我们有许多相关政策和管理机制，努力确保经济稳定增长、市场逐步扩大和公民更加富裕。正反馈就在我们身边。政府像接反了的恒温器一样，不断监测国民收入、国内生产总值和其他经济指标，并努力推动它们上升。如果国内生产总值没有达到我们期望的2%—3%的增长速度，政府就会降低利率并增发货币、借贷，扩大基础设施建设和增加支出，并启动一系列刺激经济的措施。经济刺激政策是一种外在的正反馈，当一个经济体内在的正反馈机制不能满足需求时，政府就会采用这种政策。企业同样需要正反馈机制。它们为了把小利变大，把大利变得更大，而不断研发新技术，更新设备，扩大生产规模，开拓市场，以及做广告，等等。尽管经济学家经常大谈凯恩斯主义和反周期资金输入，但我们的政府、市场和企业很少采用负反馈策略，人们期望经济稳定增长，而非保持在某种既定的规模。政府的目标是无论GDP有多高，无论集体工资和收入有多高，都必须进一步刺激经济。回想一下奥巴马总统的计划："美国人可以期待实际收入在2100年……高出五倍半。"[1]

由于上述种种原因，在与自然界和前工业社会截然不同的E文明中，正反馈占了主导地位。也许，最重要的原因是，E文明已经摒弃了负反馈，摒弃了这种与自然、土地、资源限制、生态承载能力、稳定的回报率、能量限制以及人类谦虚、自给自足、自强不息的价值观联系起来的反馈环。我们创造了（目前）更快、更高效的跨越全球的机器。随着生活水平的提高、技术的快速变化和进步，经济的引擎变得越来越强大，转速越来越快，燃料消耗越来越高，为我们带来了更加富足舒适的生活。一切看起来都那么美好！

我们周围充满了正反馈，似乎不应该对年复一年的经济规模扩大以及生

---

[1] *Economic Report of the President: 2011* (Washington D.C.: US Gov't Printing Office, 2011), pp.53–55.

产生活资料和能源使用量的增加感到惊讶。实际上，为了减少能源和材料的使用以及随之而来的废弃物排放增加、气候变化和环境破坏，我们肯定需要一些强有力的负反馈机制。在各国没有下决心遏制资源消耗和经济增长的情况下，不断增长的全球经济、人口和消费品需求，以及不断增长的能源资源需求，将会进一步加剧目前的状况。只要强大的正反馈机制存在，要求人们减少消耗、增加再利用和回收就是没有用的。为了减少资源使用量和阻止环境破坏，政府有必要干预正反馈，并通过税收、政策和法规引进负反馈。尤金·奥德姆告诫我们："除非找到足够的负反馈来抵消知识、经济规模和生产力的扩张带来的正反馈，否则，人类生活和环境质量都将受到威胁。"①我们必须认识到，若不加干预，正反馈持续下去，会带来包括指数级增长、极端主义、经济过调甚至崩溃的后果。

## 正反馈的历史性崛起

从某种程度上说，负反馈构成并支配了自然（地质学家和其他学者指出，正反馈在地球和生命出现过程中发挥了重要作用，但这些与我们今天看到的生态系统中的主要反馈运作不一样）。动植物群和生态系统往往可以自我调节，以保持一个稳定的状态。工业化人类系统中常见的正反馈失控现象，在自然系统中很少见。像细菌繁殖一样快的正反馈，通常是局部的或短暂的。与人口规模、材料使用、废弃物排放和经济发展不同，生物圈中没有任何中型或大型系统的规模每三四十年就扩大一倍。同样地，在化石燃料和工业化普及之前，负反馈在很大程度上控制和支配着人类社会。学习人类社会和经济发展中正反馈的历史，可以让我们更好地理解为什么反馈机制对今天生活富裕、高消费的社会如此重要。

---

① Eugene Odum, *Fundamentals of Ecology*, 3rd ed. (Philadelphia: W. B. Saunders, 1971), p.35.

历史学家托尼·里格利写了十几部关于人口统计学、能量消耗史和工业革命起源的书。在最新的两本书中，他解释道，从负反馈到正反馈的转变过程是工业消费者社会出现的主要原因之一。[1]简单地说，化石燃料之前的社会，几乎所有生产生活资料都来自土地。土地固定的面积和产量限制了能量和材料的供应。土地的有限性对社会和经济施加了负反馈，设置了增长的极限。当经济变得繁荣、工资上涨、饮食改善、人口增加时，土地无法满足不断增长的社会需求，不能提供足够的食物、饲料、柴火、木材、棉花、羊毛以及能源和材料。随后，经济增长会放缓，然后发生逆转。有些人挨饿，有些人推迟生育或者选择不育，于是人口下降。数千年来，负反馈一直支配着人类社会。直到最近二三百年，煤炭和其他化石燃料让人类摆脱了土地的限制，并迎来了正反馈和指数级增长的新体制。从一个被土地约束的负反馈社会到一个向上发展的正反馈社会的转变，是人类历史上最重要的变化之一。下面我们简要介绍这个转变过程。

在化石燃料和发动机出现之前，社会主要利用了三种能量。一是食物能量，维持人类的生存和新陈代谢，让我们可以生活、工作和思考；二是农田劳作和运输能量，即马以及其他拉犁拉车牲畜的饲料、草和粮食；三是热量，我们通过烧柴火的方式，烹饪食物、烧制陶器以及为房屋保暖。在历史上大部分时间里，这三种主要能量都来自土地。燃料主要是木头，还包括少量泥炭、动物粪便、稻草和其他可燃物。人类的食物主要来自土地，一小部分来自河流湖海。用于运输的畜力，马、牛和其他牲畜吃的干草和谷物，也同样来自土地。人类不仅从陆地上获取了几乎所有的能源，土地还为有机经济提供了大部分材料，包括棉花、羊毛、皮革、木材、茅草等。

以上三种能量几乎都来自土地，若增加其中一种能量，则必然会减少其

---

[1] E. A. Wrigley, *Energy and the English Industrial Revolution* (Cambrdige: Cambridge University Press, 2010); E. A. Wrigley, *The Path to Sustained Growth: England's Transition from an Organic Economy to an Industrial Revolution* (Cambridge: Cambridge University Press, 2016).

他能量供应。[1]如果用砍伐森林的方式来开荒，以获取更多的耕地，那木头就会减少。扩大牧场面积，饲养更多牲畜，那耕地面积就会减少。从长远看，作物产量可能会提高，但从中短期效果来看，这是一场零和博弈。土地的产出（即社会能源供应）很大程度上是固定的——它受土地面积、光合作用效率以及植被分布和土地利用状况的限制。而这几个因素都不能迅速增加。里格利告诉我们：

> 地球的陆地表面积是固定的，这是一个我们无法克服的障碍……如果工业革命无法获得传统经济中不存在的巨大规模的能量，那么它在物理上是不可能达成的。[2]

能源分析师和经济学家罗杰·富凯也得出了类似的结论：

> 由于能源主要通过植物、动物和水文学过程包括水车等间接的太阳辐射获得，所以任何地区的能量流都是有限的。能量流决定了其最大供应量。鉴于地表是捕获太阳光的基础，所以有机能量系统的不同部分——尤其是农田和林地——总是处于竞争状态。[3]

土地的有限性带来了负反馈。当经济增长时，能量（包括食品）和材料的需求也会增加。它们都是土地的产物。若农民试图增加产量，他们必须将以前不愿意用的质量较差的土地投入生产，并且必须对现有耕地实行精耕细作——使用更多劳动力。质量差的土地意味着回报率也会低，并且随着人们

---

[1] Astrid Kander, Paolo Malanima, and Paul Warde, *Power to the People: Energy in Europe Over the Last Five Centuries* (Princeton: Princeton University Press, 2013), p.8; Roger Fouquet, *Heat, Power and Light: Revolutions in Energy Services* (Cheltenham, UK: Edward Elgar, 2008), p.20.

[2] Wrigley, *Energy and the English Industrial Revolution*, p.193.

[3] Fouquet, *Heat, Power and Light*, p.20.

从土地中提取更多的能量和材料，回报率会继续下降。这样的负反馈有助于减缓并且逆转增长趋势。里格利写道，"今天的快速增长……意味着明天的快速减速"，"有机物经济中的负反馈是不可避免的，在前几个世纪，许多增长周期之后都出现了停滞"。[1]经济历史学家乔尔·莫基尔也赞成这个观点："在工业革命之前，经济受到负反馈的影响，每一次增长都会遇到一些障碍或阻力，最终增势逆转。总的来说，传统社会中经济规模基本稳定，增长是短暂的、偶然的。"[2]

有人可能会怀疑里格利、富凯、莫基尔等人的说法——人们从土地中获取所有的能源和材料，而这恰恰成了一道阻碍经济发展的屏障。但请参考下面关于土地有限性阻碍经济和工业扩张的例子。1851年前后，英国每年生产230万吨铁。[3]这是铁道、蒸汽机和工业革命所需的铁。如果英国用木材制成的木炭炼铁，那么每年要有超过25万平方千米的森林来提供木炭——比英国的国土面积还大。而这些木炭仅用于钢铁生产，不包括其他能源密集型产业（比如烧砖、制玻璃、酿酒、炼糖、漂白和制盐）的燃料需求。德比尔等人写道："在18世纪，一家玻璃厂就像一个森林砍伐企业。"[4]而这25万平方千米的林地并没有考虑取暖或建筑用的燃料和木材，也没有考虑生产食物所需的土地面积。如果英国以木材为燃料发展工业，它的产出仅是以煤为燃料的工业化社会的一小部分。薪柴的限制，即土地的有限性，会深深地影响经济增长，形成强烈的负反馈——当经济开始升温的时候，会让它迅速冷却。

---

[1] Wrigley, *Energy and the English Industrial Revolution*, pp.56, 195.

[2] Joel Mokyr, *The Gifts of Athena: Historical Origins of the Knowledge Economy* (Princeton: Princeton University Press, 2002), p.31.

[3] Philip Riden, "The Output of the British Iron Industry before 1870," *The Economic History Review* 30, no. 3 (Aug. 1977): 455. 也参见 B. R. Mitchell, *European Historical Statistics* (London: Macmillan, 1975), pp.391–398。

[4] Jean-Cluade Debeir, Jean-Paul Deléage, Daniel Hémery, *In the Servitude of Power: Energy and Civilization Through the Ages*, trans. John Barzman (London: Zed Books, 1991), p.90; Debeir et al., cite R. Capot-Rey.

若想经济发展到一定规模，实现工业化，摆脱负反馈并建立持久增长的机制，就必须追求不受土地面积和植物生长限制的能源。答案是煤。煤和其他化石燃料让社会摆脱了负反馈。里格利写道："我们通过一定的技术手段和设备，获得过去光合作用的产物，可以缓解当前的供应压力。"[①] 从当代能源到化石能源的转变，也是负反馈到正反馈的转变。

煤炭分阶段减轻了此前土地为全社会提供能量的负担。在第一阶段，煤炭为土地卸下了提供热能的负担。在英格兰，到17世纪中期，在取暖和烹饪上，煤炭使用量已经超过木材；到了18世纪后期，煤炭在炼铁和其他材料加工方面也已取代木材。[②]煤炭取代了木头，于是可以腾出更多的土地生产食物，以及为动物提供饲料。在第二阶段，煤炭消除了土地为牲畜提供饲料的负担。在19世纪中期的英国，燃煤固定式蒸汽机提供的动力比水车和风车还多，一些燃煤蒸汽机火车也投入使用，代替畜力来负担交通运输工作。[③]几十年后，在英国、美国和世界各地，人们把同样的燃煤发动机安装在巨大的轮子上，用来拉犁，取代用牲畜耕作的方式。至此，由土地提供的三种能量，化石燃料已经取代了两种。我们可以腾出更多的土地来生产食物，养活更多的人口，并且增加生产和消费。

正反馈的效果慢慢体现出来了。煤炭供应不受土地面积和绿色植物捕获阳光能力的限制，并且可以迅速地、成倍地增加（图2-8所示）。里格利将煤炭描述为"一种新元素，能够改变整个系统中负反馈占主导地位的情况，而且让正反馈成为主流"。他继续说："煤炭意味着社会可以保持甚至加快发

---

① Wrigley, *Energy and the English Industrial Revolution*, p.111.

② 在17世纪早期的英格兰和威尔士，煤炭在社会经济中的贡献已经超过了柴火。Kander, Malanima, and Warde, *Power to the People, 61; Wrigley, Energy and the English Industrial Revolution*, pp.94–95.

③ John W. Kanefsky, "The Diffusion of Power Technology in British Industry, 1760–1870"（unpublished Ph. D. thesis, University of Exeter, 1979), p.338.

展的速度，而不再经历不可避免的放缓。"①坎德尔、马拉尼马和沃德认为："化石燃料超越了土地的限制，机械化超越了生物体的限制……新的能力创造了现代世界。"②

传统农业成功地创造了大量食物能量盈余，但许多地方的农业文明一再遭遇土地限制——有限的土地无法满足不断扩大的能源和材料需求。这些文明还面临着第二个障碍，即生物体本身的限制。城市和村落聚集起来的能量必须进入人类和牲畜的嘴巴，流过细细的血管，最后通过他们的肌肉输送出去。土地和生物体的有限性限制了早期文明的规模、复杂程度和发展速度，即施加了负反馈。直到人类文明摆脱土地和生物体的束缚，有了正反馈装置，才有了突飞猛进的发展。但是还有一个问题，负反馈将在何时以何种方式重新出现？也许通过限制温室气体排放和石油供应，或者因为资源、粮食等短缺而强行出现？此外，如果我们不迅速采取行动，对经济施加负反馈，那环境和社会问题将会危及当代人的生活，以及子孙后代。在自然界，正反馈几乎总会导致无节制的增长和崩溃，例如细菌倍增式繁殖，然后在超出可用资源承受力时数量骤减。现在，由正反馈主导的人类社会也面临同样的威胁。

---

① Wrigley, *Energy and the English Industrial Revolution*, pp.178, 224.

② Kander, Malanima, and Warde, *Power to the People*, p.8.

## 第7节 扩大规模，无限增长

生意是生意！

生意越大越好。

哪管谁的肚子里胀气？你要知道！

我没有任何恶意，真的，这一点都不假。

不过我必须扩大规模，于是我的生意越做越大。

我扩建了工厂，扩宽了道路。

我还有更大的卡车，好装载更多的货物。

我用船装上万能毛线衫运往世界各地。

运到南！运到北！运到东！运到西！

我一个劲地扩大规模，卖出更多的毛线衫。

赚来更多的钱，有谁对钱不稀罕？

——选自苏斯博士的《绒毛树》[①]

### 我们执着于经济增长

在20世纪，全球经济增长了18倍，这不是偶然的。事实恰恰相反，经济增长是每个国家和许多国际机构的首要任务。二十国集团（G20）由世界上最大的20个国家和地区经济体组成，包括美国、英国、欧盟、加拿大、印度、

---

① *The Lorax* by Dr. Seuss,® and copyright © by Dr. Seuss Enterprises, L. P.1971, renewed 1999. 企鹅出版社旗下兰登书屋授权使用。

中国、日本、韩国、南非、俄罗斯、澳大利亚、巴西等。G20国家大约占了世界人口的三分之二、世界国内生产总值（GWP）的五分之四以及全球贸易总量的四分之三。2014年，G20领导人在澳大利亚布里斯班进行会晤时发表了一份长达三页的联合公报。公报里，"增长"一词出现了32次。下面是第1页的选段，从中可以看出他们的执着信念：

1. 促进全球增长以提高各国人民生活水平、创造高质量就业，是我们最重要的任务。我们对一些主要经济体更强劲的增长势头表示欢迎……我们承诺本着伙伴关系开展工作，以促进增长、提高经济抗风险能力、加强全球机构。

2. 我们决心应对这些挑战，加快努力实现强劲、可持续、平衡增长并创造就业。我们认识到良好运行的市场是繁荣的基础，正在实施结构改革，以促进增长并激发私营部门活力。我们将保证宏观经济政策有利于支持增长、增加需求、促进全球再平衡。……

3. 今年，我们制定了一个富有雄心的目标，即到2018年前使G20整体GDP额外增长2%以上。国际货币基金组织和经合组织研究表明，如果我们的政策承诺全部落实，G20 GDP将额外增长2.1%。这将为全球经济创造超过2万亿美元财富，并增加数百万就业岗位。我们在增加投资、促进贸易和竞争、扩大就业方面的举措，以及我们的宏观经济政策，将支持发展与包容性增长，有助于解决不平等和减少贫困。

4. 我们促进增长、创造高质量就业的行动已经纳入了全面增长战略和《布里斯班行动计划》。为落实上述承诺并就实现增长目标取得实际进展，我们将相互监督……我们将确保增长战略得以落实到位，并在下次峰会上审议工作进展。[①]

---

① "G20 Leaders' Communiqué, Brisbane Summit, 15–16 November 2014," G20 Information Centre, University of Toronto (http://www.g20.utoronto.ca/2014/brisbane_g20_leaders_summit_communique.pdf).

公报的文本好像一首原始颂歌——增长，增长，增长，再增长。我们甚至可以用社会机构和政府承诺增长的措辞编写一本书。毫无疑问，经济增长是各国政府、个人和集体的首要任务。此外，经济增长位居政策议程首位并非偶然；企业、游说集团、投资者、经济精英、金融界专家，以及资本主义和全球竞争的核心逻辑都催促政府不懈地追求经济增长，并将增长视为一种解决经济和社会问题的重要方式。

企业与政府对增长的关注也产生了实实在在的效果。尽管它们面临经济挑战，但从2008年到2017年的十年间，G20的总体经济规模平均每年增长3.2%。如果能够保持这个年增长率，那G20的经济总量将在22年内翻一番。事实上，这只是重复了过去22年（1996年至2017年）发生的翻倍。如果这个增长率能保持下去，那一个世纪内，G20的经济总量会增长几十倍，两个世纪内会增长几百倍。从中长期看来，这样暴发式的增长速度是不可能实现的——然而它并不是一个无关紧要的想法，也不是异想天开，而是全球经济体系的核心期望。2010年，卡内基国际和平基金会预计，40年内，G20的经济规模将增长三倍（两次翻倍），并指出"预计经济总量将以年均3.5%的速度增长，从2009年的38.3万亿美元上升到 2050年的160万亿美元（以美元的实际价值计算）"[1]。在卡内基基金会、经合组织和G20等机构明智而前瞻性指导下，我们的曾曾孙子可以看到比现今规模大数百倍的全球经济。我们好幸运啊！

## GDP崇拜

我们的全球文明和经济体都专注于增长，所以对于经济未能增长时期的描述往往是负面的——比如"经济衰退"（两个季度以上的零增长或负增长）和"经济萧条"（实际GDP下降超过10个百分点，或者衰退持续两年

---

[1] Uri Dadush and Bennett Stancil, *Policy Outlook: The World Order in 2050* (Washington D.C.: Carnegie Endowment for World Peace, 2010).

或更长时间）。我们对增长的执着到了荒谬的程度（比如前面的G20增长颂歌）。但我们究竟希望什么样的增长？大多数情况下，这个答案是GDP，因为它是衡量经济规模的主要指标。但GDP到底是什么，它的增长又能给我们带来什么？国家关注GDP增长，又揭露出哪些线性化的驱动因素？

GDP即国内生产总值，指一国（或地区）所有常住机构单位在一定时期内生产的全部最终产品的价值总量。它的核心问题是将不同类型的支出加在一起，用数字直观地表示出来。比如，鞋子销售额和产品责任保险抗辩费用放在一起，拔牙费用和结婚戒指费用放在一起，做手术、化疗等医疗支出和周末SPA、初等教育、监禁支出放在一起。不管好的坏的，都是加分的。GDP好像一种神奇的成本收益分析，它不从收益中减去成本，而是将它们加在一起。

如果国家经济机器中附带了仪表盘，那么它最大的中央指针就是GDP。但这是一个古怪的测量仪器，设想一辆汽车的所有仪表信号都加起来，在一个大仪表中显示。温度、油压、电压以及转速表和车速表的读数全部加起来，显示出一个上升或者下降的数。当这个仪表上的指针升高时，你不清楚它代表了汽车速度的上升还是温度的上升，发动机转速的增加掩盖了燃料水平的降低。以上这个设定很荒唐，但它在很大程度上与GDP衡量标准相似。GDP没有将资源储量、耕地、干净水资源或生物多样性的减少看作负值。所以说，GDP掩盖了文明燃料水平下降的事实，它告诉我们文明的进程在加快，但不提醒我们油箱是否变空了。GDP将所有事情混为一谈，奢侈品消费的增加可以掩盖穷人生活必需品消费的下降，而且世界各地的女性在家庭中所做的大部分工作都没有计算在内。[1]GDP的下降也可能体现了人们追求节约、低碳的生活方式，比如闲暇时选择谈话或打扑克之类的休闲方式，而不是坐飞机去海边豪宅里度假。如果我们减少资源消耗，回收和再利用各种产

---

① Marilyn Waring, *If Women Counted: A New Feminist Economics* (San Francisco: Harper Collins, 1990).

品，那GDP就会下跌；如果人均二氧化碳排放量减少三分之一，GDP也可能会下降。统计GDP时，生产性消费和非生产性消费的计算方式相同，购买椅子或裙子的钱，与清除墙壁涂鸦或在赌场输的钱是没有区别的；健康对GDP没有影响，但我们不断扩大的制药业是增长的引擎；和平没有价值，但战争导致GDP快速上升。

也许，最令人担忧的是，GDP往往混淆了其手段和目的。它并不能衡量我们是否真正实现了自己的目标，例如，温馨舒适的家、安全的旅行、开拓智力的教育、愉快的用餐、亲朋好友其乐融融，以及满足感和安心感。相反，它衡量的是我们在实现目标过程中的花费。事实上，与为达成目标而适度的支出相比，不能实现目标的庞大开支对GDP的推动作用更大。无论我们有多么愉快，迈着多么轻盈的脚步去上班，GDP都不会改变；而如果我们花大价钱买汽车，被迫沿着拥堵的高速公路前行，同时污染空气并消耗石油储备，那么GDP就会上升。GDP记录的不是我们是否快乐和安全，而是我们为实现这些目标不断增加的支出。GDP在很大程度上是衡量经济衰退的指标。

GDP衡量标准的创始人、诺贝尔经济学奖获得者西蒙·库兹涅茨很早就意识到并且关注这些问题。他明确警告说，GDP不能像我们今天使用的那样，粗略地代表人民的幸福或经济健康状况。"我们不能通过衡量国民收入推断出一个国家的福利水平。"[1] 他在另一篇文章中补充道："我们必须牢记增长的数量与质量、成本与回报以及短期增长与长期增长之间的区别。实现更多增长的目标应该更加注重增长的内容。"[2] GDP本来是一种技术工具，应用面很窄，专家们应当谨慎地使用。然而，GDP本身变成了目的。这个曾经籍籍无名的临时会计措施已成为所有国家、人民和政治家的重要愿望。

我们期望GDP快速增长，这也是人类社会从循环系统向线性系统转变的

---

[1] Simon Kuznets, *National Income*, 1929–1932, report to the 73rd Congress, 2nd session, Senate document no. 124 (Washington D.C.: US Gov't Printing Office, 1934), p.7.

[2] Simon Kuznets, "How to Judge Quality," *The New Republic* 147, no. 16 (Oct. 20, 1962), p.29.

主要动力。这一点对我们的分析非常重要。换句话说，循环系统往往会限制GDP的增长，闭环流程降低了销售额。比如，农场种子的循环极度减少了货币交易并降低了GDP。如果农民可以在一个封闭的循环中实现种子自给，就没有人成立公司来销售商业种子；没有律师来为种子申请专利；卡车司机不需要运输种子；报纸也不需要为司机做广告；种子贸易协会不需要花费数百万美元游说立法者，让他们制定新法律以更好地管理种子行业。循环大量减少了多余的支出，从而降低国内生产总值。GDP主要是经济吞吐量的指标——衡量线性经济系统的吞吐量。

GDP会因循环破裂而上升。当我们将育儿和老年护理——互惠性服务的代际循环——转变为日托和护理院时，GDP就会上升。当我们打破粮食生产的循环，对化肥和各类药剂的需求增加时，GDP也会上升。当我们不再互相交谈、听音乐会、打牌或讲故事，而是消费高成本、高投入的娱乐产品时，GDP就会上升。如果把GDP当作经济实绩的监控器，那么打破循环，并将其改造为需要投入资金和服务并产生昂贵的、适销对路的产品的线性系统时，我们就会看到正数（GDP增加）。从这个意义上讲，追求GDP增长等于追求破坏经济运转的循环并创建线性系统。

# 第四章

# 人类文明的管理制度

## 第1节　管理和自治

民主制度的理论和实践在传统社会中产生，并得到了发展和传播。可以说，民主建立在一个物资可以循环、消费适度、能源稀少、功率有限的世界里。许多国家的议会和最初的选举可以追溯到传统的农业社会时期，那时候大多数人都是农民。

虽然有很多人不承认这一点，但人类社会从循环系统到线性系统的转变，深刻地改变了我们的社会运行和管理方式。个人占有和使用的能量成倍地增加了，我们对文明改造和补给的同时，也重新编辑了文明的管理程序。如果把社会比作一个电力系统，我们已经拉直甚至折断了许多电线，一部分电线被彻底扯掉了，其他许多电路也经过了多次改动或交叉布线，以至于现在的功能和原始功能完全相反。从多种意义上说，这些变化改变了E文明的发展方向。人类文明的形态发生了彻底改变，这使得我们的管理系统不能完整地运作，而且经常出现故障。人类若想重新控制自己的未来，就必须了解我们的管理程序是如何遭到破坏的，以及需要如何修复。下面几节主要讨论改造文明管理程序的四种方式：1. 打破有自我纠正作用的反馈流程；2. 从两个方面解除社会管理；3. 传播对进步的宗教信仰般的认识——线性历史和未来的概念；4.控制地球的所有生物系统和生物地球化学过程。

## 自治与反馈流程

历史上，全世界只有一小部分人享受到了自主治理的利益。在20世纪之前，很少人拥有"不可剥夺的人权"或言论和宗教自由。长时间以来，大多数地方的世俗统治者和宗教领袖共同向公民实施暴政。国王和神职人员利用带着传统价值观的、脆弱并带有惩罚性的世俗和宗教结构限制了人们的各种行为，包括职业路径、教育机会、婚姻、性生活、言论、卫生、饮食、服装，等等。

权威主义普遍存在的原因之一是社会对人性的悲观态度。宗教和世俗精英们不相信群众可以享有自由，他们认为罪与恶的诱惑太大，而百姓的思想道德素质太软弱了。统治阶级的看法往往是这样的：除非有地主和神职人员的严格控制，否则农民和工人会睡到中午，起床后干些偷窃、赌博、打劫的勾当，然后酗酒到天亮。更糟糕的是，人们有可能发动革命，破坏寺庙，或者疯狂地掠夺富人的财产。以上只是对高度复杂的历史的一种简单概述，但这里有一个重要的核心见解——历史上的大部分时间里，多数社会普遍存在人们无法管理自己或治理国家的悲观的看法。这个看法阻碍了自治的发展。

到了18世纪，一种新的观点慢慢得到了人们的认可——如果人民拥有管理自己的自由，那么他们就会做正确的事。新的个人概念以及将自由和自治置于首要地位的哲学框架最终演变成了自由民主制，其核心是承认公民对生活目的和妥善行为有不同的、往往相互冲突的见解——每人对目的和手段都有不同的看法。自由民主制主张政府不应该解决冲突，试图将信仰或行为同质化，也不应该强迫人们接受某种宗教。自由民主主义认为国家的作用是提供一个公正的、讲规则的平台。在系统中，公民有最大的自由去追求他们关于美好生活的各种理念。杰里米·边沁和约翰·斯图尔特·米尔将选择和目的的自由——关于工作、性、宗教、购物和政治，称为"最大多数人的最大幸福"。①

就本书的目的而言，最需要注意的是自由主义自治的重要核心机制，即评估和调整当地群体、民主社会、环境和经济中人类行为的反馈环。这一类反馈使我们消除了必须一边保持个体自由，一边生活在相互依赖的社区中的紧张情绪。

社会反馈直接反映了大群体的状况，让我们对自己的行为负责。反馈在许多层面上运作——个人对个人、群体对个人、群体对群体，甚至国家对国家。我们可以通过研究反馈环如何影响个人，来简单地理解它们的作用。

假设你生活在两个世纪前的某个小社区，若是你欺骗或蔑视社区里的人，比如欠债不还，或在酒馆里做了不光彩的举动，那么你的商店就会少有人光顾，你需要大家帮助时可能没人伸出援手，甚至小伙子都不愿意向你的女儿求婚。在现代社会，反馈是工作场所和其他关系的关键部分，绩效考评之类的反馈是公开的。但在家庭和社会关系中，反馈通常是微妙的。如果你大肆宣扬种族主义，邀请你去吃饭的人就会减少。一个人如何对待他人，以及他的贡献有多大，他在社会中的地位和评价都是与此对应的。他会获得或失去机会，受到赞扬或者忽视。社会反馈系统非常重要，我们给它们起了很多名字，包括声誉、级别、荣誉、尊重、声望和地位等。

生物物理反馈或许比社会反馈更重要。当粮食系统、经济和物流限制在本地时，不负责任行为的后果很明显，物理上的消耗和物资稀缺的后果，如饥饿、口渴、疾病、不安全感或寒冷会突然出现。当地过度放牧或过度捕捞，负面影响就很快显现出来。你吃掉了留着播种用的马铃薯，来年就可能因为没有食物而饿死。过度砍伐森林而不补种树苗，那森林里的野生动物就会逐渐减少。

我们也可以从成本和利益的角度来考虑社会和生物物理的反馈。人类的许多行为旨在获取利益（包括食物、伴侣、财富、地位、快乐、安全），但同样的行为也产生了成本（包括消耗、债务、责任以及工作与时间的需

---

① 这句话的起源很复杂，但是边沁的确用过它。参考 *The Works of Jeremy Bentham, Now First Collected Under the Superintendence of His Executor, John Bowring* (Edinburgh: William Tait, 1842), Part XIX。

求）。人们梦想回避成本，或者将成本强加于他人或社会，社会和生物物理反馈环的功能在于确保受益者接受随之而来的成本。因此，反馈能够让人们根据自己行为产生的正负影响来指导和控制行为。如果我想获得一所房子、一个堆满物资的储藏室和舒适的生活，那么我应该努力工作、赚钱，遵守社会规则。如果我吃闲饭、诈骗、偷窃或拖欠债务，社会将会用各种反馈来纠正我的行为，在极端情况下甚至会把我监禁。

关键的一点，为了让社会和生物物理反馈正常运作，为了让我们达到个人自由与社区利益和环境的平衡，行为成本和利益必须在空间和时间上本地化。尤其对我们和周围的人来说，成本必须显而易见，但是这种情况在逐渐改变。我们现在的一些行为的后果，可能在几十年或者几百年后，在地球的另一端出现。

我们打破了早期社会的循环，将本地经济和物流转变成了全球经济和物流，将我们的影响力极大地扩展到了过去和未来，并且让文明的力量倍增，于是重要的自治和集体管理反馈环也被破坏或切断了。由于空间和时间上的距离，个人、社区和国家现在很少能察觉到与其行为相关的全部成本，更不用说做出适当的反应了。

举一个例子来更清楚地解释上面的观点。假设生活在布里斯班的一位母亲想购买一辆大型越野车，她要用这辆车送自己和其他人的孩子去参加中上阶层社区中常见的社交、文化和体育活动。拥有大型汽车能带来很多好处，所以她要买车。购车费用是她付出的最直接的成本。世界上有很多人像她一样，为了让生活更方便而选择买车。这些汽车将燃烧数十亿桶石油，加速气候变化，造成冰川融化和海平面上升，并且在两三代人之后淹没几个岛国和三角洲，使数百万人无家可归。这样，布里斯班的母亲以及数百万个像她一样的父母就给岛国人民和三角洲居民带来了痛苦，并且对世界各地沿海建筑和城市造成破坏，这些都是环境成本。但是人们在购买汽车时，几乎一定会忽略这些成本。购买汽车的好处明显、本地化并且直接，但许多成本却模糊和遥远，而且体现在未来——在空间和时间上都很遥远。由于近期收益和远期成本之间存在时间和空间脱节，大多数人不理解他们为什么应该放弃购买汽车，以拯救马尔代夫的岛民或喜马拉雅山上的冰雪。最重要的是，我们舒适、发达的E文明一遍又一遍地重复这位母亲面临的难题。消费带来的乐趣和利益越来越直接并且个人化，而成本往往落在他人身上——包括遥远国家的人和他们的后代。对自治和集体管理至关重要的反馈流程被拉伸到了极致，最后彻底崩溃。现在我们生活的空间和时间尺度跨越数千英里和数千年，我们很难衡量自身行为的好坏。民主制度的核心运作之一就在于衡量个人与集体。

我们的行动成本和收益之间，除了空间和时间之外还存在另一个鸿沟——阶级差异。许多人（富人、发达国家居民、当代人）的利益建立在损害他人（穷人、发展中国家居民、未来人）利益的基础上。社会科学家沃尔夫冈·萨克斯和蒂尔曼·桑塔瑞斯在《公平未来》（*Fair Future*）中明确地阐述了这一点：

> 消耗环境的好处（包括财产、声望、利润、权力）和坏处（包括污染、缺乏、贫困）通常不会影响到同一地点的同一群人，而是不均匀地分散在各地。好处和坏处分别集中在不同的社会群体、不同的地方……和不同的时代。[1]

经济学家把这种将成本强加于别人、自然和未来的现象称为"外化"。我们总是批评为了利益而将成本外化的企业，比如它们在获取利润的同时污染了河流。但我们需要意识到，这一战略也许对创造高速增长的经济，以及维持我们充满特权和消费的生活至关重要。关于这一点，有两种解释，一个比较温和，另一个相对强势。温和的观点认为，行为成本和收益之间的脱节日渐严重，这是能量过剩的现代文明的一个副作用。穷人承担了原本不该降临到他们身上的负担，我们也没有充分保护子孙后代、亚洲森林或苏门答腊

---

① Wolfgang Sachs and Tilman Santarius, *Fair Future: Resource Conflicts, Security, and Global Justice* (London: Zed Books, 2007), p.28.

岛上的犀牛，这些都是让人遗憾和痛苦的结果。不过，这些负面影响将在一段时间后得到补救。随着人类变得更富有，技术变得更先进，我们也将变得更加"乐于环保"。我们将重新建立起联结行动和成本的循环。

另外一种相对强势的观点是，我们在回避成本的同时，获取利益的能力以及避免将成本反馈带入现代的能力也在不断增强，这为今天生活在发达地区的富裕人群创造了巨大的、不合理的经济优势。成本外化能够增加产量、加速经济增长以及集中财富。所以外化是全球企业、国家和精英的核心战略。巨额利润和指数级增长是E文明的标志。它们需要我们将成本与收益分开，而文明的增长使我们能够更加快速地开采和利用作为文明原料的燃料和资源。持这种观点的人还认为，未能正确分配成本不是一个意想不到的后果，而是我们富裕强大的文明必要的中心策略。

从这个角度来看，破坏了社会反馈和生物物理反馈，以及将成本推向数千英里外或数千年外，推向更弱小的社会，这一切不仅让管理变得更加困难，而且剥削也会更容易发生——几乎确定无疑会发生。如果E文明没有将成本强加给其他地方、物种、时代或阶层，它就不会变得那么强大，我们的生活也不会那么奢华，经济发展也没有那样迅速。破坏管理反馈流程的后果是双向的——它严重削弱了我们自治和选择未来的能力，但也创造了供应和丰富文明的新方法。自我调节性管理流程的破坏既是E文明力量和规模倍增的原因，也是其结果。

## 解除管理

在前面的章节中，我们探讨了蒸汽机顶部飞球调速器的"管理"。调速器是一个负反馈装置，当发动机速度过快时，飞球调速器就会使其减速，于是蒸汽机"受到了管理"。飞球调速器的负反馈稳定了发动机的转速，让它在一定范围运动，避免了极端情况。调速器防止发动机运行得快至散架，也防止它运行得慢到停止。

然而，E文明系统越来越不接受控制了。我们不但移除了负反馈装置，更令人担忧的是，我们用正反馈替代了它们。于是，我们的各种系统运行得越来越快，规模越来越大，它们无限制地加速和扩张。此外，消除社会系统的调速器也会产生一些负面后果，比如让社会变得更难治理。一个在规模或速度上呈指数级增长的系统，未来可能会失控，它在本质上抗拒管理。

E文明中不受控制的系统为我们带来了很多好处，但它的作用与我们塑造和指导未来的能力是反向的。我们为了实现指数级的经济增长、社会迅速变革以及普及奢侈的生活方式，跟地球做了一笔交易，切断了作为必要治理机制的负反馈。这些机制包括建设性的公众协商、社区管理、审议、监管、政府监督、凯恩斯主义的反周期支出、扎实的环境、健康与安全保护措施，以及长期规划。

但这个系统在很大程度上是不可控的。快速全球化的经济呈指数级扩张，超出了我们改造和指导它的能力。在产生高速经济增长以及提高生产和消费方面如此有效的正反馈流程，是个失控的流程。它不管在定义上还是设计上都不受控制——不受政府的控制，也不受速度的限制。其实，当我们谈论自由放任主义经济、看不见的手和自由市场时，我们是在承认和赞扬放弃控制权；我们投票支持"小政府"或减税政策时，我们也在鼓励它。

我的意思并不是说我们不能或不应该管理个人、经济、技术以及工业生产和废弃物排放的速度。面对资源枯竭、气候变化以及核武器威胁和地球改造工程等重大问题，有效的民主治理是必不可少的。关键是我们要认清现实，不要自欺欺人。如果我们让经济继续翻番，那么唯一的方法就是打破稳定的管理流程，比如放松管制或者签订投资保护条约（所谓的自由贸易协定）。相反，如果我们想真正控制、塑造未来，就必须指导、改造技术和经济体系，并减缓开发利用自然资源的速度。除非我们做出这样的妥协，否则谈论有效治理是没有价值的，而且会起到反作用——打着民主的旗号，消灭了民主制度的幻觉。如果我们想通过民主主义换来富裕的生活和经济增长，那就要做得更坦率。但是，如果我们的愿望是确保"民有、民治、民享的政府永世长存"，就必须停止破坏负反馈机制，停止创造和刺激由正反馈支持的经济扩张和加速——停止将资金、精力和选票投入减少管理的项目。

## 第2节　进步：线性社会的信仰

我们的社会出现线性生产工业系统时，也出现了时间和历史的线性概念——进步。进步是加速的、热爱增长的线性社会的自然意识形态。在人类智慧和不断增加的能源供应下，社会的各种趋势线和经济指标稳步上升。另外，进步已经变成了一个核心观点，一个原则性组织观念，甚至可以说它是一个强大但未被承认的信仰——大写的进步。最重要的是，进步这个信念扭曲了我们的观点和期望，并诱导我们忽略事实，对未来有很多一厢情愿的期盼。可以说，进步的观点损害了我们做出理性决策、评估风险、规划未来以及领导社区和国家的能力。

进步是一种潜意识的、未被承认的设想，我们通常这样定义它："人类历史上的一种变化模式……朝着好的方向发展，长远来说这是不可逆转的趋势。"[①] 过去是黑暗的，现在是光明的，而未来会更加光明。进步的准确定义并不重要，在这里借用历史学家约翰·巴格内尔·伯里的解释就足够了：

> （进步）意味着文明曾经朝着理想的方向前进，并且还会继续前进……（它）是一种综合过去并预言未来的理论。它对历史的解释是，（人类）是缓慢前进的……朝着一个确定的、理想的方向前进，而且我

---

① Sidney Pollard, *The Idea of Progress: History and Society* (Harmondsworth, UK: Penguin, 1971), p.9; Pollard cites Charles Van Doren, *The Idea of Progress* (New York: Frederick A Praeger, 1967), pp.4–6.

们推断进步会无限期地持续下去。①

罗纳德·赖特指出："无止境的进步是现代性的伟大承诺。"②通用电气公司在20世纪50年代的广告中说："进步是我们最重要的产品。" 曾经做过通用电气推销员的美国总统罗纳德·里根在1985年的国情咨文中也向美国人保证：

> 我们国家已经做好了伟大的准备。现在是迎接新挑战的时候了——第二次充满希望和机遇的美国革命，它会把我们带到进步的新高度……阻碍进步的只有我们自己。③

刘易斯·芒福德在1934年的名作《技术与文明》（*Technics and Civilization*）中提到了进步与理性的联系。芒福德说，在18世纪，进步已经"被提升为受教育中间阶层的基本学说"，并且根据这些阶层的说法，人类正在：

> 稳步走出迷信、无知和野蛮的泥潭，走进一个更加优美、人道和理性的世界……人类不再被本能感动或武力控制，而是接受了理性的指引……进步的本质是让世界永远朝着同一个方向发展，变得更加人性化、舒适、和平、顺畅，最重要的是让社会更加富有。④

今天，并非每个人都是进步的信徒。有些人——甚至住在最好的社区

---

① J. B. Bury, *The Idea of Progress: An Inquiry into its Origin and Growth* (London: Macmillan, 1920), pp.2, 5.

② Ronald Wright, A *Short History of Progress* (Toronto: House of Anansi Press, 2004), p.6.

③ Ronald Reagan, "State of the Union Address, House Chamber, US Capitol, February 6, 1985." (http://www.cnn.com/SPECIALS/2004/reagan/stories/speech.archive/state.of.union2.html).

④ Lewis Mumford, *Technics and Civilization* (New York: Harcourt Brace, 1963), p.182.

大房子里的人——仿佛期待与进步相反的现实。他们讨论世界经济或生态的崩溃，讨论全球大流行病。世界末日的梗很受欢迎。尽管存在这样的言论，但我们的行动以及全球几十亿人口、政府和企业的行为依然表明了人类对进步的忠心。我们依赖自己并不了解的食物供应系统，家里的冰箱中只存放几周的食物；我们负债累累，口袋里几乎没有现金；我们中很少有人懂得狩猎、园艺、蔬菜腌制或者其他养活自己的方式；我们依赖自己无法修复的汽车和电器；我们依赖整个不间断运行的社会，虔诚地崇拜进步。尽管我们可能会私下抱有怀疑，或说出狂妄放肆的话，但我们像真正的信徒一样生活和做事。

进步是一种新颖的信仰。大约400年前，这种思想出现在知识界，并于200年前开始在部分国家传播。相比之下，人类文明出现在5000年前，但是直到最近4%到8%的时间里，我们才生活在文明富裕的城市里，进步才变成社会的中心思想。在其余90%以上的时间里，人类在没有察觉到进步或信仰进步的状态中生活。苏美尔人、埃及人、希腊人、罗马人、中国人或玛雅人都没有关注进步。[1]各大宗教的经书中也没有进步的概念。1750年之前，所有类型的书中都很少见到"进步"一词；1850年之前的所有国家和地区，几乎都没有它。

今天，进步是一种普及全球而又被低估的信仰。它对我们潜意识的控制塑造了现代治理方法——它影响了我们获取和消耗资源的速度，它消除了对长期后果的思考，使我们能够持续将一系列生活方式加速、扩展和复杂化，以至于生活的节奏、范围和复杂程度似乎都摆脱了人类的控制。如果E文明是一架喷气式飞机，我们已经让它飞得更高、更快，其载客量和货运量也越来越大；我们为头等舱的座位和香槟鸡尾酒争吵，快速浏览200个频道的娱乐系统；但是我们忽视了地图、指南针、温度计和燃油表。我们让市场自动驾驶

---

[1] Gerald Whitrow, *Time in History: Views of Time from Prehistory to the Present Day* (Oxford: Oxford University Press, 1988), pp.25, 31, 37, 46, 95.

飞机，而人类自己在座位上放松，对名叫"进步"的飞行计划感到欣慰。我们相信一个更繁荣、技术更强大的未来会拯救我们，所以在很大程度上忽略了6500万年来最迅速的生物灭绝威胁和化石燃料资源可能在几代人内耗尽的威胁，以及一系列相互交织、彼此制衡的麻烦问题。进步作为我们的世俗准宗教，鼓励了魔术般、非理性的行动。虽然我们在目前的航道上可能遇到磨难，但进步承诺拯救我们。技术末世即将来临，而人类在等待技术神灵带我们飞升。

尽管进步以类似宗教信仰的方式影响了我们的判断和行为，但从另一个角度看，进步也是一种大规模生产的工业产品。随着线性系统的出现和发展，我们成倍增加了E文明的力量——生产产品、改进技术和刺激变革的速度。我们所认识的进步，其实是不断增加的力量和激动人心的加速。但如果进步是一种类似石油的产品，那么生产和分配的不断扩大就没有了保证。

如果不了解进步，以及它如何塑造人类的期望和行动，我们就无法理性地管理自己。在进步的束缚下，我们高估了上行的概率并低估了下行风险。过激的宗教信仰会导致一系列严重的后果，而对进步的过度崇拜也会使我们变成现代化的狂热分子，做出激烈的行为——主要是针对非人类系统和物种，以及未来和子孙后代。

## 循环系统不相信进步

有些人否认我们为社会的进步陶醉。但请想一想，进步不仅仅是相信现在比过去好，未来比现在更好，进步还要将时间视为线性的。直到最近几个世纪，人类社会才普遍使用线性时间概念。在那之前，有多种不同的概念共存，其中有许多循环和周期性的概念。现在，线性时间概念几乎传到了地球上的每一个角落，而且毫无异议，人们已将其视为常识，这反映了进步信念的主导地位。

现在有大量讨论时间的人类学和社会学的文献。南希·玛恩在1992年出版的《时间文化人类学》（*The Cultural Anthropology of Time*）中将审慎"对社会文化时间的无限增殖研究"比作阅读博尔赫斯的小说《沙之书》。在《沙之书》这个故事中，书的页数逐渐增加，超越了人的阅读速度。①许多学者对世界各地的人如何看待和规划时间做了深入探讨。因此，这本书试图概括跨越几大洲和数千年的数百种文化这一行为，是很危险的——无异于寻求学术界的抨击。尽管如此，我仍可以肯定地说，许多文化和文明都曾经认为（并且有少数文明仍然认为）时间是周期性的——日子和季节、人生阶段，以及出生和死亡的"车轮"在不断旋转。每个夏天之后是冬天，然后又是夏天；动物从北方迁到南方再北迁；每一代的历史都在下一代重演。在这些较短的周期之外，许多社会设想了更长的几十年或几个世纪的周期。各种事件都被视为历史周期的一部分，所以它们的意义也得到了循环。

历史学家南希·法里斯说许多历史学家认为"周期性思想是标准，而线性思想是一种需要解释的脱轨"。她对玛雅文明的研究可以为我们解释周期性时间。法里斯提醒我们，时间的线性和周期性概念总是共存的。她将玛雅人规划时间的方式称为"明确周期性"，将线性年表称为"服从宇宙时的周期节奏"。她这样描述玛雅人组织和规划时间、历史和未来的方式：

> 卡吞是体现周期性时间概念最著名的例子之一，并且它与历史事件关联明显，因此尤其令人感兴趣……以图形表现的话，卡吞像是一个永不停止的圆圈或轮子，1卡吞是20年，13个卡吞为一个周期，如此循环（玛雅人的卓尔金历。——编者注）……卡吞轮既是历史也是预言，

---

① Nancy D. Munn, "The Cultural Anthropology of Time: A Critical Essay," *Annual Review of Anthropology* 21 (1992): 93–123.

既是未来的指南也是过去的记录。每当260年的周期结束时，都会有相同类型的事件发生。[1]

时间周期性的概念给了人类一种掌控感。日历的分层复杂性将随机和反复无常的事件，如水旱灾害、战争、流行病、统治者的死亡等，变成了可预测的周期。类似地，历史学家杰拉尔德·惠特罗将埃及人的时间概念描述为"连续重复的阶段"，其中"事件不断重复的观念带来了一种脱离变化和腐朽的安全感"。[2]

人们如何体验时间和规划时间？这个答案非常重要。玛雅人和其他生活在周期性时间中的人群仍然体验了线性时间。他们知道某件事发生在另外一件事之前，某位祖先死后发生了某件事，等等。这里阐述的不是人们如何体验时间，而是他们如何规划和理解时间，以及他们如何为过去、现在和未来的事件赋予意义和连贯性。

在进步的概念出现之前，人类没有从黑暗过去到光明未来的线性时间概念，也不曾期望每一代人都比以前过得更好，更不会有"水涨船高"的想法。[3]时间的周期性概念提醒我们，涨潮之后会出现落潮，无止境的涨潮是进

---

[1] Nancy M. Farriss, "Remembering the Future, Anticipating the Past: History, Time, and Cosmology among the Maya of Yucatan," *Comparative Studies in Society and History* 29, no. 3 (July 1987): 568, 569–570, 576. 也参见 Miguel Leon-Portilla, *Time and Reality in the Thought of the Maya*, 2nd ed. (Norman, OK: University of Oklahoma Press, 1988)。 想了解古典和欧洲社会的循环时间概念，请参见 David Spadafora, *The Idea of Progress in Eighteenth-Century Britain* (New Haven, CT: Yale University Press, 1990), pp.14, 15。

[2] Gerald Whitrow, *Time in History: Views of Time from Prehistory to the Present Day* (Oxford: Oxford University Press, 1988), p.25.

[3] 这句格言的用法很复杂，也有很多错误的理解。美国总统肯尼迪曾经用它来说明美国所有的州都联系在一起，所以一个州获得利益能让所有人受益。肯尼迪并未主张人们普遍富裕会自动提高穷人的生活水平。Ted Sorensen, *Counsellor: A Life at the Edge of History* (New York: HarperCollins, 2008), p.140; John F. Kennedy, "Remarks in Heber Springs, Arkansas, at the Dedication of Greers Ferry Dam," Oct. 3, 1963.

步思想带来的牵强观念。在一个没有为进步着迷的社会，肯尼迪总统对潮汐的解读——潮水终究会落下来，被水抬高的船也会一起落下——让人不安。或者我们可以换个角度看这个比喻，如果潮水持续上涨，海水不会外溢并淹没陆地吗？在气候变化和海平面上升的时代，曾经抬高船只的海潮，现在有可能淹没我们的城市。

除了帮助人类厘清过去和解释现在，循环时间概念还有一个优点，它看起来很合理，并且有证据。循环时间概念比线性概念有更多的支撑证据。直到最近几个世纪，人类系统仍然与自然系统交织在一起。自然界的变化带有周期性和节奏感，自然系统每次发生变化，都会还原到初始状态。热闹的夏天之后是寒冷的冬天，然后再次是夏天，这其中包括了出生、繁殖、死亡和新生的无限循环。因此，时间的循环概念不仅仅基于迷信、无知或虚构的神话。相反，周期性的理解建立在客观事实基础上，比如植物生物学、地球自转和气象周期等。这种周期性反映了（并成功适配了）社会和粮食系统的时空现实，包括生长周期、灌溉周期、季节变化、人类和动物生命周期等，由此不难看出为何循环时间观念在历史上大部分时间占了主导地位。在人们摆脱循环运作并且加强了化石燃料工业生产的线性流动之后，循环时间概念才基本被抛弃，由线性时间概念取代。

几个世纪前也出现了线性时间的相关内容，但这些概念很少体现出类似于进步的思想，相反，它们通常是在讲述衰落的故事。讲述辉煌的过去被堕落的现在取代，文明衰落，神的时代让位于人类的时代，人类被驱逐出伊甸园，古代巨人变成现代矮人等。[①]在进步带领我们发展线性工业之前，世事的变化通常被解释为静态的、周期性的或退步的——很少是进步的。进步也曾被解释为神灵的精心安排，这在宗教中体现得最为明显，我们不再赘述。

今天的主流观点——大写的进步信念——与将时间视为一种循环、将时

---

① 关于衰落的学说，请参考 David Spadafora, *The Idea of Progress in Eighteenth-Century Britain* (New Haven, CT: Yale University Press, 1990), p.14。

间描述为线性但呈下降趋势，或将时间视为从神的创造流向审判的社会相比，是不同的。我们的社会不会绕来绕去，先升后降，再升再降，它是向前、向上、再向上发展的。我们在一条线性道路上朝着一个方向前进，而且是加速前进。有了进步的信念之后，时间不再是车轮、周期或循环。我们将过去远远地抛在了身后，再不复返。进步信念改变了我们看待未来的方式，未来变成了一个崇高的目的地，一个天堂般的领域，一个不同于我们曾经去过的和任何我们可以想象的地方。过去变成了警示故事，充其量是一个令人怀念的时期，但不是我们社会的目的地。"你无法回去。" 你不能站着不动，也不能保持现状，更不能落后。进步是不可阻挡的，不可避免的。逃避进步就是逃避社会的潮流和重点——让自己落伍，变得不重要。

最后，还有很重要的一点，个人和社会角度都有多种重叠的时间概念，这与上面几点不冲突。在E文明中，主流的线性进步建立在学年、工作周、体育赛季等不同的周期之上。尽管时间概念有多种多样的表示方法，但对进步的推崇深刻影响了我们的思考方式和管理方式。

## 进步是一种新理念

经济史学家悉尼·波拉德在《进步的理念》（*The Idea of Progress*）中写道：

现代人无法想象一个这样的世界：自己不站在舞台中央，社会不建立在追求改进的基础之上。出于同样的原因，古希腊人或犹太人的地中海文明以及其他更早的文明，也无法理解现代人对进步的崇拜。进步带来的胜利和统治是一种现代现象。[1]

---

[1] Pollard, *The Idea of Progress*, p.15.

进步是个新的概念，它的出现和普及经历了几个阶段。为方便理解，我们可以分四个阶段来考虑它的出现和传播。在第一阶段，虽然此前有很多知识分子参与了构思，但进步作为一个完整概念被提出来，可以追溯到大约400年前，即弗兰西斯·培根（1561—1626）和勒内·笛卡儿（1596—1650）的时代。[①]最初，进步并不意味着物质条件和生活水平的改善。事实上，早期进步思想只是认识到科学和知识在积累和进步，伽利略、开普勒和哥白尼等学者的理论和观察正在不可逆转地照亮宇宙。17世纪和18世纪初，发生了一场关于现代人的知识是否已经超越古代人的激烈争论——17世纪和18世纪的欧洲人是否在艺术和哲学方面超越了希腊人？这场争论证实了进步概念的新颖性。[②]当时的普遍观点是，希腊人时代以后，人类社会存在近2000年的衰退，文艺复兴时期的思想家是站在巨人肩膀上的侏儒。这种观点否定了进步。另一部分人反对退步观点，他们怀疑科学和文化在古代是否达到了最高水平，为现代人的贡献据理力争。通过这些论战，人们对进步的概念有了更清晰的认识。

第二阶段在大约300年前。有些人开始接受，进步的概念不仅适用于科学研究，还适用于财富的增加、生活水平的提高以及社会和政治组织的改善。大体上近似的世俗进步学说在18世纪首次出现。与培根式推崇学习的概念相

---

① Pollard, pp.9, 22, 23; Spadafora, *The Idea of Progress in Eighteenth-Century Britain*, p.21. 关于进步理念的论著有很多，书名中包含"进步理念"一词的就有十多本。还有少数学者希望将这一理念追溯到古希腊时期，但如今仍有争论，关于这一点，请参见Robert Nisbet, *History of the Idea of Progress*, 和 Gertrude Himmelfarb, *The New History and the Old: Critical Essays and Reappraisals*。从17世纪开始，大多数讨论进步概念的学者虽然有时承认进步思想的"长尾巴"，但仍将其当作一种塑造力量。关于这一点，请参阅 J. B. Bury, David Spadafora, Sidney Pollard, Joseph Mazzeo, and Christopher Lasch。要了解两种观点详细的论战情况，请参阅 Robert Nisbet, *History of the Idea of Progress* (New York: Basic Books, 1980), pp.10–11。

② Spadafora, *The Idea of Progress in Eighteenth-Century Britain*, pp.22–36. 也参见 Nisbet, *History of the Idea of Progress*, pp.151–156; Pollard, *The Idea of Progress*, p.26。

反，安·罗伯特·雅克·杜尔哥、孔多塞侯爵和伊曼努尔·康德等欧洲思想家讨论了文明的改进。①

第三阶段大约从200年前开始。物质进步的理念开始在知识分子和精英阶层传播。约翰·巴格内尔·伯里将1851年的伦敦万国工业博览会（第一届世界博览会）视为分水岭，他指出，在这一时期，进步变得切实可见并开始吸引大众。②人们普遍意识到了工具、机器和发动机的技术进步。从19世纪中期开始，火车在城市和乡村中呼啸而过。工厂建设加速发展，服装变得更加实惠，电报让闪电般的通信变成可能。到了19世纪末，一场消费品革命已经开始。社会从智力和社会进步的哲学观转向普遍承认物质上的进步。对于17世纪的培根和笛卡儿来说，科学探究和科学方法是进步的发动机；而在19世纪，进步的发动机实际上就是工厂和机车中的发动机。悉尼·波拉德写道：

> 最终，世界各地的本地企业家在当下（19世纪），在一个又一个地区开始工业革命后……兑现了18世纪经济增长和科学进步的承诺。其结果是进步的观念比以前更广泛、更彻底、更无意识地为人们接受……19世纪的任何一名哲学家、消费者乃至普通大众，似乎都像接受公理一样接受了进步的观念。③

第四阶段在过去的100年里进行，进步成为构建E文明神话的核心要素之一。进步从主张变成了观点，再变成信仰。

因为进步带来的现象是新的，进步的概念也很新颖。在19世纪之前的几千年里，人类社会没有普遍的进步观念，因为对于绝大多数人来说，他们在生活中没有体验过进步。生活水平（以个人收入和人均国内生产总值为代

---

① Spadafora, *The Idea of Progress in Eighteenth-Century Britain*, pp.8, 13, 17–18.

② Bury, *The Idea of Progress*, p.329.

③ Pollard, *The Idea of Progress*, pp.104–105.

表）没有显示出持续增长，也没有体现出上升趋势。①即使有时收入上涨，它们也会经常下降。对于同一时代的观察者来说，起伏似乎是随机的。任何上升趋势的效果都是那么轻微，很容易被随机波动掩盖，以至于没有人能够察觉这其中的规律。图4-1显示，在1850年之前的450年中，欧洲一些城市的实际收入（经通货膨胀调整）出现了波动，但没有上升。相比之下，自1850年以来，英国和比利时的个人实际收入增长了8倍，西班牙和另外一些国家的实际收入增长了近4倍。注意图的纵轴坐标是指数级的，看起来双倍的增长，实际上接近9倍。1850年，英国的实际工资在表中尺度上是50；到了20世纪后期，这个数值已接近500。

① 关于个人收入，请参考Walter Scheidel, *Real Wages in Early Economies: Evidence from Living Standards from 1800 BCE to 1300 CE* (Stanford University, 2009), pp.3, 6, 20, 21; Peter Scholliers, "Wages," in *The Oxford Encyclopedia of Economic History*, ed. Joel Mokyr (Oxford: Oxford University Press, 2003) vol. 5, pp.203–210; Sevket Pamuk and Maya Shatzmiller, "Plagues, Wages, and Economic Change in the Islamic Middle East, 700–1500," *Journal of Economic History* 74, no. 1 (Mar. 2014); Robert C. Allen, *The British Industrial Revolution in Global Perspective: How Commerce Created the Industrial Revolution and Modern Economic Growth* (Nuffield College, Oxford University, 2006), p.5; Henry Phelps Brown and Sheila Hopkins, *A Perspective on Wages and Prices* (London: Methuen, 1981), p.19; Gregory Clark, "The Long March of History: Farm Wages, Population, and Economic Growth, England 1209–1869," *Economic History Review* 60, no. 1 (2007): 99, 100, 104。关于GDP，请参考 Angus Maddison, *The World Economy, Volume 1: A Millennial Perspective* (Paris: OECD, 2001), p.264; J. Bradford DeLong, *Estimates of World GDP, One Million B.C.—Present*, working paper (Department of Economics, University of California Berkeley, 1998); Jan Luiten Van Zanden, "Early Modern Economic Growth: A Survey of the European Economy, 1500–1800," in *Early Modern Capitalism: Economic and Social Change in Europe, 1400–1800*, ed. M. Prak (New York: Routledge, 2001), pp.73–74。

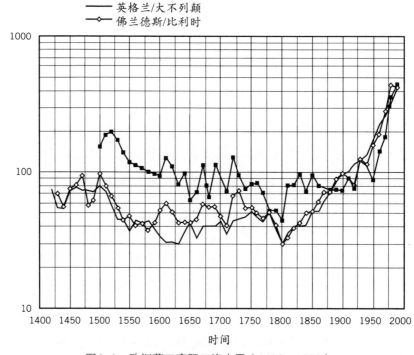

图4-1　欧洲劳工实际工资水平（1420—1990）

注：假设1913年的工资水平为100单位。

引自：Reprinted, with permission, from Oxford University Press, USA. Peter Scholliers, "Wages," in *The Oxford Encyclopedia of Economic History*. 请参考附录2的详细资料来源。

20世纪80年代，经济学家亨利·菲尔普斯·布朗和希拉·霍普金斯根据19世纪研究人员的工作成果，整理了1264—1954年间英国工匠和劳工收入的详细表格。为了更好地比较这七个世纪工资的变化，菲尔普斯·布朗和霍普金斯用一篮子综合消费品代表工资——工资可以购买的食物、布料、燃料和电的数量。他们发现劳工和工匠的收入和购买力在14和15世纪出现了增长，主要原因是黑死病造成的劳动力短缺。但在16世纪，随着人口回升购买力反而下降了，因此19世纪初工匠的购买力并不比13世纪后期高。[1]他们的生活水平也没有提高。

收入没有明显增长是19世纪之前历史的永久性特征，这种现象可以追溯到1420年（图4–1）或1264年（如菲尔普斯·布朗和霍普金斯所述），甚至数千年前。据安格斯·麦迪森整理的数据，公元之后的1500年，西欧的人均GDP变化很小（如果我们足够细致，可以通过人均GDP看出收入水平和物质繁荣的总体趋势）。麦迪森认为，在这1500年间，西欧人均GDP增长了71%。[2]但历经15个世纪的71%的增长，具体到一代人，是很微小的。而战争、瘟疫、水旱灾、失业、伤病等短期波动会抵消轻微的上升趋势。此外，中国、非洲、拉丁美洲和其他地区的经济增长率也很低，有时甚至是负数。

经济学家凯恩斯推测，在18世纪之前的4000年里，人类平均生活水平可能最多翻了一番。[3]这意味着每人一生平均增长1%—2%。在人类历史长河之中，虽然生活水平时有波动，但从一两代人的范围来看，几乎没什么变化。

再往前看，我们看到文明变化的速度甚至更慢——在当代观察者看来，基本上是一个静态的世界。罗纳德·赖特这样描述农业出现前的近300万年：

> 史前时代的大部分时间里，变化是如此缓慢，以至于千秋万代以来，整个文化系统（主要通过他们的石器工具显示）以几乎完全相同的模样代代相传。出现一种新的风格或技术，可能需要10万年时间。[4]

19世纪之前的人类社会并不支持进步，因为他们没有观察或体验到进

---

① Phelps Brown and Hopkins, *A Perspective on Wages and Prices*, p.19.

② Angus Maddison, *The World Economy, Volume 2: Historical Statistics* (Paris: OECD, 2001), p.642.

③ John Maynard Keynes, *Essays in Persuasion* (London: Macmillan, 1931), p.360.

④ Wright, *A Short History of Progress*, p.14.

步。当个人收入、生活水平和物质条件在19世纪急剧上升之后，进步的观念才得以传播和普及。事实上，粗放的进步只不过是曲线稍稍有点向上。大写的进步相信，上升趋势在某种程度上是正常和可持久的。

## 信念与神话

我质疑进步信念的有效性时，并没有否认人类社会向前发展。我并不认为，社会没有得到改善。只要粗略地看一下从科学革命开始（1543年左右）到今日科学技术的进步，任何关于人类社会在认知上没有进步的观点都会被推翻。不管多么顽固的人，在看到生产技术和医疗卫生水平的进步后，都会承认我们这些富裕国家的公民是知识和技术积累的受益者。我想说的是，我们将过去发生的进步转化成了一种对未来进步的信仰，我们将进步的经验转化成了进步的理念——相信冥冥之中自有天意，我们会受到眷顾，社会持续进步发展的概率比退化的概率要大得多；相信美好未来是人类智慧的结果，可以无限制地延续。即使在二氧化碳含量增加、资源能源储量减少、物种以流星般的速度消失的情况下，我们仍然坚持这些信念。

一系列关于科学、技术、创新和工业资本主义的信念，使我们不顾一切地冲向未来。我们花光了存折，然后再贷款；我们的橱柜里没有一粒谷物；我们在依赖一套无法自己制造、修复甚至解释的技术。我们不知道自己的外套和鞋子来自何方，由什么样的材料和工艺制成（例如，很少有人知道嫘萦是怎么制作的）。更能说明问题的是，当下我们大量消耗资源，但是相信船到桥头自然直，总会有聪明人想出办法，解决子孙后代资源和能源短缺的问题。我们抱着一种模糊的信任前进，认为科技会想出办法，我们相信不知道哪里的藻类燃料、甲烷和氢气会为未来提供动力并稳定气候。世界人口可能会扩大到80亿、90亿、100亿、110亿，但我们不会因为如何养活这些人口而夜不能寐。我们开采磷、铬和铜来满足各种没有意义的需求，不考虑这些资源只要几代人就可以耗尽，届时人们该怎么办。由于我们对进步的乐观信念，我们仍然以当下这种危险的方法行事，愉快地开展各项业务，在夜晚安心入睡。

我们坚信"一切都会好起来"，这种信念是如此强烈，以至于我们不会费心评估潜在威胁变成现实的可能性，以及研究那些宣称可以解决问题的方案的可行性。我们会花很长时间来列购物计划或规划假期，但很少花时间考虑未来要依赖的科学技术。不管是普通人的交谈还是议会的立法辩论，都很少涉及资源枯竭或经济规模扩大面临的挑战。我们的信仰过于强大，所以很少考虑影响孩子们未来的技术。虽然我们周围的人大都不信教，但他们的生活却完美地体现了对进步的信仰。这种信仰很少被人谈起，我们甚至感觉不到，它也因此变得强大。经济学家托马斯·塞德拉塞克写道：

> 我们往往忽略了最重要的事，因为我们对它如此肯定。进步的观念是其中之一。它一直围绕着我们，它出现在电视、广告、政治公告中和经济学家的嘴里，是我们这个时代无须讨论的公理，但正因为它是无意识的，所以我们看不到它。[①]

悉尼·波拉德说进步的理念是"（人们）赖以生存的最重要的理念之一，尤其是大多数人无意识地、十分肯定地支持它。它被称为现代宗教或宗教的替代品，而这些称谓并非不公平"[②]。进步也许是一种宗教，或者说它的功能像一种宗教。它与宗教有许多类似的地方：关于过去的故事；关于未来的预言；对拯救和救赎的承诺；对生活方式的指导；对正统和异端的区分；有传播福音和传教职能（敦促和协助所有人民和国家走"发展"的道路）；对无信仰者的制裁（民选职位只对"信徒"开放）；对天堂的承诺（美好的未来）；对牺牲的要求（包括珊瑚礁、热带雨林等）。

---

① Tomas Sedlacek, *Economics of Good and Evil: The Quest for Economic Meaning from Gilgamesh to Wall Street* (New York: Oxford University Press, 2011), p.231.

② Pollard, *The Idea of Progress*, p.13.

进步像宗教那样，为我们提供了自成一体的神话。这里用神话一词，并不是说进步的概念不真实或者像童话故事，而是借用了社会学家和人类学家对神话的解释：神话是对过去的一种安排，无论是真实的还是想象的，其模式都能与文化最深层的价值观和愿望产生共鸣。神话创造并强化了那些被视为理所当然的或者看似公理的原型，让它们不再受到挑战。神话充满了寓意，以至于我们会为了它而生死拼搏。神话是人类文明穿越时间的导航图。[1]

对于不相信进步是基础神话的人，我们不妨问问他这个问题：如果没有进步信念，在时间长河中，我们的文明用什么来导航？还有什么比进步信念更能"与文化最深层次的价值观和愿望产生共鸣"？

世俗和宗教的神话让人们能够准确地把握某些抽象概念，而且能快速记住它们——感人的故事帮助我们建立世界观，理解世界的形态，世界的复杂性、连贯性、格局和意义。神话是我们思想和行动的深层基础，虽然很多时候我们并没有感受到它。我们既受理性的驱使，也受神话的驱使。历史学家约翰·巴格内尔·伯里在他的《进步的理念》（*The Idea of Progress*）中将进步称为"西方文明的活力和控制理念"[2]。他称进步为基本神话。

诚然，在某些方面，进步信念与传统宗教不一样，比如它没有万神殿（尽管圣人的名单越来越长）。另外，世俗世界的进步宗教与基督教之类的宗教在很多方面是相反的——它不但表彰自己的优点，也夸大了许多受传统宗教谴责的特质。资本主义、消费主义和进步信念交织在一起的教义翻新了道德，让人们变得放纵、虚荣、奢侈和贪婪。进步信念提升了人的欲望，并为其辩护，它鼓励我们追求大量消费品，并且彻底废除了以往的戒律。这也说明，人类很少停下来询问进步或其他激励我们的行动、改变我们的理解和道德、指导我们的生活、促进或损害自我和集体治理的神话。

---

① Ronald Wright, Stolen Continents: *The "New World" through Indian Eyes since 1492* (Toronto: Viking, 1992), p.5.

② Bury, *The Idea of Progress*, p.vii.

## 普遍进步是一种石油产品

在探讨持续大量生产和分配进步的限制性因素之前，我想仔细探讨进步是什么，什么是进步的引擎，这些引擎又如何获得燃料？霍华德·奥德姆认为进步主要是能量的作用，尽管进步信念掩盖了这一事实。奥德姆写道："全新数量级的能源是导致进步的真正力量……如果将此前数百万年的长期进化记录比作稳定燃烧的火焰，那么随后的进步就像闪电爆炸。"[①]

进步在很大程度上来自能量的消耗，而且是持续不断的、指数级增长的能量消耗。我们借助能量，源源不断地生产大量产品和提供服务。这不是对进步的隐喻性分析，它是有现实依据的。在其他条件不变的情况下，定量的能源输入不会导致生产和消费水平变化，当然技术和效率会在某种程度上影响这个等式。但如果材料消耗数量（作为进步的通俗标志）持续以每年2%—3%的速度稳步增长，那么能源消耗量也必须增加。我们可以通过恒定的能量消耗来维持现状，但是进步带来的一次次翻倍需要不断增加能量消耗。最终，它会带来指数级增长。

图4-2再次显示了全球能量年消耗量和世界国内生产总值（GWP）的对比（按1990年国际购买力计算，经通货膨胀调整）。图表里的单位不重要，函数的形状和相关性才是重要的。如图所示，当GWP的变动幅度非常大时，它可以作为物质进步的代表。前文我们讨论过1850年之后欧洲人均收入上升的趋势。在1850年之前，收入和生活水平一直没有太大变化；1850年之后，很多国家的人均收入和生活水平都急剧上升。图4-2讨论的是GWP，也显示出相同的趋势，这个拐点出现在1800年左右。请留意，GWP在这一时期是如何惊人地升向天空——从几乎水平的线变为几乎垂直的线，从几乎零增长到极度快速增长。这从数据上有力地证明了我们上面提出的观点——19世纪中

---

① Howard T. Odum, *Environment, Power, and Society* (New York: John Wiley, 1971), p.115.

期之前几乎没有人意识到进步，而在那之后，人们对进步几乎没有争议。在GWP线处于水平状态的时代，人们看不到进步；而在这条线处于垂直状态的时代，人们眼里只有进步，看不到其他。

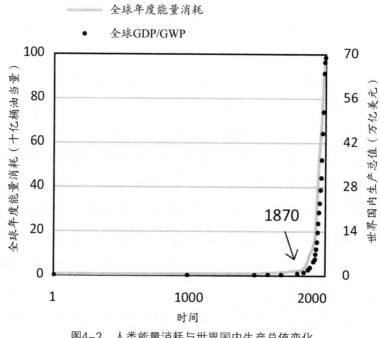

图4-2　人类能量消耗与世界国内生产总值变化

引自：同图2-4。

这张图增加了全球能量消耗的变化曲线。能量消耗与代表进步的GWP线显示了惊人的相关性，GWP急剧上升的时代与能量消耗急剧上升的时代重叠。我们变得更加富有，也更加意识到进步与能源利用率和使用量成正比。在19世纪中期，如果没有大量的、不断增长的能量注入，居民收入、GWP和生活水平就不可能放大10倍或20倍。进步的引擎轰鸣，燃烧的是化石燃料。

如果说进步在很大程度上是一种石油产品，那么其不断扩大和无休止的生产就远不能得到保证。化石燃料供应的限制、环境对污染物承载力的限制以及不断增长的人口，都预示着我们未来要面临极大的挑战。

进步让我们相信，中长期内人类能够通过科技的进步"制服资源稀缺的恶魔"[①]。如果进步带来的生产加速和消费没有制造更大的稀缺性，那么这种信念可能是合理的。我们仍然相信，加速燃烧化石燃料，将使我们变得更加富有且技术发达，进而能够开发出今天做梦都想不到的先进技术，然后通过这些技术摆脱当下和未来的资源能源短缺。但是如果进步不是我们的聪明才智或历史规律的产物，而是一种能量产物，那么为了寻求进步而迅速耗尽燃料就是非常愚蠢的。这是不能理性地看待进步而导致的恶果。有一天，我们可能会发现进步的最大威胁是进步信念，但为时已晚。

大多数人都同意教会和国家必须分开，因为我们希望治理国家是一种理性行为，有现实依据，而不是依靠神权或基于对奇迹的信念——信仰在政府中没有地位。尽管如此，如今危机四伏的有效治理仍然要求我们限制或推翻自己的信仰——其中最强大的是进步信念。

---

① Earl Cook, *Man, Energy, Society* (San Francisco: W. H. Freeman, 1976), p.354.

## 第3节　统治地球

现代经济体是动态的，充满高科技。贸易相互关联的生产和分销系统里存在太多变数，太多近乎即时的金融交易，太多需求和品位的转变。一方面，政府没有足够的决策能力；另一方面，腐败和权力的诱惑经常导致不好的结果。有一种观点认为，官员和政府机构不应该试图管理复杂的、动态的、相互之间密切连接的系统。

可是等一下。尽管有许多首席执行官、学者、专家和政治家都同意上述观点，认为官员缺乏管理诸如美国医疗保健、保加利亚农业或加拿大石油生产的能力和信誉，但讽刺的是，他们却不加思索地允许人类机构来管理一个更加复杂的系统——地球生物圈。

我们已经深深陷入了人类有史以来最大的工程，即用人为干预的方法控制这颗星球，并且用它取代了亿万生物相互作用和反馈的无形之手。公共和私营部门的管理者控制了地球的氮通量、二氧化碳水平、河流流量、植物和动物分布、含水层和森林覆盖率，以及这些初级干预措施带来的无数二级和三级变化。人类行为导致了物种灭绝，并且让一些生态系统在地球上消失。我们在人为地调整大气和海洋化学的表盘。我们对国家干预经济充满敌意，但在人类干预生态方面毫不犹豫。

我们破坏了地球经过数十亿年演化形成的各种复杂的反馈系统，来稳定并缓冲生态系统和地球危机。在我们没有意识到的时候，生态环境的政变已经发生了——用政府和企业董事会、委员会之类笨手笨脚的干预手段替代自然反馈系统。更糟糕的是，我们的政变引进了一群未经培训而且不专心的管理员。尽管我们经常指责20世纪七八十年代的南斯拉夫和民主德国，但它们的官员至少意识到了国家调控经济的重要性。虽然能力有限，但这些国家的文员、统计学家和经济学家们努力地认真分析已有数据，努力做出既能保证经济增长，又可以避免资源短缺的决策。社会主义国家的一些措施也许并没有达到预期效果，但至少他们努力了，他们很清楚管理经济的重要性，大多数人每天一大早就为此拼搏奋斗。

相比之下，谈到当今以人类为主导的生物圈时，就很少有决策者关注数据了。如果参议员、首席执行官和地区副总裁得知他们已经承担了管理地球生态系统的任务，他们会感到很困惑，但现实是，我们已经开始了有史以来最大的行政和物流干预。各国政府对于生物群落、物种和生态圈循环的调节能力非常有限，但是他们却不愿意承认这个事实。包括联合国、经合组织和G20在内，没有任何一个国际组织致力于监测和优化河流水量或北极顶级食肉动物的密度。

现实情况比这还要糟糕。我们不仅安排了认不清现实的糊涂经理，还没有预防腐败的措施。行政式的经济体容易存在贪婪、野心和监守自盗的问题，这一类系统要依靠完善的监管措施来预防和打击腐败。所以这就出现了问题，当我们创建人类控制的生物圈时，是否已采取措施，确保管理渔业资源和森林资源的机构是无私的，并且他们最关心的问题是如何最大限度地提高生态系统和循环的长期稳定性？对于能力不足的财务，我们是否降低了对他的激励？不，事实恰恰相反。我们强势地控制了生态系统，并且鼓励管理部门为自己的狭隘利益行事。

我们不仅对人类控制自然的这套系统漠不关心，将奖励腐败和不良管理制度化，还迅速扩大了在我们假定控制下的自然系统的数量——将对地球生态的专制统治普遍化。人类圈控制了生物圈。下面做一个简单的回顾，就能看到巨大的人类假定控制范围，而且这个范围还在不断扩大。

## 我们改变了氮、二氧化碳、磷和硫在环境中的含量

氮是所有植物和动物中蛋白质和DNA的组成部分。如前文所述，人类将流入陆地生态系统的生物活性氮增加了两倍。通过这样的运作，地球上几乎所有的生物群落和系统都改变了。我们提高了陆地植物和生态系统的生产力，改变了海洋（制造死区）、河流和湖泊（藻华灾害）的生态状况。氮使湖泊和其他水体酸化，产生了低海拔臭氧（影响人类健康），并且会产生一氧化二氮（一种是二氧化碳捕捉热量的能力298倍的气体）来增加温室效应，造成全球变暖。[1]我们增加了地球上活性氮的数量，对生物圈造成了顶级威胁。科学家认为，人类行为之于地球的可持续发展，影响最大的两个领域就是生物多样性丧失和对氮循环的干预。[2]

磷是另一种重要的植物营养元素，也是仅次于氮的重要合成肥料。当下，人类已经让陆地生态系统中可用磷的数量增加了一倍，使流入河流、湖泊和海洋的磷增加了近两倍。[3]氮的过度富集往往会破坏海洋生态系统，而过量的磷（或磷和氮一起）会破坏淡水系统。湖泊和河流中磷过剩会产生藻华，消耗大量氧气，产生毒素，并使鱼类、植物甚至陆生动物生病或死亡。

加拿大西部的温尼伯湖是世界上较大的一个淡水湖，也是磷过剩的典型例子。据《温尼伯自由报》报道，藻华"在水面上覆盖了一层厚厚的绿色黏

---

[1] James N. Galloway et al., "Nitrogen Cycles: Past, Present, and Future," *Biogeochemistry* 70 (2004): 157.

[2] Will Steffen et al., "Planetary Boundaries: Guiding Human Development on a Changing Planet," *Science* 347, no. 6223 (Feb. 13, 2015): 15; Johan Rockström et al., "Planetary Boundaries: Exploring the Safe Operating Space for Humanity," *Ecology and Society* 14, no. 2 (Dec. 2009).

[3] Elena M. Bennett et al., "Human Impact on Erodable Phosphorus and Eutrophication: A Global Perspective," *BioScience* 51, no. 3. (Marc 2001): 229; Fred T. Mackenzie et al., "Century-Scale Nitrogen and Phosphorus Controls of the Carbon Cycle," *Chemical Geology* 190 (2002): 14, 18; Gara Villalba et al., "Global Phosphorus Flows in the Industrial Economy from a Production Perspective," *Journal of Industrial Ecology* 12, no. 4 (2008): 557–558.

液"，"温尼伯湖生病了——而且一年比一年病得更重"。[1] 1千克磷可以供养1000千克藻类和水生植物。[2]科学家预测，2050年全球磷肥产量将比2000年高1.5倍。[3]

碳在植物、动物、土壤、岩石、海洋和大气中都有重要作用。已经有很多文章探讨了大气中不断上升的二氧化碳含量以及它对海洋、生态系统和气候的影响。但这远远不够，我们有必要回顾一下人类当下的行为，以及未来要做的事。

冰芯样本显示，在化石燃料时代之前的80万年里，大气中的二氧化碳含量从未超过百万分之三百（300ppm）。[4]而在我撰写本书时，二氧化碳含量已超过了410ppm。有17位科学家（其中大多数是国际地圈生物圈计划的成员）在《科学》杂志上声明，人类已经掌控了地球的碳含量，并指出"在工业革命开始之前42万年，这个数值就已经脱离了地球系统的正常区间"，他们还强调现在大气中二氧化碳含量的增长"比过去42万年中的任何时候都至少快10倍，甚至100倍"。[5]

更糟糕的是，到21世纪中叶，二氧化碳水平几乎肯定会超过475ppm。在

---

[1] "Shared Problem Requires Shared Solution," *Winnipeg Free Press*, Aug 12, 2010.

[2] Robert J. Naiman et al., *The Freshwater Imperative: A Research Agenda* (Washington D.C.: Island Press, 1995), p.71.

[3] David Tilman et al., "Forecasting Agriculturally Driven Global Environmental Change," *Science* 292 (Apr. 2001): 282. 注意这里的数值是根据五氧化二磷推算的。蒂尔曼用的磷的重量需要乘以0.42才可以用来与班纳特的数据做比较。也参见 Elena M. Bennett et al., "Human Impact on Erodable Phosphorus and Eutrophication: A Global Perspective," *BioScience* 51, no. 3 (Mar. 2001): 232。

[4] "800,000-year Ice-Core Records of Atmospheric Carbon Dioxide (CO2)," US Dept. of Energy (DOE) Carbon Dioxide Information Analysis Center (CDIAC), (http://cdiac.ornl.gov/trends/co2/ice_core_co2.html). 也参见 Urs Siegenthaler et al., "Stable Carbon Cycle-Climate Relationship during the Late Pleistocene," *Science* 310 (Nov 25, 2005): 1314。

[5] P. Falkowski et al., "The Global Carbon Cycle: A Test of Our Knowledge of Earth as a System," *Science* 290 (Oct. 2000): 291.

最理想的情况下，我们可以将二氧化碳峰值含量保持在550 ppm以下。但是，如果我们不改变现在的发展方式——不懈地促进经济增长；大力传播汽车文化；假装地球人口增长到110亿时，大部分人都可以过着优渥的生活——那么二氧化碳水平可能会超过 800 ppm。[①]在采取切实有效的纠正措施之前，我们有望将二氧化碳含量限制在保持了数十万年的前工业时代峰值（300 ppm）的两到三倍。尽管现在有很多人在讨论碳封存，但现实情况是富裕国家的消费者们花费数万亿美元，在进行一个"解碳封存"的大型项目。人类已经控制了大气中的碳含量，并发动了一系列涉及地球上每一个生物圈、文明进程和文明系统的改革。当地球控制系统的管理员们拉动杠杆，每年额外排放35吉吨二氧化碳时，他们同时点开了许多改变文明和地球的按钮。

硫在生物圈中也扮演着重要角色，它是一种植物养分，也是许多蛋白质的组成部分，可以用来调节酸碱度，并为雨滴提供凝结核。目前人类每年要使用1.9亿吨硫，主要在化石燃料方面。[②]这个数字是工业革命之前的数倍。[③]如今，地球生态系统中的硫一半以二氧化硫的形式排放，最后形成酸雨，损害了湖泊、溪流、湿地和森林中的动植物，并且降低了农田肥力。在最糟糕的情况下，酸雨会留下枯死的树木和清澈但毫无生气的湖泊。

## 控制水利资源

水和水循环在体现我们对生物圈严酷的命令式控制时最为典型，人类

---

① 预计大气中的二氧化碳含量在2100年超越900 ppm。

② T. A. Rappold and K. S. Lackner, "Large Scale Disposal of Waste Sulfur: From Sulfide Fuels to Sulfate Sequestration," *Energy* 35 (2010): 1369; 与 James N. Galloway, "Anthropogenic Mobilization of Sulphur and Nitrogen: Immediate and Delayed Consequences," *Annual Review of Energy and Environment* 21 (1996): 271 做对比。

③ Galloway, "Anthropogenic Mobilization of Sulphur and Nitrogen: Immediate and Delayed Consequences," *Annual Review of Energy and the Environment* 21 (1996): 271.

已经极大地干预了河流。我们几乎在世界上所有的大河上都筑了坝，其中大多数河流都建了很多个大坝。美国的哥伦比亚河和科罗拉多河都有十几座大坝。幼发拉底河和底格里斯河流域是农业和文明的发源地之一，现在这里有56座大型水坝，并且还有更多大坝在计划中（大型水坝是指高度超过15米，或水库容积超过300万立方米、高5—15米的水坝）。[①]一些大河上建了太多水坝，以至于这个水库中的水几乎涨到其上方水坝的底部，于是形成阶梯效应。大坝开闸放水的时候，我们改变了河流的生物学、化学和动力学等各种环境，改变了河流的流量和落差、水温、氧气水平、鱼类运动、植物分布、鸟类和昆虫种群、河床和河岸构成、沉积物运输和三角洲形成等。我们对河流的印象——水流湍急、清澈、冰冷、狂野、绿树成荫、鱼虾成群——越来越不准确了。我们用恒温的无精打采的水库取代了凉爽、湍急的河流。我们在全球范围内建造了大约5.7万座大型水坝，让湍急的河流变得平静。[②]在建设狂潮的高峰，每天有三座大型水坝竣工。

那些没有筑坝的河流，人类依然对它们有诸多干涉。我们将这些河流拉直，修筑河堤，疏浚和拓宽河道，甚至将其改道。人类改造了超过50万千米

---

① UN Food and Agriculture Organization, AQUASTAT, *Euphrates-Tigris Basin* (Rome: UNFAO, 2009), p.7; UN Environment Program (UNEP), *Vital Water Graphics: An Overview of the State of the World's Fresh and Marine Waters*, 2nd ed. (Nairobi, Kenya: UNEP, 2008); Millennium Ecosystem Assessment, *Ecosystems and Human Well-Being: Wetlands and Water: Synthesis* (Washington D.C.: Island Press, 2005), p.25.

② "Number of Dams by Country Members," International Commission on Large Dams (ICOLD), (http://www.icold-cigb.org/article/GB/world_register/general_synthesis/number-of-dams-by-country-members); World Commission on Dams, *Dams and Development: A New Framework for Decision-Making*, ed. Medha Patkar and Kader Asmal (Cape Town, South Africa: World Commission on Dams, 2000), p.xxix.

长的河床，以发展航运。①作家兼环保主义者帕特里克·麦卡利在《沉默的河流》（*Silenced Rivers*）中指出："由于人类大量干预河流，尤其是修建大坝，（淡水）的退化在主要生态系统中最严重……（水坝撕破了）河流生命之间所有相互关联的网络。"②在濒临灭绝的淡水鱼类中，有三分之一原因在于人为干预。③

除了改造河流本身，水坝还会对周围的环境造成影响，比如让土壤肥沃、生物圈多姿多彩的洪泛区消失。现在全球水库面积大约有50万平方千米（1.23亿英亩），大坝会让沙子和其他沉积物遗留下来，让它们无法再流向下游和海洋，也就无法补充被海浪侵蚀的海岸。最终，海岸线后退，许多地方的海滩消失了。

大坝是人类文明中的重大工程，是人类控制自然界运转的重要象征。胡佛大坝、大古力大坝、因古里坝和三峡大坝那些高高耸立的令人敬畏的弧形墙壁体现了一场未被承认的人类对自然的政变——它们是新时代人类统治和假定控制自然的纪念碑。大坝既是力量的生产者，也是力量的示范。几千年前，埃及人建造了金字塔；20世纪，埃及人建造了阿斯旺水坝——其体积是胡夫金字塔的22倍。④在1963年印度巴克拉大坝的揭幕仪式上，尼赫鲁总理说，这座大坝是"巨大的、了不起的，当你看到它时，它会震撼你"，他还

---

① Mark I. L'Vovich and Gilbert F. White, "Use and Transformation of Terrestrial Water System," in *The Earth as Transformed by Human Action: Global and Regional Changes in the Biosphere over the Past 300 Years*, ed. B. L. Turner et al. (Cambridge: Cambridge University Press with Clark University, 1990), p.238; A. Brooks, *Channelised Rivers: Perspectives for Environmental Management* (Chichester, UK: Wiley, 1988).

② Patrick McCully, *Silenced Rivers: The Ecology and Politics of Large Dams*, enlarged and updated e. (London and New York: Zed Books, 2001), p.7.

③ Don E. McAllister et al., *Biodiversity Impacts of Large Dams*, background paper no. 1, prepared for the IUCN, UNEP, and WCD (IUCN, UNEP, and UNF, 2001), p.11.

④ 阿斯旺水坝的体积为4430万立方米，而胡夫金字塔的体积为260万立方米。

说，"巴克拉是复兴印度的新庙宇，也是印度进步的象征"。[①]

社会主义国家在建造水坝方面比较积极。中国的大坝数量最多，几乎占世界总数的一半。苏联时期，斯大林也修建了许多大坝。[②]20世纪20年代，列夫·托洛茨基在倡导建造第聂伯河水电站时说：

> 第聂伯河……正在浪费其巨大的落差，能量在古老的急流上玩耍，等待我们用大坝遏制它的流逝，利用它点亮城市，驱动工厂，提高耕地质量。我们要使它服从！[③]

第聂伯河水电站在1939年竣工，是当时欧洲最大的水电站。作为苏联工业主义的最高成就，第聂伯河水电站受到人们的广泛赞美，甚至出现在儿童读物《与第聂伯河的战争》（*Война с Днепром*）中。[④]

社会主义国家建造一些重大工程并不奇怪，令人惊讶的是，资本主义民主国家也有类似的热情。美国在水坝建设方面排名世界第二，位列前十的还有印度、日本、巴西、韩国、加拿大、南非、西班牙和土耳其。[⑤]英国曾经鼓励当地人在印度河、尼罗河和其他河流上筑坝。1899年，年轻的温斯顿·丘吉尔提出了一项修筑大坝、河流改道和灌溉计划，以便"流入整个尼罗河谷的每一滴水……都应在沿河居民和尼罗河本身之间平等而友好地分配，造福

---

① Shripad Dharmadhikary, *Unravelling Bhakra: Assessing the Temple of Resurgent India* (Badwani: Manthan Adhyayan Kendra, 2005), front matter.

② Francois Molle et al., "Hydraulic Bureaucracies and the Hydraulic Mission: Flows of Water, Flows of Power," *Water Alternatives* 2, no. 3 (2009): 334; McCully, *Silenced Rivers*, pp.17, 18.

③ Isaac Deutscher, *The Prophet Unarmed: Trotsky, 1921–1929* (Oxford: Oxford University Press, 1989), p.211.

④ Samuil Marshak and Grigory Shevyakov, *Война с Днепром* Voina S Dneprom; War with Dnepr (Leningrad: OGIZ-Detgiz, 1935).

⑤ "Number of Dams by Country Members."

绵延三千英里的流域，然后光荣地消亡，永远不抵达大海"①。丘吉尔和托洛茨基的言论中都包含了这样的观点：水是一种经济资源，应该完全由人类支配和利用——在水渠、水坝、发电厂、水库、灌溉泵、船闸、运河和引水渠网络内充分发挥其能量，造福人类。

　　人类对水资源的控制超出了河流。在无法找到足够地表水的地方，我们开发利用化石含水层，以几倍于补给的速度，快速抽出数千年间积攒起来的地下水。②人类活动使湖泊退化，带来了许多严重的后果，如物种入侵、水体富营养化、有毒物质超标、酸雨和海岸线变化等。尽管我们还无法确认，但有些专家指出，人类已经消耗了世界上50%的湿地。③湿地是地球上最富生命力、最多样化的生态系统之一。

---

　　① Winston Churchill, *The River War: An Historical Account of the Reconquest of the Soudan*, ed. F. Rhodes (New York and Bombay: Longmans, Green, 1899–1900), vol. 2, p.411.

　　② Jean Margat, Stephen Foster, and Abdallah Droubi, "Concept and Importance of Non-Renewable Resources," in *Non-renewable Groundwater Resources: A Guidebook on Socially-Sustainable Management for Water-Policy Makers*, ed. Stephen Foster and Daniel Loucks (Paris: unesco, 2006), pp.13–24; Leonard F. Konikow and Eloise Kendy, "Groundwater Depletion: A Global Problem," *Hydrogeology Journal* 13, no. 1 (2005): 317; Mark Giardano, "Global Groundwater? Issues and Solutions," *Annual Review of Environment and Resources* 34 (Nov. 2009): 154, 158, 159.

　　③ Millennium Ecosystem Assessment, 2005, *Ecosystems and Human Well-Being: Wetlands and Water Synthesis* (Washington D.C.: Island Press, 2005), p.3; Don E. McAllister et al., *Biodiversity Impacts of Large Dams*, background paper no. 1, prepared for the iucn, unep, and wcd (iucn, unep, and unf, 2001), p.14; Peter Gleick and Meena Palaniappan, "Peak Water Limits to Freshwater Withdrawal And Use," *Proceedings of the National Academy of Sciences* 107, no. 25 (June 22, 2010): 11160; C. M. Finlayson and N. C. Davidson, "Global Review of Wetlands Resources and Priorities for Wetland Inventory: Summary Report," in *Global Review of Wetlands Resources and Priorities for Wetland Inventory*, ed. C. M. Finalyson and A. G. Spier (Canberra: Supervising Scientist, 1999), p.8.

现代社会用水量比工业社会之前增加了14倍。[①]在人口稠密和中等稠密地区，人类对可用水（雨水和河流）的占用达60%以上。[②]有时候，河流在到达大海之前就干涸了。

上面简单讨论了氮、磷、碳、硫和水的状况，这些元素和资源不是随意选择的，列出来的清单也没有故意挑选极端案例。实际上，它们都处于生物圈运作的核心，它们的运动和变化构成了关键的生命循环。打开任何生物教科书，查找生物循环，你都会看到氮、磷、碳、硫和水循环。人类不是在摆弄生物圈的次要或辅助部分，而是操纵了支撑所有动植物生命、决定全球生态系统形态、健康和稳定性的地球命脉。

## 操控生物圈

让我们继续来看，人类如何用行政控制般的手段来操控生物圈。可以进行光合作用的绿色植物、藻类和细菌产生了碳水化合物，这是几乎所有生命的主要动力来源。植物光合作用固定的能量中扣除植物呼吸作用消耗的那部分，剩下的可用于植物生长和生殖的能量，科学家将其称为净初级生产量（NPP）。草在阳光下进行光合作用时会产生NPP，兔子吃草时，兔子会消耗NPP。我们吃沙拉中的菠菜或小麦做成的面包、吃草食动物的肉时，也会间接地消耗NPP。我们用木材和茅草建造房屋、用棉花做衣服或者烧壁炉取暖时，也在消耗NPP。

① Charles J. Vörösmarty and Dork Sahagian, "Anthropogenic Disturbance of the Terrestrial Water Cycle," *BioScience* 50, no. 9 (Sept. 2000): 753–754.

② 作者的估计基于以下数据：一个是波斯特尔的发现，即1990年人类对河流水量的使用达到54%；然后是波斯特尔预测到2025年，这一比例将上升到70%。Sandra Postel et al., "Human Appropriations of Renewable Fresh Water," *Science* 271 (Feb. 9, 1996): 786. 也参见 Vörösmarty and Sahagian, "Anthropogenic Disturbance," p.754。弗洛斯马提和萨哈吉写道："在20世纪90年代初期……阿塞拜疆、埃及和利比亚……已经使用了各自可持续供水量的55%、110%和770%。"

人类占用了地球上大部分NPP，而且这个比例在不断增加。这一点很值得关注，原因有两个。首先，所有动物都必须依赖NPP生存，人类摄取的越多，留给其他动物的就越少；其次，NPP占比是衡量人类占据多少陆地空间的一个很好的指标，可以看出我们在地球上占了多少物理空间和生物空间。现在，人类占用了近30%的地上NPP。[1]这是一个总体的平均数字，欧洲和亚洲大部分地区占比更高，超过了70%。[2]另外，全球人口可能还要增加50%，而且我们希望越来越多的人能够保持充足的肉类摄入。相比素食，这种饮食习惯需要更多的土地和粮食来支撑，也就是说，需要更多的NPP。正如前文所述，人类和人类驯养的家禽家畜总体重约占陆地哺乳动物和鸟类总体重的97%。这也反映了人类极高的NPP占有率。

据许多学者估计，由于人口、收入和肉类消费的增加，未来几十年全球粮食产量必须增加70%。同时，随着越来越多的人成为中产阶级，对纸、木材、棉花等产品的需求也会增加，这就需要更多的NPP。人类在NPP中的占比，可能在几十年后翻一番。而且经济发展不会停止，这个数字也不会止步。生态学家大卫·蒂尔曼和他的伙伴们估计，在2000—2050年，人类将会把10亿公顷（25亿英亩）的森林和草原转化为农田。蒂尔曼等写道："全球自然生态系统的损失将比美国国土面积还要大……可能导致大约三分之一的热带和温带森林、稀树草原和草地消失……栖息地破坏带来的不可逆转的后果是物种灭绝。"[3]

物种灭绝是不可逆转的，人类已将全球物种灭绝速度提高了100倍以上。

---

[1] Helmut Haberl et al., "Quantifying and Mapping the Human Appropriation of Net Primary Production," in *Earth's Terrestrial Ecosystems, Proceedings of the National Academy of Sciences 104*, no. 31 (July 31, 2007): 12943; Peter Vitousek et al., "Human Appropriations of the Products of Photosynthesis," *Bioscience* 36, no. 6 (June 1986): 368, 372.

[2] Haberl et al., "Quantifying and Mapping," 12943; Vitousek et al., "Human Appropriations," 368, 372; Marc Imhoff et al., "Global Patterns in Human Consumption of Net Primary Production," *Nature* 429 (June 24, 2004): 872.

[3] Tilman et al., "Forecasting Agriculturally Driven Global Environmental Change," p.283.

2005年《千年生态系统评估报告》（Millennium Ecosystem Assessment）称："上世纪已知物种灭绝的速度大约是据化石算出来的灭绝速度的50到500倍。如果包括那些可能已灭绝但未确认的物种，今日的物种灭绝速度可能是历史上物种自然灭绝速度的1000倍。"[1]陆地哺乳动物的3.5%——包括山地大猩猩、达尔文狐、爪哇犀、西伯利亚虎和红狼在内的188个物种——都是极危物种。[2]它们不是我们经常听到的濒危物种，而是比这还要危急，一个物种必须满足种种标准，如数量迅速减少80%或种群数量低于250只，才能被列为极危物种。极危之后，便是灭绝。

今天有188种陆地哺乳动物濒临灭绝（总共约有5300种），随着人口增长和全球气温上升，本世纪很可能有几十种陆地哺乳动物灭绝。[3]保守估算，在未来100年内会有25种陆地哺乳动物灭绝。从整个地球历史的维度来看，哺乳动物灭绝的速度大概是每1000年、每1000个物种中出现0.3次。[4]按照这个速度，25种哺乳动物灭绝需要1.6万年，而不是一个世纪。6500万年前，小行星撞击地球导致包括恐龙在内的物种大灭绝。现在的物种灭绝速度，是自那之后最快的。除非改变现在的经济发展模式和速度，否则我们将进入一场严重的全球物种灭绝事件——数十亿年来，这是第六次。对于地球上的物种以及化石记录来说，人类的作用将越来越类似于小行星撞击。[5]

---

[1] Millennium Ecosystem Assessment, pp.5, 36, 38.

[2] Jan Schipper et al., "The Status of the World's Land and Marine Mammals: Diversity, Threat, and Knowledge," *Science* 322 (Oct. 10, 2008): 228.也参考"The iucn Red List of Threatened Species," International Union for Conservation of Nature (http:// www.iucnredlist.org/ initiatives/mammals/analysis/red-list-status)。

[3] Schipper et al., "The Status of the World's Land and Marine Mammals," 228; Millennium Ecosystem Assessment, *Ecosystems and Human Well-being*, pp.5, 38.

[4] Millennium Ecosystem Assessment, *Ecosystems and Human Well-Being: Volume 1, Current State and Trends*, ed. Rashid Hassan, Robert Scholes, and Neville Ash (Washington D.C.: Island Press, 2005), p.105.

[5] Ronald Wright, *A Short History of Progress* (Toronto: House of Anansi Press, 2004), p.31.

人类的干预并不局限于陆地，我们也控制了海洋。20世纪50年代以来，工业化渔业使全球渔获量增加了4倍。海洋生态学家鲍里斯·沃尔姆（Boris Worm）和其他13位科学家于2006年在《科学》杂志上发表了一篇引用率很高的论文，文章指出，接近三分之一的海洋商业渔场已经崩溃（捕捞量少至低于峰值的10%）；渔场崩溃的速度还在加快；按照现在的趋势，到2048年，所有20世纪早期建立的渔场都会崩溃。虽然他们的观点存在争议，但是很多科学家也得出了类似的结论。[1]关于全球渔业崩溃，最有力证据可能正如沃尔姆等人所说"尽管全球捕捞量大幅度增加"，但海洋鱼类渔获量"比1994年的最高值下降了13%"，我们已经过了捕鱼高峰。[2]

大西洋鳕鱼种群是最广为人知的渔业崩溃实例。几个世纪以来，季节性船队和小规模近海捕鱼队一直在加拿大和美国东海岸捕捞北大西洋鳕鱼。这是世界上最大的渔业捕捞之一。20世纪50年代后期，大型近海海底拖网渔船开始用于捕捞鳕鱼，并很快使年度渔获量翻了两番。70年代初，渔获量开始迅速下降。1992年，加拿大政府不得不禁止捕捞鳕鱼。2003年，发表在《自然》杂志上的一篇研究指出，"开展工业渔业后，通常在15年内，群体生物量就会减少80%"，并且"全球海洋失去了90%以上的大型掠食性鱼类"，包括鳕鱼、金枪鱼、马林鱼、大比目鱼和其他鱼种。[3]

过度捕捞并不是人类对海洋的唯一干预措施。美国海洋生态学家、加利福尼亚大学圣迭戈分校海洋生物多样性和保护中心主任杰里米·杰克逊推测说：

> 人类活动正在为……海洋生物大灭绝埋下伏笔，会带来未知的生

---

[1] Rainer Froese et al., "What Catch Data Can Tell Us about the Status of Global Fisheries," *Marine Biology* 159, no. 6 (2012): 1291.

[2] Boris Worm et al., "Impacts of Biodiversity Loss on Ocean Ecosystem Services," *Science* 314 (2006): 789.

[3] Ransom A. Myers and Boris Worm, "Rapid Worldwide Depletion of Predatory Fish Communities," *Nature* 423 (May 15, 2003): 282.

态和进化后果。栖息地破坏、过度捕捞、物种入侵、气候变暖、海洋酸化、有毒物污染和营养物质大量流失的协同效应将复杂的生态系统（如珊瑚礁和海藻森林）变为单调的海床，将清澈而物种丰富的沿海海域变为缺氧死区，甚至将大型动物处于顶端的复杂食物网络变为以微生物为主的简化生态系统，原本的季节变化被有毒甲藻、水母和疾病循环代替了。①

　　在另一篇文章中，杰克逊描述了"黏液状水体"——长满水草、水母和细菌的海洋——也就是酸化的、过度捕捞或营养过剩的海洋水体，它的面积还在扩大。②这就是人类"管理海里的鱼……和地上所有生物"的结果。③

　　对许多人来说，人类控制生物圈是一个新的想法。但这不是一种边缘化的观点，相反，它得到了科学家的广泛认可。诺贝尔奖得主、大气化学家保罗·克鲁岑和生物学家尤金·施特默在2000年提出了"人类世"（Anthropocene）概念，其含义是"人类主导的地质纪元"。④克鲁岑认为人类世始于18世纪后期，伴随着工业革命的兴起和化石燃料的广泛应用出现。他认为"人类和我们的社会已经变成一股全球性的地球物理力量"，而且"地球已经脱离了自然地质纪元……人类活动是如此普遍而深刻，以至于它们可以与大自然的强大力量抗衡，并将地球推向了未知领域"。⑤

---

　　① Jeremy B. C. Jackson, "Ecological Extinction and Evolution in the Brave New Ocean," *Proceedings of the National Academy of Sciences* 105 (Aug. 12, 2008): 11458.

　　② 引自 Robert Kunzig, "Slime Is Turning the Seas into Dead Zones," *Discover*, Jan. 2009。

　　③ Genesis 1:28 (ESV).

　　④ Paul J. Crutzen and Eugene F. Stoermer, "The Anthropocene," *Global Change Newsletter* (pub. of the Int'l Geosphere-Biosphere Programme), May 2000, 17; Paul J. Crutzen, "Geology of Mankind," *Nature* 415 (Jan. 3, 2002): 23.

　　⑤ Will Steffen, Paul J. Crutzen, and John R. McNeill, "The Anthropocene: Are Humans Now Overwhelming the Great Forces of Nature?" *Ambio* 36, no. 8 (Dec. 2007): 614.

## 我们已经进入"人类世"？

以上是现在的主流科学观点。国际地层委员会（ICS，负责定义侏罗纪、寒武纪等地质时间尺度的机构）正在考虑将人类世作为地球地质时间的正式单位。如果ICS将人类世作为一个新的地质时代，那么从11700年前开始的全新世现在就结束了，这确实意义重大。世界各地的科学家都在发表论文，探讨"以人类为主"的生物圈的运作方式。截至2018年初，亚马逊公司列出了304种书名或副书名中带有"人类世"的图书。

人类是什么时候开始控制生物圈的？答案很简单。人类对生态系统和生物地球化学系统的干预程度主要取决于全球经济规模——比如，路上有多少辆汽车，我们吃了多少块牛排，用多快的速度将资源变成产品和垃圾，以及用多快的速度把化石燃料变成温室气体。自1960年以来，全球人口增加了1倍多，经济规模扩大了6倍，全球贸易增长了14倍，世界粮食产量增加了1.5倍，大坝蓄水量增加了3倍，人类从河流和湖泊中抽取的水量增加了1倍，田地、森林以及沿海水域的氮和磷排放量增加了1倍以上，全球能量消耗量和二氧化碳排放量增加了3倍以上，机动车数量增加了9倍，美国和其他许多国家新建住房的平均面积扩大了2倍，全球造纸所耗木材量增加了2倍、其他行业木材使用量增加了0.5倍，海洋捕捞的渔获量增加了近2倍。此外，人类的活动范围和对NPP的占有率也都扩大了。我们对自然界的干预程度取决于经济规模，而经济规模主要取决于政府和企业最高层的计划和行动——显然侧重于推动经济增长、扩大经济规模、增加生产和消费以及提高生活水平，所以人类对地球生物圈的介入程度会越来越深。千年生态系统评估预测2050年的世界国内生产总值（GWP）将是2005年的3—6倍。按照这个增长速度，未来几十年里我们将产生更多的氮和磷，消耗更多的能量、水、谷物和鱼类，砍伐更多树林，占据更多土地，消灭更多物种并排放更多的碳和有毒物质，等等。地球上没有任何其他力量会对热带雨林、大堡礁或非洲犀牛种群产生这样大规模的影响。人类的经济是改造全球生物圈最强大的势力。通过扩大经济规模，人类有效地控制了生物圈。

我们要么可以运营一切，要么不能。打开任意一个新闻频道，你都会发现我们比以往任何时期都更加悲观地看待政府和公务员管理经济的能力。在大多数国家，精英们的共识是经济必须自由放任，以市场规律为主导；行政机构只能起到很小的作用，而且这个作用还应继续减弱。这种观点要求我们必须让经济自由化、私有化，要削减政府和公共管理部门的支出，放松管制并融入日益密切的全球资本主义经济。

但情况往往是，我们嘴上说着一件事，实际却在做相反的事。我们在倡导"小政府"并号召公务员不要管理古巴或老挝经济的同时，也正在实行一项认知有误的"壮举"——让管理人员和官员控制了地球上最关键、最复杂的系统。政府官员和公司总裁们从来没有过这么大的权力——他们控制了这颗星球。在他们的管理下，我们移山填海，建造各种大型工程，上亿年的珊瑚礁岛屿退化，食物网被打断、撕裂和重组，物种灭绝，很多生态系统被颠覆。由纽约、底特律、布鲁塞尔、深圳、北京、巴西利亚、香港、伦敦和其他金融、制造业、行政中心等主导的全球经济已成为改变地球的动力。虽然我们宣称忠于有限政府理论，但事实上人类几乎控制了地球表面的一切。（我们似乎不知道这一点，而且很少谈论它，这证明了作为民主自治必要的当代对话是多么迟钝和愚蠢。）

西方有些人将共产主义描述为政府对经济的殖民化，我们暂且不评论这种观点的对错。但是，人类确实正在见证经济对自然的殖民化。如果我们坚持认为，政府和官员不应该管理一切事物，那么必然会得出人类也不该管理生物圈的结论。正因如此，我们必须限制经济增长，限制人类活动范围的扩张，限制资源开采和废弃物排放的增长速度，以及限制社会机构对自然系统循环和运作的干预。如果我们立志做"不干涉主义者"，那就应该做得彻底。正如我们要求限制政府对经济的干预一样，我们也必须以同样的热情和更充分的理由限制经济对生物圈的干预。

然而短时间内，人类对自然系统的影响无法降到工业化之前的水平。所以，从中短期来看，我们采取行动之前必须非常细致地搜集各种经济数据，也要更加慎重和负责任地使用手中控制生物圈的杠杆。我们迫切需要发展起一门强大而巨细无遗的生物经济科学，用它来管理经济和生态的混合体，管理商业和生物圈。我们必须停止自欺欺人，假装看不见的手会平衡一切。的确，短期内市场机制可以调节供需关系，平衡价格——但我们不能相信市场机制会平衡全球的磷通量或碳通量。正因为人类已经控制了自然界的核心运作，所以我们必须承认这一点，并且慎重地对待它。这些都需要一套新的制度和一个更切合实际、更全面的新经济学学科，我们要明确以下三点：一是人类具有改造或破坏地球生物圈的能力；二是要承认人类文明正在大规模改变自然系统及其运作流程的现实；三是在能量分配方面，要考虑代际和物种正义性等问题。

我们需要将生态系统和经济管理融为一体，让后者变得更像前者。因为关于经济的决定实际上也是关于生物圈和所有地球生命未来的决定，我们需要用生物学和生态学的模式来重塑经济学，而要建立地球和生物系统的管制机构，也必须基于这些系统的科学。经济学必须超越社会科学的领域，变得更像生物物理学和生态科学。

生物体不断地与环境交流——它们呼吸空气，交换氧气和二氧化碳等重要气体；它们通过进食和排泄来运输和循环营养；它们吸收并辐射热量；它们让水循环，等等。另外，生物体也是由它们所在生态系统的物质构成的。人体以及动物和植物的身体结构是由我们环境中的水、碳、铁、钠、钙等元素组成的（当我们排泄或死亡时，这些物质将返回环境中）。对人类来说，吃进嘴里的食物会变成身体的一部分——牛奶变成了骨头，胡萝卜变成了大脑，鲑鱼变成了肌肉。

我们的文明、城市、产品和经济体也是如此，它们也是由地球上的各种要素组成的。树木变成了房屋和图书，古老的蜗牛壳变成了水泥和混凝土，消失的沼泽和森林变成了煤炭，棉花变成了满橱的衣服……不管是人类还是人类创造的文明，都是从地球出生最终又回到地球，总而言之，我们属于地球，地球是一个封闭的系统。但是，从另一个方面来说，我们的社会和经济系统又是开放的，要从封闭的地球系统中吸取原料、排放废弃物。在物质上，经济是开放的，它侵占环境，而自身不停地扩大、发展。

我们经常把经济视为一个整体，人类经济包括农场、油田、森林、矿山、海洋渔业，以及许多资源和能源。另一种观点与之相反，但是却透露了实情，我们的经济系统只是地球生物圈系统的一个子集，完全依赖于作为整体的地球生物圈系统。很多专家学者认为，也许经济是自然环境的全资子公司。任何经济体系都必须建立在地球系统的大背景下，否则就不可能成为准确或完整的模型，经济只是地球的附属部分。经济源自生物圈，依赖生物圈的供应，所以我们必须接受地球系统的法则高于经济规则——经济理论必须基于热力学、物理学、生物学，以及其他生命科学、物质科学和地球科学，特别是生态学。

本书的核心思想之一——人类文明和经济模式必须与生物模式协调一致——不仅仅是一个好主意，也是根据人类文明与地球之间的本质联系和等级关系而产生的真理。因为经济是生物圈的子集，经济学也必须是生态学的子集。这种观点在过去非常普遍，而且天经地义，毕竟农民、渔民和猎人都很容易理解。但是现代人对能量和技术的大规模使用，加上在办公大楼中、在发光屏幕前花费的时间过多，已经让我们所处的生物学环境变得模糊。但是社会的发展并没有使经济脱离生物学，相反，人类经济已成为生物圈最大的饲养者、生产者、捕食者和排放者。接下来，我们不仅要在生物学和生态学模式中重塑经济学（尽管这很关键），更重要的是观念的改变，要正视人与自然的关系：人类经济是更大的生态系统的附属系统，因此生态规律、运转过程和模式胜过经济学和国家财政部门的次要规则、模型和希望。经济学来自人类的欲望和主动性，它根植于社会科学。重塑经济学，必须以生物物理科学为基础。它应该少关注人类的冲动和愿望，而更多地关注物质和能量的流动，以及生态系统的完整性和健康。"生物学"（biology）一词源自生命（bios）和逻辑（logos），现在，我们需要利用生命逻辑来重塑经济学。

## 第4节　空世界经济学与满世界经济学

E文明是多个转变过程的结果——从循环系统到线性系统，从负反馈到正反馈，从当代能源到化石能源，从生物体力量到发动机，从有机材料到矿产资源，等等。但是，我们现在仍然按照以往的方式指导和管理社会，仿佛这些变化都没有发生。社会经济和管理系统未能内化为赫尔曼·达利所说的从"空世界"经济学转向"满世界"经济学的变化。[①]按达利的说法，空和满是指人类活动的范围。在历史上的大部分时间里，人类数量稀少，对地球的影响也很小，世界上大部分地区是荒野，与人类的需求相比，自然资源的储量是巨大的。而今天，人类和人类活动的影响已经遍布全世界。前面提到，现在，人和人驯养的动物占了脊椎动物数量的绝大部分，并且在人口稠密地区，人类已经利用了50%—60%的河流流量。

古典经济学和新古典派经济学大发展的时代，人类对世界资源的需求相对较小。那时候可再生和不可再生资源通常都可以视为无限的。当然，一些局部限制也存在，比如18世纪英格兰的林业资源因过度采伐而枯竭，木材供应出现问题。但是，世界太大了。随着18—19世纪第一波全球化浪潮的到来，人类可以从北美和其他地区的广阔森林中运来造船用的木材。美洲、澳大利亚和其他大陆的新发现强化了一种观点——过了一座山丘，后面总有一个山谷。人们曾经认为大自然的宝藏是取之不尽的，然而现实已经不是这样了。

---

① Herman Daly, "From Empty-World to Full-World Economics: Recognizing a Historical Turning Point in Economic Development," in *Environmentally Sustainable Economic Development: Building on Brundtland*, ed. Robert Goodland et al. (Paris: UNESCO, 1991).

我们可以从另一个角度来看待这个观点——限制经济和社会发展的因素有哪些？探讨这个问题，我们可以把资本定义为两类，即人造资本和自然资本。人造资本包括斧头、渔船、推土机、建筑物、道路、工厂机器、计算机以及其他工具、设备和基础设施，自然资本则包括森林、鱼类、土壤、水、化石燃料、生物多样性、狩猎动物、矿山、未受污染的大气，以及自然世界中的其他方面。

在历史上的大部分时间里，经济活动都受到人造资本供应的限制。今天，世界发生了很重要的变化，经济越来越受自然资本的限制。但不幸的是，经济学并没有内化并适应这种变化。经济学家、政府和商人仍然像人造资本短缺的时代一样行事。所以，现在我们仍然致力于提高技术、权力、生产能力、金融资本和公司规模，以进一步增加人造资本的数量和效力。事实上，用于资本积累的无穷动力是人类经济体的决定性特征。这就是为什么我们的系统被称为"资本主义"——它是一个增殖并积累人造资本的系统。现代经济学的弊端在于它没有从空世界过渡到满世界，也没有从受人造资本供应限制的生产系统过渡到受自然世界供应限制的系统。

我们再次用北美东北海岸的鳕鱼种群来说明这件事。几个世纪以来，它养活了附近的渔民，并让他们过上了富裕的生活。生物学家和达尔文主义捍卫者托马斯·亨利·赫胥黎在1883年的一次演讲中说道：

> 我相信，就我们目前的捕捞方式而言，一些重要的海洋渔业，例如鳕鱼渔业、鲱鱼渔业和鲭鱼渔业，可以肯定是源源不断的……那些鱼的数量大到不可想象，所以相对来说，我们捕获的数量微不足道……我们做任何事情，都不会严重影响鱼的数量。因此从整个事件的性质来看，政府监管渔业的试验似乎是无用的。[1]

---

[1] Thomas Henry Huxley, "Inaugural Address by Professor Huxley, P. R. S.," in *The Fisheries Exhibition Literature* (London: William Clowes, 1884), vol. 4, pp.14, 16.

赫胥黎认为自然资本（如鱼类资源）储量无穷，而人造资本（船只、鱼线、钩和网）供应有限，因此后者无法耗尽前者。在1883年，赫胥黎的观点是正确的；在之后的一个世纪里，他和持有相同观点的思想家们仍然是正确的。直到20世纪中期，渔获量还在受人造资本如渔民、燃料、船只、网、发动机、绞盘和电子探鱼器等的限制。此时，自然资本供应充足，只要加上更多的人造资本，渔获量就会增加。这是20世纪五六十年代的情况，当时大功率的大型近海海底拖网渔船开始用于鳕鱼捕捞，年度渔获量一下子翻了两番。正如预期的那样，增加了更多的人造资本，产量就上升了。然后，事情变糟了。70年代初，渔获量开始下降。即使增加了更多的人造资本——更多船只和渔网——渔获量仍持续下降。虽然当时很多人没有意识到这一点，但我们确实已经从人造资本限制的系统过渡到了自然资本限制的系统。问题不再是缺少船只和渔网，而是缺少鱼类。完成过渡之后，人造资本的增加再也无法提高渔获量了。事实上，由于人造资本增加带来的过度捕捞，鱼类种群数量和渔获量都在下降。1992年，加拿大政府被迫关闭鳕鱼捕捞业——目前仍处于关闭状态。随着鱼群一个接一个地消失，这样的事在世界各地的海洋捕捞业中上演。联合国粮食及农业组织在2016年的报告中称，海洋渔业在1995左右达到顶峰，"此后呈现出普遍下降的趋势"。这份报告显示，世界上89.5%的鱼类种群面临威胁，要么被过度捕捞（31.4%），要么数量已减少到可持续发展极限（58.1%）。[①]可是，经济学家和政府官员并没有吸取鳕鱼渔业崩溃的教训。几乎在经济的每个领域，我们仍在积累人造资本，尽管它已经压倒并将要耗尽相对应的自然资本。我们无法摆脱旧习惯和以往的空世界思维。我们继续假装大自然的恩赐源源不断，而人类的技术手段却供不应求。事实上，人类的技术手段现在已经非常强大，自然资本——森林、磷、河流、珊瑚礁、土壤、生物多样性、野生动物种群，以及大气稳定气候的能

---

① UN Food and Agriculture Organization, *The State of World Fisheries and Aquaculture 2016: Contributing to Food Security and Nutrition for All* (Rome: UNFAO, 2016), pp.5–6.

力——一个接一个地瓦解。尽管如此，我们仍然选择继续增加人造资本。

一个拥有丰富自然资源但相对缺乏人类活动的新世界可以容纳一种经济学，但一个更加充实的都市化工业世界只能适应另一种经济学。半个世纪前，经济学家肯尼思·博尔丁将开放、无限的地球这种旧观念与地球仿佛一座宇宙飞船的新兴观念进行了对比，为人类思想上的必要转变提供了一个尖锐的比喻。博尔丁不是一位无足轻重的思想家，他曾担任美国经济学会会长和美国科学促进会主席。1966年，他写道：

> 未来的封闭地球所需要的经济原则与过去的开放地球有些不同……我很想称开放型经济为"牛仔经济"，因为牛仔象征着无限的平原，也与鲁莽、剥削、浪漫和暴力行为关联，这些都是开放社会的特征。未来的封闭型经济也可以称为"太空人经济"，在这种经济中，地球像是一架独立的宇宙飞船，没有无限的用于开采或污染的库存，所以人类必须在周期性生态系统中找到自己的位置。①

博尔丁的论述让我们回到了满世界经济（他称为"封闭型经济"）需要循环的观点。人类必须在周期性生态系统中找到自己的位置，这是21世纪最重要的工程。一个新的世界，需要新的经济学范式来鼓励新的物资和能量流动模式，并在人造资本和自然资本之间寻求平衡。我们的经济学原理是在过去的世界中创立的，而现在，我们已经进入了新世界。所以，我们的经济思想和政策必须迅速适应新形势。事实证明，在有太多沼泽和悬崖的新地形中，用旧地图导航是一场灾难。

人造资本的积累为过度开采和清算自然资本，创造了强大的动力。有些类型的人造资本与自然资本是一一对应的。比如，锯木厂与森林对应。工厂

---

① Kenneth Boulding, "The Economics of the Coming Spaceship Earth," in *Ecological Crisis: Readings for Survival*, ed. Glen Love and Rhoda Love (New York: Harcourt Brace Jovanovich, 1970), p.313.

是人造资本，但如果没有自然资本（森林），那么锯木厂在很大程度上就没有价值了。这是第一个概念，某些类型的人造资本需要对应的自然资本。[1]第二个概念是存量和流量之间的区别。我们在可持续发展的指导下管理和捕捞海洋鱼类，这些鱼群就可以无限使用。把两个概念放在一起——人造资本需要对应的自然资本，而自然资本存量只产生一定水平的流动——就会出现一种新的担忧。生态经济学家罗伯特·科斯坦萨的团队解释道：

> 由于人造资本和自然资本之间存在互补关系，故而人造资本的积累对自然资本存量施加了压力，督促它提供越来越多的自然资源。当流量规模大到无法维持的时候，人们很可能会采用不可持续的方式清算自然资本存量以保持年度流量，来推迟人造资本价值的崩溃。[2]

鳕鱼种群每年提供一定流量的鱼，随着船只的增加，我们的捕鱼量会超越存量可以产生的流量，并开始消耗存量本身。为了保持人造资本的价值（花费数百万美元的拖网渔船、海鲜加工厂和罐头厂的盈利能力），我们开始清算存量，直到存量崩溃。这不是什么罕见或边缘的事件，人们一直在追求最大限度的资本回报，存量消耗变得越来越普遍，其流程甚至变得规范化。科斯坦萨等人认为，20世纪"人造资本的高回报率只有在不可持续的自然资源使用模式和随之而来的自然资本清算的情况下才有可能实现"[3]。他们还说，我们现在的高资本回报率、不断上涨的股市指数，以及共同投资基金的扩大，在很大程度上是自然资本存量清算的结果。

人类已经从空世界经济学过渡到了满世界经济学。人造资本消费和改造自然世界的力量在增长，推进它的经济压力也在增长。另外，这个庞大而强

---

① Robert Costanza et al., *An Introduction to Ecological Economics* (Boca Raton, FL: St. Lucie Press, 1997), p.85.

② Costanza et al., p.86.

③ Costanza et al., p.89.

壮的石油工业怪物为自己编造了一个神话——它必须不受管制并且自由，来使自己不受到干扰。人类系统压倒自然和持续增长的能力、提升最大化吞吐量的压力，以及它期待不受管制等因素结合起来，几乎肯定了它将吞噬地球上的各种资源，包括石油、金属矿产、鱼类、树木、河流和土壤。现在唯一的选择是，完全接受世界上到处都是人和机器的现实，并采取行动限制和规范我们对自然的清算。

## 第5节　失败的管理

我们的管理系统已经千疮百孔，它负荷过重，有各种损坏，混乱失控，而且由能力不足或腐败的官员在管理（这里说的腐败不是指政府官员收受贿赂，而是用这个词更普通的含义：改变了原始或正确的形式，或因不健全的原则、价值观而堕落）。自由资本主义、进步的信念、忽视有限性、正反馈环、社会复杂化加深、企业规模扩大、过度使用石油、势在必行的经济增长、追求社会地位、消费水平不断增长且走向常态化，以及侧重于手段而非目的的理念等因素，共同损害甚至摧毁了我们的管理机制、系统控制，以及批判性分析、自我意识和自我克制的结构。若是认为我们正在理性、民主地控制文明的方向，那就大错特错。我们在很大程度上默认了市场支配和无限增长的资本主义逻辑。

有一点很矛盾，我们对地球管理得太少，也管理得太多。我们控制了太多的自然功能，大规模地改造环境、消耗资源、排放废弃物，以及导致物种灭绝。但与此同时，我们也基本上放弃了关注环境的责任——评估行动的结果，为制订计划搜集信息，尽我们所能地集体合作，管理并指导前所未有的创造和毁灭性力量，还有质疑人类对地球的统治。我们要实现自治，这项工作是必须的。逃避任务就是否定了民主主义。

进步的信念和市场的自我调节机制无法取代理性的政府。把一个致力于将经济规模扩大一倍的政党替换成另一个追求更快的增长速度（并以减税政策奖励人民）的政党，是不民主的。想解决问题，关键的第一步是重新掌控我们的未来——放弃神话、妄想和令人感到安慰的梦幻，重新开始有效、集体、民主的自治。

　　在这个时刻，没有什么比长远思考更重要的了。但是，我们的规划范围似乎越来越小。员工盼望着月底发工资，公司会制订未来几个季度或几年的计划，政党关注几年后的下届选举。我们对未来的影响在扩大和加深，然而我们的前景在收缩。人类对未来的影响越来越大，但考虑得却越来越少。未来为我们提供了更多的资源，但我们很少关心它。

　　写这本书，并非为陷于困境的市场或中央计划经济提供参考。本书认为，负责任的民主自治要求我们从社会的角度展望未来，而非个人角度。人类行为的影响是累积的和持久的，所以我们不能忽视在这些影响之下的未来。如果我们不能充分考虑长期成本和收益，那么很多重要管理流程就会关闭。令人眼花缭乱的、仿佛充满乐趣的指数级工业消费主义必须现在就结束，人类必须变得更加成熟，并认真地思考、交谈和管理。

# 第五章

# 从E文明到可持续发展

## 第1节　可持续发展

诚然，这是一本关于可持续性的书——尽管到目前为止，这个词很少出现。我不太喜欢使用"可持续"或"可持续性"，因为这些词已经贬值了，它们被劫持、滥用，被剥夺了意义。借用语言学家乌博·坡克森的定义，它们已成为"塑料词汇"——暗示了正面的结果，但不表示任何具体内容。[①]它们已经被漂绿行为、妄想和公共关系的谎言贬低了。孟山都公司说它为我们提供可持续农业；地区煤炭行业协会向我们保证，"煤炭在建设现代可持续发展的社会中发挥了重要作用"[②]；沃尔玛自称致力于"增强运营模式和产品供应链的可持续性，以造福人类和地球"[③]；国际民用航空组织教育我们，

---

① Uwe Poerksen, *Plastic Words: The Tyranny of a Modular Language*, trans. Jutta Mason and David Cayley (University Park, PA: Pennsylvania State University Press, 1995).

② "Sustainable societies," World Coal Association (https://www.worldcoal.org/sustainable-societies).

③ "Global Responsibility Report," Walmart (http://corporate.walmart.com/ global-responsibility/global-responsibility-report).

"必须保证让子孙后代获得可持续的航空运输"[①]——我们的后代将每年飞行数十万亿千米。按照它们的逻辑，似乎没有公司、产品、服务和商业活动是不可持续的。

尽管"可持续"和"可持续性"已经失去了原有的价值，但如果我们将这两个重要词汇重新植根于科学、证据和严谨——基于承载并供应人类系统的地球生物圈——它们就可以恢复名誉。大多数关于可持续性的对话都会失败，因为它们往往发生在人类建构的语境之中，在人类的社会和经济中。在这种语境下，如果沃尔玛提高了卡车车队的柴油燃烧效率，那么公司的运营将更具可持续性。但是这样的讨论并没有考虑地球生物圈的现实。只有将地球系统及生物圈视为整体，将人类经济视为从属部分时，我们才能重新讨论可持续性。然后，我们才可以探索如何根据地球系统的现实、模式、运作方式、界限调整和扩展从属的人类系统。我在本小节使用的"可持续"和"可持续性"没有讽刺意味，但相信读者会看出，这里的用法与孟山都或沃尔玛的用法完全不同。我相信读者会明白，工业化消费 E 文明的线性系统如果不经历彻底的、颠覆性的重构，它就不可能成为一个可持续的系统。E 文明的形态是不科学的，它的流程、模式、速度和规模都不科学。它的线性流动方式否决了可持续性，它对指数级增长的承诺也否决了可持续性。可持续性需要完全不同的结构、速度、形态、规模和方法。

为了不给读者留下悬念，我在这里简要概述 E 文明的继任者必须为可持续发展做出的改变。下面列出的观点，无惧所有关于人类文明中长期持续性的成熟、理性的讨论：

1. 地球是一个非膨胀的封闭系统，它的源和流都是有限的；
2. 地球上主要的生物流和物理化学流都是循环的；
3. 太阳能为地球及地球上的生命活动提供了动力；

① International Civil Aviation Organization (ICAO), *Global Aviation and Our Sustainable Future: International Civil Aviation Organization Briefing for RIO+20* (Montreal: ICAO, 2012) (http://www.icao.int/environmental-protection/Documents/Rio+20_booklet.pdf).

4. 地球上大部分生物过程在空间和时间上是本地的；

5. 生物过程（如植物生长和生态系统更新）需要一定的周期；

6. 生长过程（组成）和分解过程相抵；

7. 能量循环与生命结合，构建了复杂多样的生态网络；

8. 生态系统主要受负反馈机制的支配。

因为人类系统是地球系统的附属，所以构建可持续的人类系统，必须一切从实际环境出发。地球是一切事物的整体、环境与母系统。社会经济是它的部件、组成部分或嵌入式子系统。由于人类系统的起源与供给完全依赖更大的地球系统，所以可持续的社会和经济必须基于生物圈系统及其运作模式。可持续的人类系统必须包括以下几个方面：

1. 物资是循环的（追求最大可能的回收和最小规模的投入）；

2. 由现代太阳能而非化石太阳能提供能量；

3. 空间具有本地性（对循环和回收至关重要）；

4. 时间具有本地性（对于脱离不可再生材料和化石能源的依赖至关重要）；

5. 受地球封闭系统的有限尺度限制；

6. 资源开采和废弃物排放量停止增长；

7. 平衡正负反馈的作用；

8. 专注于满足人类的本质需求，减少资源和能源的使用量，促进公平、正义、满足感、自我实现、内心的宁静，以及智力、文化和艺术上的成长；

9. 限制人类活动范围，为地球上的其他生物腾出足够的空间。

总之，可持续发展的文明是循环的。它建立在回收和再利用的基础上，由当代太阳能提供能量，在空间和时间上是本地的，在资源使用和废弃物排放方面是有限的，而且不再增长。文明通过正负反馈的共同作用达到稳定，致力于社会分配和代际的正义，最大限度地提高人类自由、满足感和未来规划，同时将开采和浪费最小化，将生产和消费最优化。

E文明做不到以上的事，因为它在结构上是不可持续的。E文明建立在线性流动的基础上，旨在破坏循环周期，分解材料。现代人类文明的力量和财富建立在反回收的基础上，而宣传我们需要回收和再利用是愚蠢和尴尬的事。但是，我们必须通过回收和再利用来拯救和维持人类文明。要在这个方向上取得进展，我们必须首先停止反回收，不再逃避现实。

E 文明太强大了，人类正在压倒自然。我们有太多的柴油拖网渔船，它们的掠夺能力已经超越了海洋的再生能力；我们的伐木归堆机砍了太多的森林，超过了树木生长速度。在许多国家和地区，我们需要削弱并放慢文明的发展。我们要意识到，人造资本的存量往往会压倒和危及自然资本的存量。

E 文明的步伐和规模已经失控——太快了，太大了。不过，对速度和规模的评估不能脱离文明的形态、发展模式和物资流转方式。比如说，如果我们发展出了新的文明系统，材料的回收率能达到80%或90%，可以循环利用，用无污染的可再生能源为文明提供动力，那么我们就可以有相对较大的生产和消费规模。如果以物资循环利用和太阳能为基础，经济的可持续发展规模和速度就能显著提高。但如果我们的经济是线性的，并且需要最大量的资源投入和废弃物排放，那么其可持续发展规模就会小得多。因此，实现可持续发展规模不仅仅在于减少个人和集体的消费量，还需要我们重构文明系统，改变其运作方式。我们利用资源和能源的方式，决定了我们的资源和能源能用多久。可持续发展的规模取决于其结构。地球上的物资回收和再利用的效率越高，我们的社会就越有可能实现可持续发展，生产力也越先进。但是，现在这种高吞吐量的巨型线性经济永远不会实现可持续发展。

绝对不会。

可持续发展的社会必须在空间和时间上具有本地性。空间的本地性是因为，材料回收要求系统的输入端靠近输出端，以便废弃物可以及时处理，再次投入使用，以达成循环。当然，这件事并不绝对，但在大多数情况下，这是我们需要慎重考虑的一个重要因素。此外，本地系统最大限度地减少能量异地运输。本地的空间系统支持治理，人们就可以清楚地看到行动的收益和成本。可持续发展社会必须在时间上是本地的，因为这意味着我们使用的是现代能源和可再生材料，而非化石能源和不可再生材料。若是当代发展要消耗未来的资源、污染未来的环境，那我们的文明在未来就无法生存，更不会蓬勃发展。

可持续发展的社会必须以当代太阳能为动力。现在几乎每个人都意识到，基于化石能源的经济会耗尽石油和煤炭，污染大气和海洋，最终造成灾难性后果。要想实现可持续发展，我们就不能对"清洁煤"或化石燃料农场生产的生物燃料抱有幻想。瓦茨拉夫·斯米尔写道：

> 现代文明依赖对太阳能遗产——化石燃料——的不可持续利用，而这些燃料在文明的时间尺度上无法补充（直到我们采用全新的能源，关于提高现代经济可持续性的所有讨论全部停止，它仍然存在政治正确性，但在科学上是令人耻笑的）。[1]

可持续发展的社会必须是公平、公正、合理的社会。本书用了很大篇幅来讨论能源、材料和自然。但人民呢？社会和经济正义呢？为什么这本书很少谈到穷人和无依无靠者、企业的权力和收入不平等？因为这些问题，已经有数千本优秀著作在探讨了，很多书探讨了当代人类和人际间的问题——不平等、不公正、压迫、性别歧视、种族主义、贫困和暴行，等等。本书重点关注人类文明中基本上被忽视但却非常重要的方面——物质和能量流动以及人类社会的形态。

尽管如此，我们在思考未来的时候，将人类置于中心位置仍是至关重要的。可持续的基本成分包括公平、正义、合理、和平、安全、人的尊严以及充分发挥人的潜力。我们若想遏制线性系统的增长，通过发展经济来提高全人类的生活水平，就需要付出巨大的努力，改革我们的社会和经济，以确保地球资源、消费量和可持续性转型过程的成本和收益能够分配得更加公平。

---

[1] Vaclav Smil, *Energy: A Beginner's Guide* (Oxford: Oneworld Publishing, 2006), p.88.

如果经济增长速度放缓，那么公平性和分配问题就会更加突出。一个低经济增长率的社会在协调富人的特权与穷人的需求方面，会面临深刻的挑战。实际上，安装太阳能电池板和风力涡轮机的方案（改变经济增长方式，实现可持续发展）可能比引进公平、正义、自我克制、慷慨，以及公民彼此关怀的新观念要简单。

无休止的经济增长浪潮使我们回避并拖延了关于正义和公平的紧迫问题。也许今天我们可以回避这个问题，但是，随着经济的增长，明天这个问题可能会更严重。当我们消耗更多的资源来发展经济以维持今天的正义时，我们实际上是侵吞了下一代的财富，这就加剧了代际正义的问题。今天的经济增长（以及随之而来的消耗）降低了后代通过发展来处理他们的正义问题的能力——我们在寅吃卯粮。

要想让我们的社会、经济和全球文明回到地球循环系统中，实现人与自然和谐发展，我们需要加倍关注正义、平等、公平分配和民主治理。反过来也是真理——重视正义、平等、宽容、民主、法治和人权的社会，必须更加关心人与自然的和谐。理查德·海因伯格写道："不能切实意识到生态限制的关于人权和正义的伦理，是灾难性的。"[①] 他指出，人权和正义建立在"必要的生态基础"之上，包括在不引起冲突的情况下提供食物、水、住所、能量、美景、娱乐、文化和其他品质生活所需物资的健康环境。环保主义者必须对正义的需求保持高度敏感，与此同时，社会正义倡导者也必须对生态限制以及社会和经济体的物质和能量流动，抱有更大的兴趣。

---

[①] Richard Heinberg, *Peak Everything: Waking Up to the Century of Declines* (Gabriola Island, BC: New Society Publishers, 2007), p.122.

# 第2节 结 论

前一节概括了我们的全球文明若要实现可持续发展，需要做出哪些重大的结构性调整，主要包括材料循环和再利用、使用当代太阳能资源，以及生产在时空上都要本地化。除了这些基本原则，我们还可以应用一系列成熟高效、成本低廉而且容易推广的技术和低碳环保的生活方式，如布置太阳能光伏阵列和风力涡轮机，提倡低碳出行、高效照明、更健康且注重能量和排放的饮食，减少食物浪费和化肥农药的使用，大力发展公共交通，等等。这些技术和措施都是有用的，也都是必要的，几乎所有人都听说过清单上的项目。但是，在我们真正做出改变之前，至关重要的第一步是结束那些让全球状况变得更糟的大型工程。我们必须用水来灭火，但在那之前，要先停止火上浇油。

可以保持的、稳定的、持久的，这是"可持续"的核心要义。"可持续性"这个词让我们联想到恒常的水平趋势线。可持续发展意味着资源和能源的开采是稳定的，而且我们的生产和消费水平也可以无限期地维持。但对人类而言，在这个文明发展的关键时刻，面对复杂而充满诱惑的世界，最重要的是保持清醒的头脑。当最真诚、最进步的国家元首和环境部长们承诺带领我们走向可持续发展的未来时——无论他们是否真心——大多数政治家都在谈论如何维持一组近乎垂直上升的趋势线，这组线代表了经济发展速度和文明进步的各项指标。图5-1显示了公元元年到2017年两千多年来世界国内生产总值的数据（按1990年的国际购买力计算，经通胀调整；2000年的数值用白色圆圈标记），而我们正在努力维持这张图上垂直上升的趋势。

企业、政府、投资者和大多数居民都致力于增长、发展、进步、创新，希望能够不断提高生活水平，获取高额回报。所以我们试图维持图5-1中的上升趋势，这是现实。但我们采取的方式是不现实的。在当前指数级增长的背景下谈论可持续发展，我们不应该想象稳定性或平稳的曲线，而是应该想象图表中显而易见的、近乎垂直的尖峰。

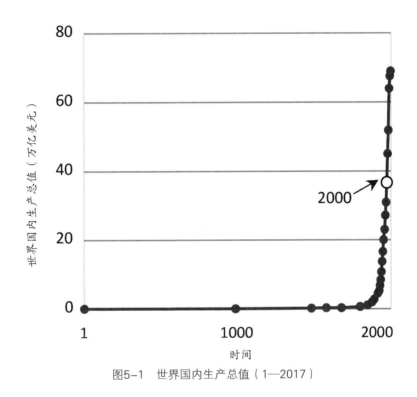

图5-1 世界国内生产总值（1—2017）

引自：同图2-4。

现实情况其实更糟糕。图5-2把曲线画到了21世纪末，2000年的数据同样用白色圆圈标记。如果2.1%的复合年均增长率能够维持100年，世界国内生产总值预计会翻三番。我们在21世纪"维持"的是让经济规模、资源开采、工业生产和废弃物排放增长7倍的计划。

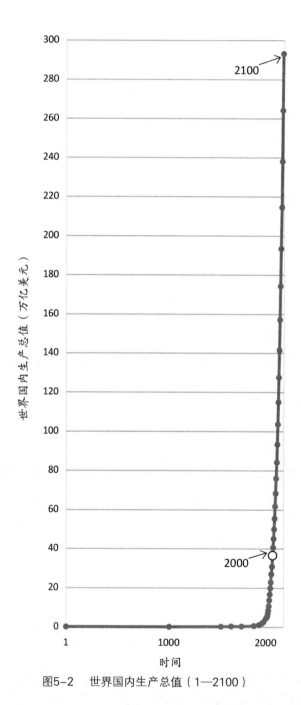

图5-2　世界国内生产总值（1—2100）

引自：同图2-4。

图5-2预测，2000年至2100年间，世界国内生产总值将翻倍三次，相当于每33.3年翻一番。这还是按照2.1%的年均增长率得出的结果，远低于20世纪的平均增长率，也远低于经合组织、二十国集团、卡内基基金会、世界银行和国际货币基金组织当前的预测。图5-2附和了格罗·哈莱姆·布伦特兰在1987年发表的那份影响深远的报告中，针对可持续发展的建议。这也是经合组织所说的成员国承诺"促进健全、包容、可持续、有弹性的经济增长"的例子。[①]

如果人类不改变发展模式，依然一味追求经济增长，那就否决了社会的可持续性。我们应该朝着可持续发展的目标前进，但事实却是，我们在飞速地远离它。问题不在于缺乏解决方案，相反，问题是如何打消精英和普通大众对E文明的追捧。

我们可以选择毁灭，这很简单。只需要像现在一样，让经济规模继续翻倍，煤炭和石油开采量、渔获量、森林砍伐量、用水量、肉类消耗量、化肥农药使用量等都继续快速增长。我们可以继续宣传消费主义，将其作为人类最重要的手段和目的。我们可以继续服从资本主义的指令，积累和部署越来越多的人造资本——尽管现有的机器存量已经足以摧毁生物圈。放任现状，就等于选择毁灭。

所以说，人类注定要失败吗？

不！

我们不需要做这样的选择。我们有备选方案，可以为全人类带来幸福富裕的生活。我们可以实现可持续发展，也可以实现全球经济规模的无限增长。它们都是选择的结果。但是，现在地图上标得很清楚，我们在通往地狱的路上狂奔。这条路有出口，我们必须要转向，但我们现在选择踩油门加

---

① "Unlocking Investment for Sustainable Growth and Jobs — Chair's Summary," OECD website, Meeting of the OECD Council at Ministerial Level, Paris, June 3–4, 2015 (http:// www. oecd.org/mcm/documents/unlocking-investment-for-sustainable-growth-andjobs- chair- summary.htm).

速。人类必须做出改变了。

我们必须改造人类文明及其生产和消费系统。这是一件困难的事。以前的社会也发生过变化，而且完成这些变化的人远远没有现代人富裕，不像现代人受过这么多教育，也没有先进的技术。大约一万年前，人类狩猎采集社会进入农业社会，这次转变是在石器时代完成的。那也许是人类历史上最重要的转变。先人们以自己的方式取得了了不起的成就，但他们不识字，也没有任何今天大多数人都熟知的技术。接下来，大地上出现了文明的曙光，这次转变同样是由没有受过正规教育或科学培训的人完成的，他们只拥有最基本的技术。即使是最近几个世纪的革命——工业、发动机、燃料、材料和运输革命——也发生在技术远不及我们的农村和教育程度低的社会中。是工匠和铁匠发明了蒸汽机和动力织布机，而不是科学家和工程师。

我们必须改造社会。与数千年或数百年前经历类似规模转变的社会不同，我们很幸运能够在先进教育系统、全球计算机和通信网络、先进能源和材料工程，以及全球研究和创新系统的帮助下应对挑战。以太阳能电池板为例，目前我们很难想象比它更重要、更有希望的技术。如上文所述，化石燃料的生成需要数百万年时间，而且化石燃料消耗相对较快，还会排放大量温室气体。相比之下，太阳能电池板能量转换效率高，体积小、安静，不会有水力压裂、山顶破坏或石油泄漏等问题，而且会大大减少对环境的破坏。太阳能电池板是拯救文明的钥匙，而类似的技术，我们还有很多。

我们现在面临的问题，不是用太阳能电池板取代燃煤发电厂、用电动车取代烧汽油的车能够解决的。E文明的转型必须与以前的社会转型具有相似的规模——从狩猎采集社会向农业社会转变、文明诞生、工业革命等。我们必须改变现在的文明发展模式，重新构建它的框架，寻找新的动力，用可再生的当代能源系统地取代化石能源，用循环系统代替线性系统。我们要修复管理系统，将失控的指数级经济增长拉回理性民主制度和负反馈的控制之下。在提高效率的时候，必须首先考虑资源储量。在生活中也要做出改变，寻回不需要购物或者度假就能休闲放松的生活方式。我们必须拥抱更成熟、更明智的现代化——其限制不仅可以保护地球，还可以让我们自由地追求付出和收益之外的目标。地位和成就不能建立在大规模消耗、掠夺地球资源或破坏生态系统的基础上。我们不仅要改变技术手段，还需要改变人生目标；不仅要改变能源和引擎，还要改变目的地和导航图。如果不做出上述改变，我们面临的不是厄运，就是反乌托邦—— 一个人类统治下孤独而荒凉的地球，被毫无意义的消费耗尽了所有。

人类的力量非常强大。这股强大的力量，创造了我和数十亿人现在享受的奢华且物资丰富的世界。同时，这股力量也破坏了我们赖以生存的生态系统，会耗尽地球资源储备，填满垃圾场，并且缩短社会的寿命。最后，也是这股力量能够让我们迅速而果断地改变现在的社会——改变发展策略，远离悬崖，走向更明智的道路。人类不是无助的，也不必走向毁灭。我们有很多解决方案，有足够的力量和智慧来使用它；我们可以改变社会和经济，改变文明的发展模式。这一切，都要求我们做出与今天截然不同的选择。

人类文明可以延续，而且盛大辉煌。

## 附录 1 能源投入回报率（EROI）预计和相关参考资料

| 能源 | 地区 | 时期 | EROI | 来源 |
|---|---|---|---|---|
| 石油和天然气（传统） | 加拿大西部 | 1947—1951 | 18：1 | Friese 2011 |
| 石油和天然气（传统） | 加拿大西部 | 1970—1974 | 71：1 | Friese 2011 |
| 石油和天然气（传统） | 加拿大西部 | 1993—1997 | 35：1 | Friese 2011 |
| 石油和天然气（传统） | 加拿大西部 | 2005—2009 | 17：1 | Friese 2011 |
| 石油和天然气（全部） | 美国 | 1954、1958、1963 年的平均值 | 20：1 | Guilford et al. 2011 |
| 石油和天然气（全部） | 美国 | 1972、1977、1982 年的平均值 | 13：1 | Guilford et al. 2011 |
| 石油和天然气（全部） | 美国 | 1997、2002、2007 年的平均值 | 13：1 | Guilford et al. 2011 |
| 石油和天然气（全部） | 美国 | 1970 | 23：1 | Cleveland et al. 1984 |
| 石油和天然气（全部） | 美国 | 1997 | 11：1— 18：1 | Cleveland 2005 |
| 石油和天然气（近海） | 美国 | 1985—2004 | 10：1— 25：1 | Gately 2007 |
| 石油和天然气（全部） | 挪威 | 20 世纪 90 年代早期 | 44：1 | Grandell et al. 2011 |
| 石油和天然气（全部） | 挪威 | 1996 | 59：1 | Grandell et al. 2011 |
| 石油和天然气（全部） | 挪威 | 21 世纪前 10 年后期 | 40：1 | Grandell et al. 2011 |
| 石油和天然气（全部） | 沙特阿拉伯 | 最近 | 50：1[§] | Author's est., based on Norway |
| 石油和天然气（全部） | 全球 | 1992 | 26：1 | Gagnon et al. 2009 |
| 石油和天然气（全部） | 全球 | 1999 | 35：1 | Gagnon et al. 2009 |

续表

| 能源 | 地区 | 时期 | EROI | 来源 |
|---|---|---|---|---|
| 石油和天然气（全部） | 全球 | 2006 | 18：1 | Gagnon et al. 2009 |
| 石油（油砂） | 加拿大阿尔伯塔省 | 21 世纪初综合数据 | 3：1—7：1§ | Charles Hall et al./Oil Drum 2008 |
| 石油（油母页岩*） | 美国 | 20 世纪 80 年代 | 0.7：1—13：1 | Cleveland et al. 1984 |
| 石油（油母页岩*） | 美国 | 2011 | 2：1—16：1 | Cleveland et al. 2011 |
| 石油（油母页岩） | 美国 | 1975—2007（综合数据） | 1：1—>10：1§ | Charles Hall et al./Oil Drum 2008 |
| 汽油和柴油 | 美国 | 2009 | 10：1 | Hall et al. 2009 |
| 天然气（传统） | 加拿大西部 | 1993—1997 | 34：1 | Friese 2011 |
| 天然气（传统） | 加拿大西部 | 2005—2009 | 17：1 | Friese 2011 |
| 煤矿 | 美国 | 1950 | 100：1 | Cleveland 2005 |
| 煤矿 | 美国 | 20 世纪 50 年代 | 80：1 | Cleveland et al. 1984 |
| 煤矿 | 美国 | 20 世纪 70 年代 | 30：1 | Cleveland et al. 1984 |
| 煤矿 | 美国 | 20 世纪 70 年代 | 20：1—30：1 | Several, See Dale 2010 |
| 煤矿 | 美国 | 2000 | 80：1 (?) | Cleveland 2005 |
| 水力发电** | 全球 | 20 世纪 80 年代 | 11：1 | Cleveland et al. 1984 |
| 水力发电† | 北美 | 21 世纪初 | 50：1—250：1 | Gagnon et al. 2002 |
| 核发电** | 全球 | 20 世纪 80 年代 | 4：1 | Cleveland et al. 1984 |
| 核发电† | 全球 | 1973—2005（综合数据） | 3：1—33：1†† | Lenzen 2008/Diaz Maurin 2011 |
| 太阳能发电** | 全球 | 20 世纪 80 年代 | 2：1—10：1 | Cleveland et al. 1984 |
| 太阳能发电** | 意大利 | 2012 | 6：1—10：1 | Cucchiella et al. 2012 |
| 太阳能发电** | 全球 | 2012 | 6：1—12：1 | Raugei et al. 2012 |

续表

| 能源 | 地区 | 时期 | EROI | 来源 |
|------|------|------|------|------|
| 风力发电** | 全球 | 1977—2007（综合数据） | 20：1 | Kubiszewski et al. 2010 |
| 乙醇（玉米） | 美国 | 20世纪80年代 | 1.3：1 | Cleveland et al. 1984 |
| 乙醇（玉米） | 美国 | 20世纪90年代至今（概括） | 0.8：1—1.6：1 | Murphy et al. 2011 |
| 生物柴油 | 美国 | 1994—2009（数据复盘） | <1：1—6：1 | Garza 2011/Pradhan et al. 2011 |
| 藻类生物质原油 | 实验室 | 2011（初步/理论数据） | <1：1 | Beal et al. 2011 |

*自供应能量除外

**不考虑能源质量因素

† 考虑能源质量混合影响因素

†† 省略伦岑制作的52份报告中最高的五个值与最低的五个值

§ 不确定

**资料来源

1. Generally, Charles Hall and Kent Klitgaard, *Energy and the Wealth of Nations: Understanding the Biophysical Economy* (New York: Springer, 2012), p.313; and several articles in *Sustainability* 3, no. 11 (Nov. 2011) and Sustainability 3, no. 12 (Dec. 2011).

2. Colin Beal et al., "The Energy Return on Investment for Algal Biocrude: Results for a Research Production Facility," *BioEnergy Research* 5, no. 2 (June 2012).

3. Federica Cucchiella and Idiano D'Adamo, "Estimation of the Energetic and Environmental Impacts of a Roof-Mounted Building-Integrated Photovoltaic Systems," *Renewable and Sustainable Energy Reviews* 16, no. 7 (2012).

4. Cutler Cleveland, Robert Costanza, Charles Hall, and Robert Kaufmann, "Energy and the US Economy: A Biophysical Perspective," *Science* 225, no. 4665 (Aug. 31, 1984).

5. Cutler Cleveland, "Net Energy from Oil and Gas Extraction in the United States, 1954–1997," *Energy* 30, no. 5 (Apr. 2005).

6. Cutler Cleveland and Peter O'Connor, "Energy Return on Investment (eroi) of Oil Shale," *Sustainability* 3, no. 11 (Nov. 2011).

7. Michael A. J. Dale, "Global Energy Modelling: A Biophysical Approach (GEMBA),"

(unpublished Ph.D. thesis, University of Canterbury, New Zealand, 2010).

8. François Diaz Maurin, *The Problem of the Competitiveness of Nuclear Energy: A Biophysical Explanation*, working papers on environmental sciences (Institut de Ciencia i Tecnologia Ambientals, 2011).

9. Jon Friese, "The eroi of Conventional Canadian Natural Gas Production," *Sustainability* 3, no. 11 (Nov. 2011).

10. Nathan Gagnon, Charles Hall, and Lysle Brinker, "A Preliminary Investigation of Energy Return on Energy Investment for Global Oil and Gas Production," *Energies* 2, no. 3 (2009).

11. Luc Gagnon, Camille Belanger, and Yohji Uchiyama, "Life-Cycle Assessment of Electricity Generation Options: The Status of Research in Year 2001," *Energy Policy* 30, no. 14 (2002).

12. Eric Garza, T*he Energy Return on Investment of Biodiesel in Vermont* (Burlington, VT: University of Vermont, 2011).

13. Mark Gately, "The eroi of US Offshore Energy Extraction: A Net Energy Analysis of the Gulf of Mexico," *Ecological Economics* 63, no. 2–3 (Aug. 1, 2007).

14. Leena Grandell, Charles Hall, and Mikael Höök, "Energy Return on Investment for Norwegian Oil and Gas from 1991 to 2008," *Sustainability* 3, no. 11 (Nov. 2011).

15. Charles Hall, M. C. Herweyer, and A. Gupta, *Unconventional Oil: Tar Sands and Shale Oil – EROI on the Web, Part 3 of 6* (The Oil Drum, 2008).

16. Charles Hall, Stephen Balogh, and David Murphy, "What is the Minimum eroi that a Sustainable Society Must Have?" *Energies* 2, no. 1 (Mar. 2009).

17. Ida Kubiszewski, Cutler Cleveland, and Peter K. Endres, "Meta-analysis of Net Energy Return for Wind Power Systems," *Renewable Energy* 35, no. 1 (Jan. 2010).

18. Manfred Lenzen, "Life Cycle Energy and Greenhouse Gas Emissions of Nuclear Energy: A Review," *Energy Conversion and Management* 49, no. 8 (Aug. 2008).

19. David Murphy, Charles Hall, and Bobby Powers, "New Perspectives on the Energy Return on (Energy) Investment (EROI) of Corn Ethanol," *Environment, Development and Sustainability* 13, no. 1 (Feb. 2011).

20. A. Pradhan et al., "Energy Life Cycle of Soybean Biodiesel Revisited," *Transactions of the American Society of Agricultural and Biological Engineers* 54, no. 3 (May–June, 2011).

21. Marco Raugei, Pere Fullana-i-Palmer, and Vasilis Fthenakis, "The Energy Return on Energy Investment (EROI) of Photovoltaics: Methodology and Comparisons with Fossil Fuel Live Cycles," *Energy Policy* 45 (2012).

## 附录2　图表参考资料

图1-1　美国农场中马和拖拉机的数量对比（1910—1960）

出处：Alan Olmstead and Paul W. Rhode, "Reshaping the Landscape: The Impact and Diffusion of the Tractor in American Agriculture, 1910–1960," *Journal of Economic History* 61, no. 3 (Sept. 2001). 在J. Frederic Dewhurst的文章里也有类似的图表。J. Frederic Dewhurst et al., *America's Needs and Resources: A New Survey* (New York: Twentieth Century Fund, 1955), p.802.

图1-2　全球商业肥料消费量（1850—2017）

出处：Vaclav Smil, *Enriching the Earth: Fritz Haber, Carl Bosch, and the Transformation of World Food Production* (Cambridge, MA: MIT Press, 2001), pp.240, 245; "FAOSTAT, Fertilizers," UN Food and Agriculture Organization, online database; "IFADATA," International Fertilizer Industry Association, online database; Clark Gellings and Kelly Parmenter, "Energy Efficiency in Fertilizer Production and Use," *Efficient Use and Conservation of Energy*, vol. 2 (Oxford, UK: eolss Publishers/unesco); US Geological Survey, "Phosphate Rock Statistics" and "Potash Statistics," *Historical Statistics for Mineral and Material Commodities in the United States*, compilers Thomas Kelly and Grecia Matos (Washington D. C. : usgs, 2012).

图1-3　加拿大东部大西洋西北海域局部食物链网络

出处：David M. Lavigne, "Marine Mammals and Fisheries: The Role of Science in the Culling Debate," in *Marine Mammals: Fisheries, Tourism and*

*Management Issues*, ed. N. Gales, M. Hindell, and R. Kirkwood (Collingwood, VIC, Australia: CSIRO Publishing, 2003), p.40.

图1-4　经人类简化的食物网

出处：Eugene P.Odum, *Fundamentals of Ecology*, 3rd ed. (Philadelphia: W. B. Saunders, 1971), p.70.

图1-5　人类、家畜和野生动物的体量对比图

出处：Yinon Bar-On, Rob Phillips, and Ron Milo, "The Biomass Distribution on Earth," *Proceedings of the National Academy of Sciences* 115, no. 25 (June 19, 2018); Anthony Barnosky, "Megafauna Biomass Tradeoff as a Driver of Quaternary and Future Extinctions," *Proceedings of the National Academy of Sciences* 105, suppl. 1 (Aug. 12, 2008); Vaclav Smil, *Harvesting the Biosphere: What We Have Taken from Nature* (Cambridge, MA: mit Press, 2013), pp.226–229. 图中，5万年前野生动物的体重数据和今天生物的体重数据都来自Bar-On等人，1.1万年前野生陆地动物的体重数据是作者根据Bar-On等人、Smil和Barnosky的估计算出来的。据Bar-On等人量化的当下状况，作者估计5万年前和1.1万年前野生鸟类的生物量为野生动物生物量的三分之二。图中最大的不确定性是鸟类的生物量。总体而言，目前野生动物和鸟类的生物量存在很大的不确定性，过去的数值更加不确定。因此，图表呈现的是一个整体情况，表现的是大的趋势。

图2-1　化石燃料累积的速度

出处：Tad W. Patzek, "Exponential Growth, Energetic Hubbert Cycles and the Advancement of Technology," *Archives of Mining Sciences* 53, no. 2 (2008): 131–159.

图2-2　各国人均能量消耗与人均国内生产总值对比

出处："Per Capita gdp in US Dollars," UN Statistics Division, National

Accounts Main Aggregates Database, online database; "Energy use (kg of oil equivalent per capita)," World Bank, online database. For similar graphs, see Weissenbacher, 482; Cook, 192; Cleveland and Morris, p.968.

图2-3　不同人群人均能量消耗对比

出处：Based on a graph in Earl Cook, "The Flow of Energy in an Industrial Society," *Scientific American* 224, no. 3 (Sept. 1971), p.136.

图2-4　人类能量消耗与世界国内生产总值对比

出处：能量数据来自Vaclav Smil, *Energy in Nature and Society: General Energetics of Complex Systems* (Cambridge, MA: MIT Press, 2008), p.397; British Petroleum, *BP Statistical Review of World Energy 2018*, 67th ed. (London: BP, 2018)。作者根据Smil的数据估计1500年之前的能量水平。 世界国内生产总值数据来自 Angus Maddison, *The World Economy, Volume 1: A Millennial Perspective* (Paris: oecd, 2001); Angus Maddison, *Contours of the World Economy, 1–2030 AD: Essays in Macro-Economic History* (Oxford: Oxford University Press, 2007); 2010、2015和2017年全球生产总值数据由Maddison的数据中年度全球GDP百分比变化推断而来。

图2-5　美国各类能源做功总量（1850—2010）

出处： 1850 —1950年的数据来自 J. Frederic Dewhurst and Associates, *America's Needs and Resources: A New Survey* (New York: Twentieth Century Fund, 1955), p.1116。1960—2010数据来自 Energy Information Administration (EIA), Annual Energy Review 2011 (Washington, DC: UMass, Exergy, Efficiency in the US EconomyS Dept. of Energy, 2012); US EIA, *Annual Energy Outlook 2018 with Projections to 2050* (Washington, DC: US Dept. of Energy, 2015)。这一阶段的数据作者也参考了Dewhurst的假设和计算方法。其他信息和方法参考Robert

U. Ayres, *Mass, Exergy, Efficiency in the US Economy*, interim report (Laxenburg, Austria: International Institute for Applied Systems Analysis, 2005), pp.20, 21。另外，关于英国的数据，Fouquet做了一个对比图，参考Fouquet, "The Slow Search for Solutions: Lessons from Historical Energy Transitions by Sector and Service," *Energy Policy* 38 (2010): 6589。

图2-6　美国不同类别的能源做功量所占比例（1850—2010）
出处：同上。

图2-7　两种分子运动方式：加热和做功
Randy Ruppel绘制。

图2-8　英国和美国煤产量（1650—1900）
出处：英国17世纪50年代的数据参考Manfred Weissenbacher, *Sources of Power: How Energy Forges Human History* (Santa Barbara, CA: ABC-CLIO, 2009), vol. 1；17世纪80年代的数据参考Sidney Pollard, "A New Estimate of British Coal Production, 1750–1850," *The Economic History Review* 33, no. 2 (May 1980): 214；1700年的数据参考J. Hatcher, *The History of the British Coal Industry*, as cited in E. A. Wrigley, Energy and the English Industrial Revolution (Cambridge: Cambridge University Press, 2010), p.37；1710年左右的数据参考Manfred Weissenbacher, *Sources of Power: How Energy Forges Human History* (Santa Barbara, CA: ABC-CLIO, 2009) vol. 1；1750—1850年的数据参考 Sidney Pollard, "A New Estimate of British Coal Production, 1750–1850," *The Economic History Review* 33, no. 2 (May 1980): 229；1850—1890年的数据参考 B. R. Mitchell, *European Historical Statistics* (London: Macmillan, 1975), pp.360–364。美国的数据参考B. R. Mitchell, *International Historical Statistics: The Americas and Australasia* (London: Macmillan, 1983), pp.399–400。

图2-9　英国和美国固定式蒸汽机马力（1650—1900）

出处：John Kanefsky and John Robey, "Steam Engines in 18th-Century Britain: A Quantitative Assessment," *Technology and Culture* 21, no. 2 (Apr. 1980): 169, 185; John W. Kanefsky, "The Diffusion of Power Technology in British Industry, 1760–1870" (unpublished Ph. D. thesis, University of Exeter, 1979), p. 338; Allen Fenichel, "Growth and Diffusion of Power in Manufacturing, 1838–1919," in *Output, Employment, and Productivity in the United States after 1800*, ed. Dorothy S. Brady (New York: National Bureau of Economic Research, 1966), p.456. 也参考 Jeremy Atack et al., "The Regional Diffusion and Adoption of the Steam Engine in American Manufacturing," *Journal of Economic History* 40, no. 2 (June 1980): 283。

图2-10　英国和美国铁的产量（1650—1900）

出处：B. R. Mitchell, *European Historical Statistics* (London: Macmillan, 1975), pp.391–394; B. R. Mitchell, *International Historical Statistics: The Americas and Australasia* (London: Macmillan, 1983), pp.453–454.

图2-11　英国和美国棉花消费量（1650—1900）

出处：B. R. Mitchell, *European Historical Statistics* (London: Macmillan, 1975), pp.427–430; B. R. Mitchell, *International Historical Statistics: The Americas and Australasia* (London: Macmillan, 1983), p.472; "Statistics of Iron and Cotton 1830–1860," *Quarterly Journal of Economics* 2, no. 3 (1888): 379–384.

图2-12　英国照明成本（1650—1900）

出处：Roger Fouquet, *Heat, Power and Light: Revolutions in Energy Services* (Cheltenham, UK: Edward Elgar, 2008), pp.428–432; William Nordhaus, "Do Real-Output and Real-Wage Measures Capture Reality? The History of Lighting Suggests Not," in *The Economics of New Goods*, ed. T. F. Bresnahan and R. Gordon (Chicago:

Chicago University Press, 1997), pp.36, 49, 50.

图2-13　英国和美国铁路网的发展（1650—1900）

出处：B. R. Mitchell, *European Historical Statistics* (London: Macmillan, 1975), pp.582–584; B. R. Mitchell, *International Historical Statistics: The Americas and Australasia* (London: Macmillan, 1983), pp.656–658.

图2-14　英国陆路运输成本（1700—1900）

出处：Roger Fouquet, *Heat, Power and Light: Revolutions in Energy Services* (Cheltenham, UK: Edward Elgar, 2008), p.165.

图3-1　一例典型的生物金字塔

出处：Randy Ruppel绘制。

图3-2　生物金字塔与社会能量金字塔

出处：Randy Ruppel绘制。

图3-3　社会能量金字塔概念描述

出处：Randy Ruppel绘制。

图3-4　飞球调速器

出处：示意图参考Robert Henry Thurston, *A History of the Growth of the Steam-Engine* (New York: D. Appleton, 1896), p.115；照片由作者拍摄。

图4-1　欧洲劳工实际工资水平（1420—1990）

出处：Peter Scholliers, "Wages," in *The Oxford Encyclopedia of Economic History*, ed. in chief Joel Mokyr (Oxford: Oxford University Press, 2003), vol. 5, p.208.

图4-2　人类能量消耗与世界国内生产总值变化

出处：同图2-4。

图5-1　世界国内生产总值（1—2017）

出处：同图2-4。

图5-2　世界国内生产总值（1—2100）

出处：同图2-4。

表2-1　人类文明不同时期力量对比

出处：After Earl Cook, *Man, Energy, Society* (San Francisco: W. H. Freeman, 1976), p.9. 也参考Cutler Cleveland and Christopher Morris, *Handbook of Energy: Volume I: Diagrams, Charts, and Tables* (Amsterdam: Elsevier, 2013), pp.328, 686, 687, 695。

表2-2　当代各种能源的EROI估计

出处：见附录1。

表2-3　各国制造业在国民经济中所占比重（1750—2010）

出处：1750—1973年的数据参考 Paul Bairoch, "International Industrial Levels from 1750 to 1980," *Journal of European Economic History* 11, no. 2 (Fall 1982)。1973—2010年的数据参考"Gross domestic product: GDP by type of expenditure, VA by kind of economic activity, total and shares, annual, 1970–2016," UNCTADStat, online database; After Daniel Headrick, "Technological Change," in *The Earth as Transformed by Human Action: Global and Regional Changes in the Biosphere over the Past 300 Years*, ed. B. L. Turner et al. (New York: Cambridge University Press with Clark University, 1990), pp.58–59。

# 致　谢

我首先要感谢罗纳德·赖特。他的著作《极简进步史》（*A Short History of Progress*）给予我指导和启发，让我深刻地思考人类文明，并且鼓励我在知识的指导下采取行动。感谢霍华德·T. 奥德姆和他的哥哥尤金在半个世纪前奠定了文明学与生态学的研究基础。感谢瓦茨拉夫·斯米尔深刻的、无与伦比的研究和分析，为本书提供了基础数据。感谢大卫·克里斯钦，他创建的大历史让我们能够更好地分析人类与文明的起源。感谢托尼·里格利创立的巧妙理论，为我们提供了研究工业、能源的有力武器。还要感谢很多予我启发的人，他们是：罗伯特·艾尔斯、厄尔·库克、罗伯特·科斯坦萨、弗雷德·科特雷尔、赫尔曼·达利、里查德·杜思韦特、约翰·贝拉米·福斯特、查理·霍尔、里查德·海因伯格、托马斯·荷马·迪克森、娜欧米·克莱因、詹姆斯·霍华德·昆斯特勒、安格斯·麦迪森、弗雷德·马格多夫、塔特·帕泽克、大卫·皮门特尔和玛西亚·皮门特尔、沃尔夫冈·萨克斯、苏珊·斯特拉瑟、约瑟夫·泰恩特。他们的著作对我的研究是不可或缺的。

我非常感激阅读初稿的朋友们。旺达·德鲁里审读了部分篇章，并且给我提了一些比较严谨的意见。其他一些人也审读了初稿并提出建议，他们是：娜蒂·维贝、吉姆·罗宾斯、马克·比格兰-普利查德、桑迪·欧文、戴维斯·霍登、大卫·布鲁克、肯·拉森、斯图尔特·威尔斯、特里·托尔斯、伊恩·麦克雷里、玛丽·斯迈利、菲尔·沃森、海莉·海森和里克·门罗。在他们的帮助下，书稿有了很大的改善。感谢菲恩伍德出版社（Fernwood Publishing）的团队，尤其是埃罗尔·夏普、布兰达·康罗伊、贝弗利·拉什、德布·马瑟斯和库蓝·法里斯，正是有了他们的辛勤工作，本书才得以面世。

对我个人而言，首先要感谢我的伴侣特蕾西·麦克莱恩。她对我和这本书的支持始终没有动摇。我走的每一步她都伴随左右，甚至和我一起远行英国，去考察工业革命时期的遗迹。感谢我的朋友辛迪、迈克、菲尔、肯、戴维斯、凯莉、妮蒂、吉姆、弗雷德、斯图尔特、特里、杰森、彼得、哈米什、科林、凯西、唐、维克，以及这些年和我探讨过书中相关问题的人，没有他们的帮助，我就不可能写出这本书。在书中，读者可以看到我们曾经的讨论。最后要特别感谢我的父母，劳伦斯和盖尔·夸尔曼。他们赐予我幸福的人生，并给了我无尽的鼓励和支持。他们的努力让我明白，艰巨的工作是值得做的。谨以此书献给我的父母，我永远爱你们。